全国技工院校机械类专业通用教材（高级技能层级）

机械制造工艺学

（第 二 版）

人力资源社会保障部教材办公室组织编写

中国劳动社会保障出版社

简　介

本书主要内容包括：机械加工精度与表面质量，铸造、锻造、焊接加工的基本工艺，常用机械加工设备，典型表面的机械加工方法，机械加工工艺规程的制定，典型零件加工工艺分析，复杂零件加工工艺分析，机械装配工艺分析，现代制造工艺技术等。

本书由闫篡文任主编，王荣圣、杜峰任副主编，程虎、苑刚、张金川、闫叙、边守刚参加编写。

图书在版编目(CIP)数据

机械制造工艺学/人力资源社会保障部教材办公室组织编写. --2版. --北京：中国劳动社会保障出版社，2019

全国技工院校机械类专业通用教材. 高级技能层级

ISBN 978-7-5167-4078-1

Ⅰ. ①机…　Ⅱ. ①人…　Ⅲ. ①机械制造工艺-技工学校-教材　Ⅳ. ①TH16

中国版本图书馆CIP数据核字(2019)第164683号

中国劳动社会保障出版社出版发行

(北京市惠新东街1号　邮政编码：100029)

*

北京谊兴印刷有限公司印刷装订　新华书店经销

787毫米×1092毫米　16开本　14印张　323千字

2019年9月第2版　　2023年12月第6次印刷

定价：25.00元

营销中心电话：400-606-6496

出版社网址：http://www.class.com.cn

http://jg.class.com.cn

前　言

为了更好地适应全国技工院校机械类专业的教学要求，全面提升教学质量，人力资源社会保障部教材办公室组织有关学校的一线教师和行业、企业专家，在充分调研企业生产和学校教学情况、广泛听取教师对教材使用反馈意见的基础上，对全国高级技工学校机械类专业通用教材进行了修订。本次修订后出版的教材包括：《机械制图（第四版）》《机械基础（第二版）》《机构与零件（第四版）》《机械制造工艺学（第二版）》《机械制造工艺与装备（第三版）》《金属材料及热处理（第二版）》《极限配合与技术测量（第五版）》《电工学（第二版）》《工程力学（第二版）》《数控加工基础（第二版）》《液压传动与气动技术（第二版）》《液压技术（第四版）》《机床电气控制（第三版）》《金属切削原理与刀具（第五版）》《机床夹具（第五版）》《金属切削机床（第二版）》《高级车工工艺与技能训练（第三版）》《高级钳工工艺与技能训练（第三版）》《高级焊工工艺与技能训练（第三版）》等。

本次教材修订工作的重点主要体现在以下几个方面：

第一，更新教材内容，体现时代发展。

根据机械类专业毕业生所从事岗位的实际需要和教学实际情况的变化，合理确定学生应具备的能力与知识结构，对部分教材内容及其深度、难度做了适当调整；根据相关专业领域的最新发展，在教材中充实新知识、新技术、新设备、新材料等方面的内容，体现教材的先进性；采用最新国家技术标准，使教材更加科学和规范。

第二，提升表现形式，激发学习兴趣。

在教材内容的呈现形式上，较多地利用图片、实物照片和表格等形式将知识点生动地展示出来，尤其是在《机械基础（第二版）》《机床夹具（第五版）》等教材插图的制作中全面采用了立体造型技术，力求让学生更直观地理解和掌握所学内容。针对不同的知识点，设计了许多贴近实际的互动栏目，在激发学生学习兴趣和自主学习积极性的同时，使教材“易教易学，易懂易用”。

第三，开发配套资源，提供教学服务。

本套教材配有习题册和方便教师上课使用的多媒体电子课件，可以通过职业教育教学资源和数字学习中心网站（http：//zyjy. class. com. cn）下载电子课件等教学资源。另外，在部分教材中使用了二维码技术，针对教材中的教学重点和难点制作了动画、视频、微课等多媒体资源，学生使用移动终端扫描二维码即可在线观看相应内容。

本次教材的修订工作得到了河北、辽宁、江苏、山东、河南、湖南、广东等省人力资源社会保障厅及有关学校的大力支持，在此我们表示诚挚的谢意。

人力资源社会保障部教材办公室

2018 年 8 月

目 录

第一章　机械加工精度与表面质量

第一节　机械加工精度

机械产品是由许多互相关联的零件装配而成的，产品的制造质量包括零件加工质量和装配质量两个方面。其中，零件加工质量是保证产品质量的基础，直接影响产品的工作性能和使用寿命。机械零件的加工质量一般用加工精度和表面质量两个指标来评定。

一、机械加工精度的概念

机械加工精度是指零件加工后的实际几何参数（尺寸、表面形状和表面相互位置）与理想几何参数的符合程度。实际几何参数与理想几何参数的符合程度越高，则加工精度越高；反之，则加工精度越低。

实际几何参数通常是指零件加工后通过测量得到的几何参数。理想几何参数是当公差值趋于零时的几何参数。理想几何参数，对尺寸而言，就是零件尺寸的公差带中心；对表面形状而言，就是绝对准确的圆、圆柱面、平面和锥面等；对表面方向和位置而言，就是绝对的平行、垂直、同轴或成一定的角度等。

二、机械加工精度的内容

如图 1—1 所示的光轴，设计者根据产品的工作性能和零件的使用要求，提出了尺寸精度（$\phi 60^{+0.066}_{+0.020}$）、形状精度（圆度）和方向精度（垂直度）要求。当进行零件的机械加工时，机械加工精度和表面质量参数均应在图样上规定的范围内，才能符合设计要求，此零件才算是合格零件。

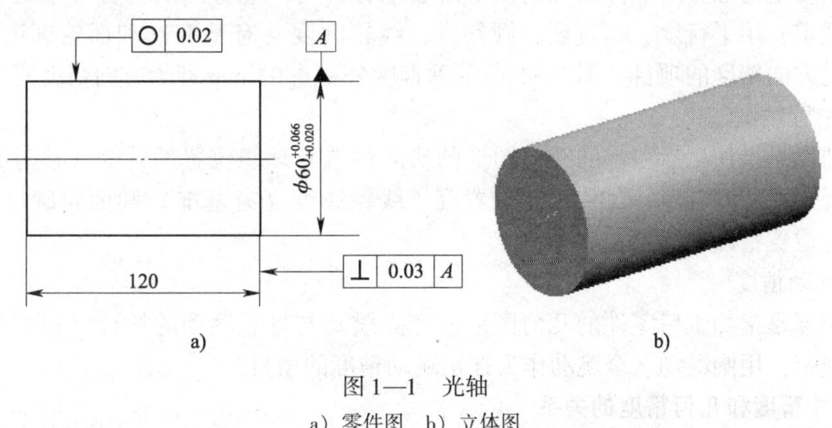

图 1—1　光轴

a）零件图　b）立体图

机械加工精度包括尺寸精度和几何精度。

1. 尺寸精度

尺寸精度是指加工后零件的直径、长度和表面间距离等尺寸的实际值与理想值的符合（接近）程度。以图 1—1 所示的光轴外圆尺寸为例，说明理想尺寸、设计精度和零件的加工精度之间的关系，如图 1—2 所示。

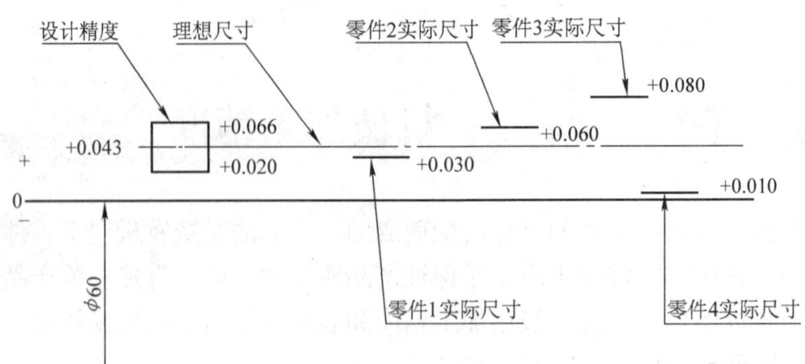

图 1—2　尺寸精度

从图 1—2 中可知，光轴外圆理想尺寸为 $\phi60.043$ mm，零件设计精度为 $\phi60^{+0.066}_{+0.020}$ mm，四个零件加工后的实际尺寸分别为 $\phi60.030$ mm、$\phi60.060$ mm、$\phi60.080$ mm、$\phi60.010$ mm。显然，零件 1 和零件 2 的实际尺寸均在设计精度范围内，为合格零件。但从精度的角度来分析，零件 1 的实际尺寸比零件 2 的实际尺寸更接近理想尺寸，因此，零件 1 的加工精度比零件 2 的加工精度更高。而零件 3 和零件 4 的实际尺寸均超出零件设计精度范围，为不合格零件。

2. 几何精度

（1）形状精度

形状精度是指加工后零件的实际几何形状与理想形状的符合（接近）程度。国家标准中规定，用直线度、平面度、圆度、圆柱度、线轮廓度（无基准）和面轮廓度（无基准）等作为评定形状精度的项目。图 1—1 所示外圆的圆度公差 0.02 mm 即为形状精度要求。

（2）方向精度

方向精度是指加工后零件的几何图形的实际方向与理想方向的符合（接近）程度。国家标准中规定，用平行度、垂直度、倾斜度、线轮廓度（有基准）和面轮廓度（有基准）等作为评定方向精度的项目。图 1—1 所示垂直度公差 0.03 mm 即为方向精度要求。

（3）位置精度

位置精度是指加工后零件的几何图形的实际位置与理想位置的符合（接近）程度。国家标准中规定，用同轴度、对称度、位置度、线轮廓度（有基准）和面轮廓度（有基准）等作为评定位置精度的项目。

（4）跳动精度

跳动精度是指加工后零件的几何图形的实际跳动与理想跳动的符合（接近）程度。国家标准中规定，用圆跳动、全跳动作为评定跳动精度的项目。

3. 尺寸精度和几何精度的关系

图 1—1 所示的光轴，外圆的圆度公差（0.02 mm）小于垂直度公差（0.03 mm），垂直

度公差又小于外圆的尺寸公差（0.046 mm）。通常在设计机器零件及规定零件加工精度时，应注意将形状公差控制在方向和位置公差内，方向和位置公差又应小于尺寸公差，即精密零件或普通零件的重要表面，其形状精度要求应高于方向和位置精度要求，方向和位置精度要求应高于尺寸精度要求。

三、达到机械加工精度的方法

1. 达到尺寸精度的方法

（1）试切法

试切法是指操作工人先试切一小段，测量其尺寸是否合适，如不合适，则调整刀具的位置，再试切一小段。如此反复进行试切过程，达到要求的尺寸后，便可切削整个待加工表面。这种方法生产效率低，对操作者的技术水平要求较高，因此多用于单件、小批量生产。

（2）调整法

调整法是指利用机床上的定程装置、对刀装置或预先调整好的刀架，使刀具相对于机床或夹具达到一定位置精度，然后加工一批工件。此方法获得的尺寸精度稳定，生产效率高，广泛用于成批和大量生产。

（3）定尺寸刀具法

定尺寸刀具法是指用具有一定尺寸精度的刀具（如钻头、铰刀、拉刀等）来保证工件被加工部位（如孔）的尺寸精度。该方法加工精度稳定，生产效率高，适用于各种生产类型。

（4）自动控制法

自动控制法是指利用测量装置、调整装置和控制系统等组成的自动化加工系统，在加工过程中能自动测量、补偿调整，当工件达到尺寸要求时能自动停止加工并退回。

（5）数字控制法

数字控制法是将计算机数字控制技术应用到机械加工中。这种方法是在机床里装配整套数字控制装置，控制步进电动机实现刀架或工作台的精确移动，尺寸精度的获得是通过预先编制好程序，由数字控制装置来实现的。各种数控机床的加工就是采用数字控制法的范例。

2. 达到形状精度的方法

（1）轨迹法

轨迹法是指利用切削运动中刀尖的运动轨迹形成被加工表面的形状。这种方法所能达到的形状精度主要取决于成形运动的精度。

（2）成形法

成形法是指利用成形刀具切削刃的几何形状切削出工件的形状。这种方法所能达到的形状精度，主要取决于成形刀具切削刃的形状精度及刀具的安装精度。

（3）展成法

展成法是指利用刀具与工件的展成切削运动，由切削刃在被加工表面上的包络面来形成成形表面，如用滚刀切削加工齿轮等。展成法所能达到的形状精度，主要取决于机床作展成运动的传动链精度及刀具的制造精度。

3. 达到位置精度的方法

（1）一次安装获得法

一次安装获得法是指把零件上有相互位置精度要求的相关表面安排在工件的一次装夹中

进行加工，从而保证其相互位置精度。

（2）多次安装获得法

该方法是人为地将工件的加工过程分为几次装夹来完成，每次装夹有关表面的位置精度可采用适当的装夹方法（如找正法）或夹具获得，随着装夹加工的次数不断增多，加工表面与定位基准之间的位置精度也不断提高，最终保证工件的位置精度。

四、加工误差

1. 加工误差的概念

加工误差是指加工后零件的实际几何参数（尺寸、表面形状和表面相互位置）与理想几何参数的偏离程度。加工误差是表示加工精度高或低的一个数量指标。一个零件的加工误差越大，加工精度越低；加工误差越小，加工精度越高。

在实际加工过程中是无法完全消除加工误差的，也没有必要把每个零件加工得绝对精确。在满足零件的使用性能的前提下，可以允许零件有一定的加工误差，这种误差的大小是由设计人员根据零件的使用要求给出一个合理的范围，也就是通常所说的“公差”，一般用经济精度来衡量。利用现有的生产条件，采取适当的工艺方法将零件加工出来，质量检验人员根据零件图样要求进行检验，如果零件的实际尺寸落在公差带范围内，则为合格零件，否则为不合格零件。

2. 加工误差的构成

工件和刀具分别安装在夹具和机床上，并受到夹具和机床的约束，由机床、夹具、刀具和工件组成的系统称为工艺系统。零件的加工是在工艺系统中进行的。由于各种因素的影响，工艺系统中的各种误差，在不同的条件下以不同的方式反映为加工误差。工艺系统中凡是能直接引起加工误差的因素都称为原始误差。由于原始误差的存在，致使零件加工过程中存在加工误差，直接影响着零件的加工精度。工艺系统的误差是影响加工精度的根源，其结果以加工误差表现出来。若原始误差在加工前已经存在，即在非工作状态下检验出的误差，称为工艺系统静态误差，如机床、夹具的制造误差，刀具的尺寸误差，工件毛坯尺寸误差等都属于静态误差；若原始误差是在工作状态下产生的，则称为工艺系统动态误差。原始误差分类归纳如下：

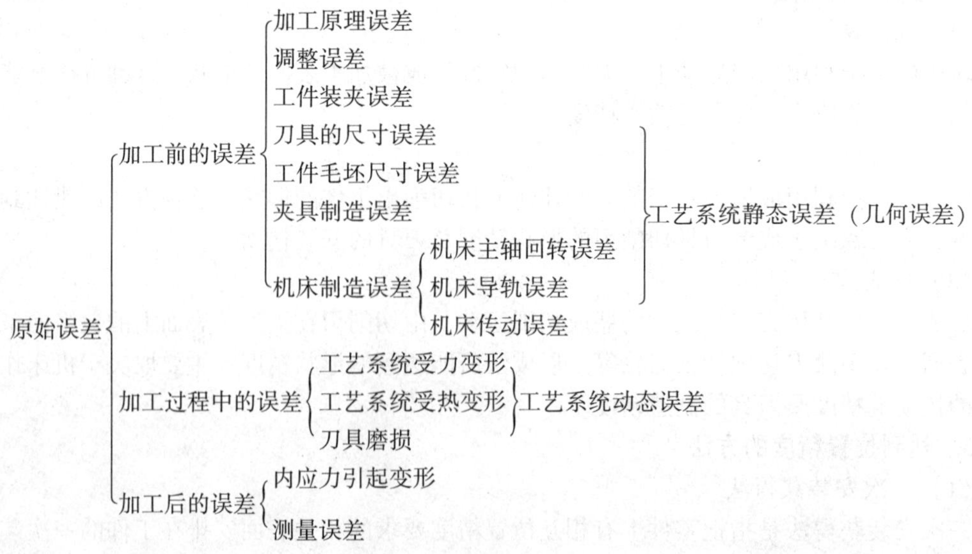

五、典型表面的常见加工误差分析

典型表面的常见加工误差、基本形式、产生原因及改进措施见表 1—1。

表 1—1　　典型表面的常见加工误差、基本形式、产生原因及改进措施

典型表面	加工误差	基本形式	产生原因	改进措施
外圆表面	腰鼓形圆柱度误差	两端小中间大	（1）径向力将细长工件顶弯 （2）轴向力压迫工件，使工件不稳定 （3）由切削热引起工件受热伸长	（1）增大工件的刚度 （2）增大刀具主偏角 （3）避免出现工件轴向约束 （4）采用反向进给
	马鞍形圆柱度误差	两端大中间小	（1）径向力方向改变 （2）加工粗短轴时，轴的刚度比机床的刚度大，工艺系统的变形主要由主轴箱、尾座、刀架等的变形形成 （3）由机床误差引起	（1）加工细长轴，可采用与上述消除腰鼓形圆柱度误差相同的方法 （2）加工粗短轴，可通过改进刀具几何参数、减小背吃刀量来减小径向切削力，以及增大机床的刚度等 （3）加强对机床导轨的维护与保养，保证机床的精度
	锥形圆柱度误差	一头大一头小	（1）车床导轨与主轴回转轴线在水平面内存在平行度误差 （2）车床尾座中心线与主轴回转轴线不在同一直线上 （3）主轴纯角度摆动	（1）定期检修机床 （2）调整主轴轴承间隙，消除主轴纯角度摆动
	毛坯误差复映	工件已加工表面的误差与毛坯形状误差相似	因毛坯形状误差造成切削力大小变化引起加工误差	改进工艺措施，增加进给次数
	直线度误差	轴的回转中心线不成一条直线	（1）在加工过程中产生较大的切削力、夹紧力以及较高的切削热，从而引起工件弯曲变形 （2）经过粗加工、半精加工后，工件的内应力重新分布	（1）划分加工阶段进行修正 （2）在加工过程中安排退火、时效等热处理，消除内应力 （3）改进刀具几何形状，适当增大主偏角；采用硬质合金刀具
	同轴度误差	被测两轴颈的轴线不在同一条直线上	（1）工艺方法不当 （2）加工时选择的基准不一致 （3）机床精度低	（1）两端轴颈均采用两中心孔作为统一的定位基准，中心孔须修正，以提高其定位精度 （2）保证机床精度

续表

典型表面	加工误差	基本形式	产生原因	改进措施
内圆表面	圆度误差	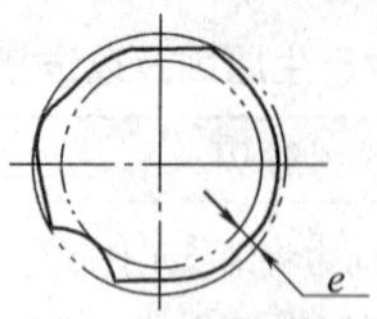 e	（1）易在镗床加工内孔时发生 （2）主轴纯径向跳动造成圆度误差 （3）主轴的纯角度摆动造成圆度误差	提高主轴回转运动精度，或采取措施使其回转精度不依赖于机床主轴
	圆柱度误差	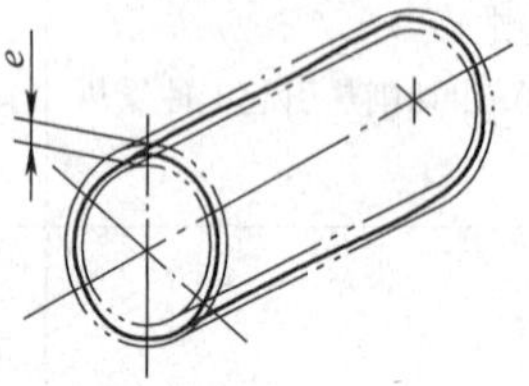 e	在内圆磨床以横向切入法磨内孔时，由于内圆磨头呈悬臂状态，主轴受力后因刚度不足产生弯曲变形	（1）尽量减小刀具的悬臂长度，并提高刀架刚度 （2）适当减小背吃刀量，减小变形敏感方向的切削分力 （3）采用纵磨法加工
	垂直度误差	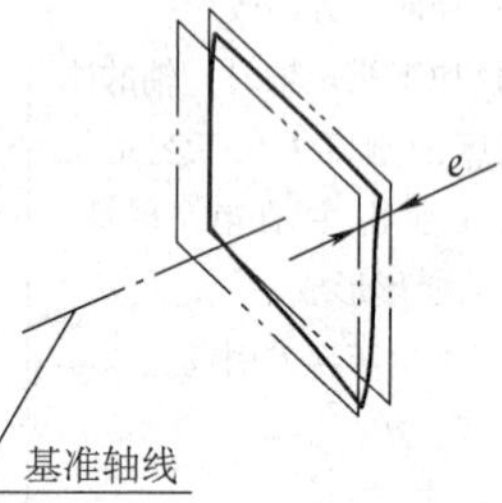 e 基准轴线	机床主轴的纯轴向窜动	（1）对采用滚动轴承支撑的主轴，可对滚动轴承进行预紧，以消除主轴的轴向间隙，提高主轴的回转精度 （2）对采用滑动轴承支撑的主轴，则需调整主轴端的调整螺母，消除轴向间隙
平面	平面度误差	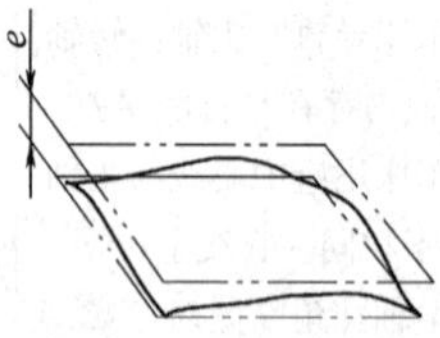 e	（1）平面磨床、铣床和龙门刨床的导轨在垂直面内产生直线度误差 （2）工件不均匀受热 （3）内应力引起弯曲变形 （4）装夹不当	（1）加强对机床导轨的维护 （2）在磨削工件时，使用切削液 （3）合理划分加工阶段
齿轮	齿形误差	齿形与渐开线不符	（1）当采用成形法加工齿轮时，由成形刀具的制造误差引起 （2）加工原理误差 （3）滚刀的制造误差 （4）机床的精度低	（1）提高成形刀具的制造精度 （2）根据齿轮的不同精度等级，选择不同的加工方案 （3）提高滚刀的制造精度 （4）提高机床的精度
	齿距误差	各齿距不相等	（1）采用成形铣刀加工齿轮，分度时造成误差 （2）采用展成法加工齿轮，齿坯分齿运动的传动精度低是造成齿距误差的主要原因	（1）采用成形铣刀加工齿轮时，提高分度头的制造精度，准确操作分度头，提高齿轮的分度精度 （2）采用展成法加工齿轮时，要保持机床的传动精度 （3）提高齿坯的定位精度

第二节 提高加工精度的工艺措施

上一节分析了原始误差对加工精度的影响，归纳了典型表面的常见加工误差、基本形式、产生原因及改进措施。为减小原始误差的影响，提高零件的加工精度，保证产品质量，人们在生产实践中采用了很多工艺措施，总结出了一些经验。本节主要阐述提高加工精度的方法。

一、直接减小误差法

直接减小误差法是在生产中应用较广的一种基本方法，它是在查明影响加工精度的主要因素后，采取各种工艺措施，直接将误差消除或减小，从而保证加工精度的方法。

直接减小误差法通常是通过提高机床的几何精度，提高夹具、刀具及量具的精度，以及控制工艺系统受力、受热变形等，直接减小原始误差对加工精度的影响。

例如，在车削细长轴时，为消除或减小原始误差，可采取以下措施：

（1）采用反向进给的切削方法（见图1—3），进给方向由卡盘指向尾座，这样轴向力 F_f 对工件的作用（从卡盘到切削所在点的一段）是拉伸而不是压缩，不存在杆件失稳的条件，同时尾座使用弹性回转顶尖，既可解决轴向力 F_f 使工件从切削点到尾座间的压弯问题，又可消除受热伸长而引起的弯曲变形。

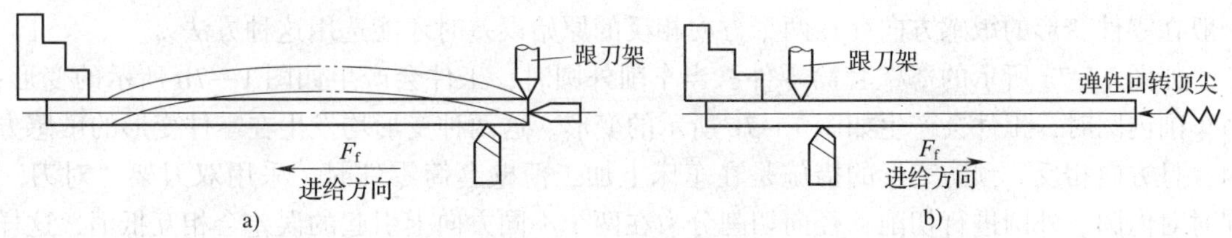

图1—3 正向进给和反向进给车削细长轴的比较

a）正向进给时 F_f 对细长轴起压缩作用 b）反向进给时 F_f 对细长轴起拉伸作用

（2）采用反向进给切削和大主偏角的车刀，增大 F_f，工件在强有力的拉伸作用下，能消除径向的振动，使切削平稳。

（3）在卡盘一端的工件上车出一个缩颈部分（见图1—4），缩颈直径 $d \approx D/2$（D 为工件坯料的直径）。工件在缩颈部分的直径减小后，表现出一定的柔性，减小了由于坯料本身的弯曲而在卡盘强制夹持下轴线随之歪斜的影响。

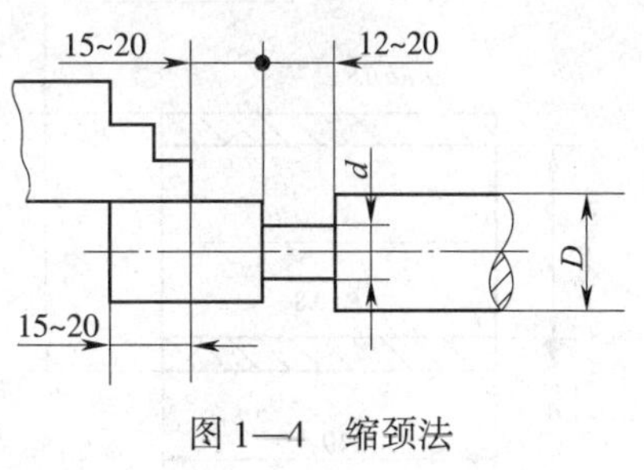

图1—4 缩颈法

再如，用三爪自定心卡盘夹持薄壁套筒时，应在套筒外面加过渡环或采用圆弧面专用卡爪，避免因夹紧变形造成加工误差。

二、误差补偿法和误差抵消法

1. 误差补偿法

误差补偿法是指人为地制造一个大小相等、方向相反的新的误差，去补偿加工、装配或使用过程中出现的误差的加工方法。对于工作精度要求较高的零件，常用误差补偿法来保证加工精度。

例如磨床床身导轨加工，如果按图样要求的精度加工，完成后再装上横向进给机构和操纵机构，由于零部件自重的影响导致导轨变形（见图 1—5 中虚线部分），从而降低了零件的工作精度。如果在精加工床身导轨前，先在床身上安装零部件的位置加上同样质量的配重，迫使导轨在加工前预变形（见图 1—6 中虚线部分），在模拟床身的工作环境和条件下加工导轨，这样导轨在装配后便可获得较高的工作精度。

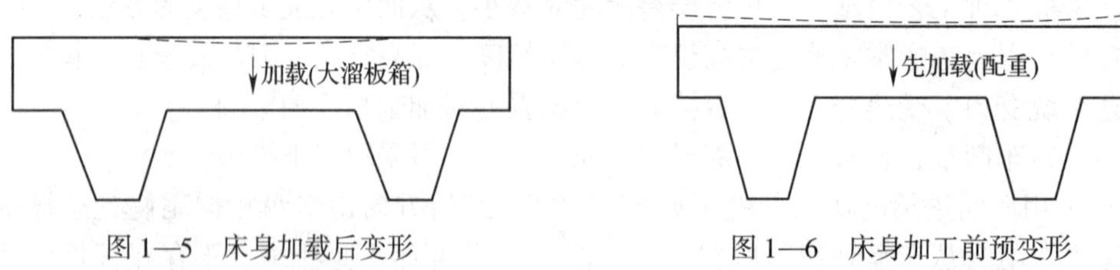

图 1—5　床身加载后变形　　　图 1—6　床身加工前预变形

2. 误差抵消法

误差抵消法是指利用原有的一种原始误差部分或全部抵消另一种原始误差的加工方法。一般在零件变形的敏感方向存在两个方向相反的原始误差时才能选用这种方法。

如图 1—7a 所示的薄壁套筒零件，当车削外圆时，工件会产生如图 1—7b 所示的变形；当车削内圆时，工件会产生如图 1—7c 所示的变形。这两种变形均发生在零件变形的敏感方向，且方向相反。预防变形的措施是在车床上加工薄壁套筒零件时，采用双刀架“对刀”，同时对内圆、外圆进行切削，径向切削分力在两个不同方向上引起的误差会相互抵消，这样可以有效地提高零件的加工精度。

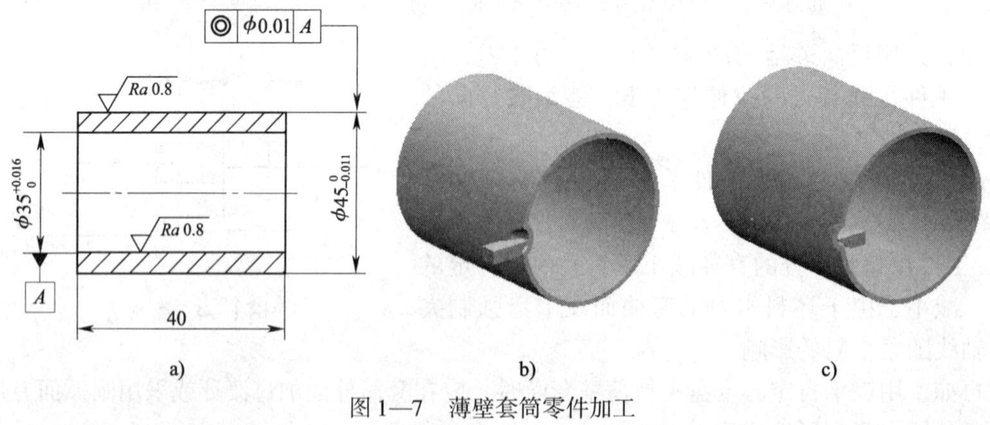

图 1—7　薄壁套筒零件加工

三、转移原始误差法

转移原始误差法是指创造一定条件，把工艺系统的原始误差转移到误差的非敏感方向或其他不影响加工精度的方向上的加工方法。这种方法在不减小原始误差的情况下，同样可以获得较高的加工精度。转移原始误差法一般在对零件要素的加工精度要求较高的大批量生产中选用。

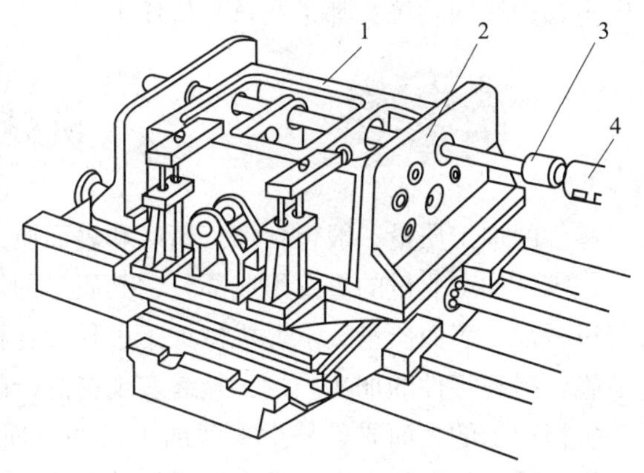

图 1—8 用镗模镗孔

1—工件 2—镗模架 3—刀杆 4—主轴

如图 1—8 所示，在箱体的孔系加工中，孔的相互位置精度要求较高，如果一味选择高精度机床直接加工，对机床的投入会很大，加工也很困难，也不容易实现。但采用镗模夹具和浮动连接来保证工件的位置精度，工件的加工精度基本与机床精度关系不大，完全取决于刀杆和镗模的制造精度。由于镗模的结构比整台机床简单，制造也相对容易，这样就可以在一般精度的机床上加工出高精度的孔系。

四、误差分组法

在成批生产条件下，对配合精度要求很高的孔和轴，当不可能采用提高加工精度的方法时，则可采用误差分组法。误差分组法就是把毛坯或上道工序的尺寸按误差大小分为 n 组，这样每组毛坯的误差就缩小为原来的 $1/n$，然后按组分别调整刀具与工件的相对位置或选用合适的定位元件，从而大大缩小整批工件的尺寸分散范围。如果本工序的加工精度是稳定的，但由于毛坯或上道工序加工的半成品误差变化较大，精度不高，引起定位误差或复映误差太大，会造成本工序的加工质量不能满足要求，而提高上道工序的加工精度又不经济时，可采用分组调整、均分原始误差的方法。

五、误差平均法

对配合精度要求很高的孔和轴，常采用研磨的方法。研具本身并不要求具有很高的精度，分布在研具上的磨粒大小也可能不一样，但由于研磨时工件和研具之间有着复杂的相对运动轨迹，使工件各点均有机会与研具的各点相互接触并受到均匀的微量切削，同时工件和研具相互修正，精度也逐步共同提高，进一步使误差均匀化，因此，可获得精度高于研具原始精度的加工表面。

误差平均法就是利用有密切联系的表面之间的相互比较、相互修正，或者互为基准进行加工，就能让这些局部较大的误差比较均匀地影响整个加工表面，使传递到工件表面的加工误差较为均匀，因而工件的加工精度也就相应大大提高。

六、就地加工法

在加工和装配中，有些精度问题涉及很多零件间的相互关系，相当复杂。若单纯提高零部件的精度来满足设计要求，有时不仅困难，甚至不可能实现。此时采用就地加工法可以解决这种难题。

生产中采用就地加工法，就是对某些重要表面在装配之前不进行精加工，待装配之后，再在自身机床上对这些表面进行精加工。例如，平面磨床的工作台面在装配后进行“自磨自”的最终加工。又如在车床上修正卡盘肩平面和外圆，使卡爪夹持圆柱体工件的轴线与车床主轴轴线同轴等，都是在自身机床上“自磨自”或“自车自”。

第三节 机械加工表面质量

零件的加工质量一般包含加工精度和表面质量两个方面。零件的表面质量与加工精度一样，是零件加工质量的重要组成部分，其质量的好坏直接影响零件或产品的使用性能。通过研究机械加工表面质量，掌握机械加工过程中各种因素对表面质量的影响规律，以便采取有效措施，提高零件的加工质量，最终实现提高产品质量的目的。

机械加工的表面质量是指零件加工后的表面层状态，它是判定零件加工质量的重要依据。机械零件的失效，大多是由于零件的磨损、腐蚀或疲劳破坏所致，而磨损、腐蚀、疲劳等都是从零件表面开始的。由此可见，零件表面质量将直接影响零件的工作性能，尤其是可靠性和使用寿命。

表面质量主要有两方面内容：表面的微观几何特征，即表面粗糙度；表面层物理、力学性能，即表面层加工硬化（冷作硬化）、表面层金相组织变化和表面层残余应力三个方面。

一、表面粗糙度的控制

如图 1—9 所示的传动轴，要实现各轴颈不同的表面质量要求，一般需要用车削和磨削的方法。表面粗糙度值大于或等于 $Ra1.6$ μm 的表面可采用车削方法作为终加工，如图 1—9a 所示的传动轴两端 $\phi40_{-0.039}^{0}$ mm 和 $\phi50$ mm 表面。表面粗糙度值小于 $Ra1.6$ μm 的表面可采用磨削方法作为终加工，如图 1—9a 所示的传动轴两端 $\phi30_{-0.013}^{0}$ mm 表面。采用不同的方法加工，零件的表面粗糙度形成机理不同，控制表面粗糙度的措施也不同。

1. 切削加工的表面粗糙度形成与控制

（1）切削加工的表面粗糙度形成

切削时，由于刀具和工件的相对运动及刀具几何形状关系，有一小部分金属未被切下来而残留在已加工表面上，称为残留面积，其高度 H 直接影响已加工表面粗糙度。残留面积越大，获得的表面将越粗糙。用单刃刀具切削时，残留面积只与进给量 f、刀尖圆弧半径 r_ε 及刀具的主偏角 κ_r、副偏角 κ_r' 有关，如图 1—10 所示。

进给量 f 对表面粗糙度的影响较大，当 f 值较低时，有利于表面粗糙度值的降低。减小刀具的主偏角、副偏角，均有利于表面粗糙度值的降低。一般在精加工时，刀具的主偏角、副偏角对表面粗糙度的影响较小。

（2）切削加工的表面粗糙度控制

1）选择合适几何形状的刀具。从图 1—10 中可以看出，刀具几何形状直接影响工件表面粗糙度。

前角对切削过程的塑性变形影响很大，适当增大前角，刀具易于切入工件，使切削变形

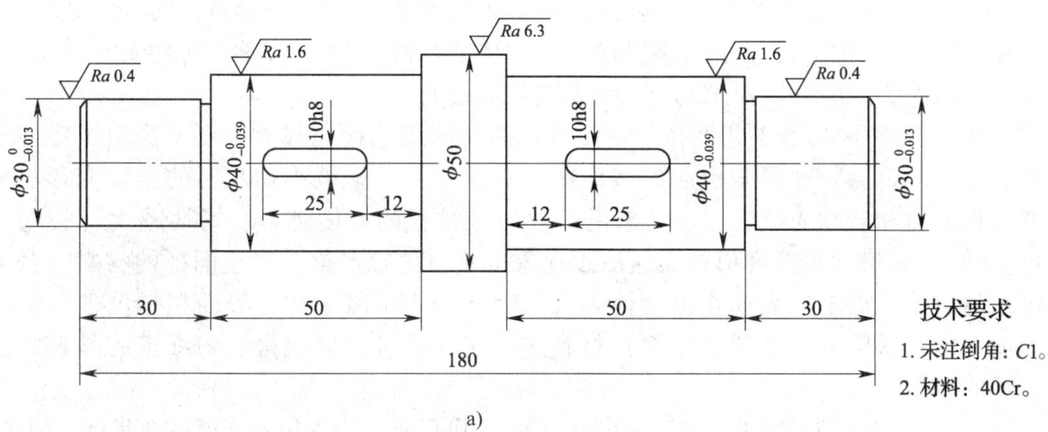

a）

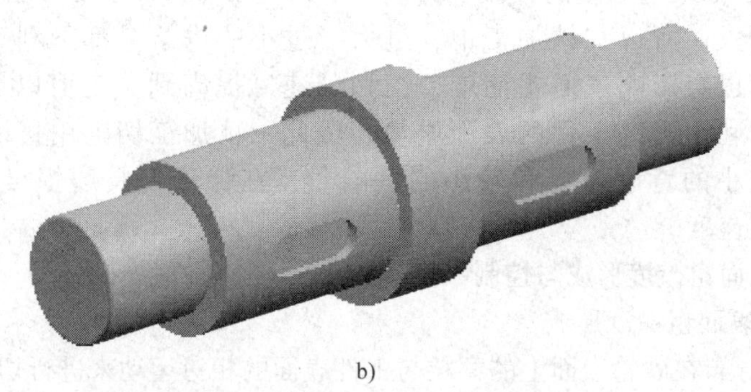

b）

图 1—9　传动轴

a）零件图　b）立体图

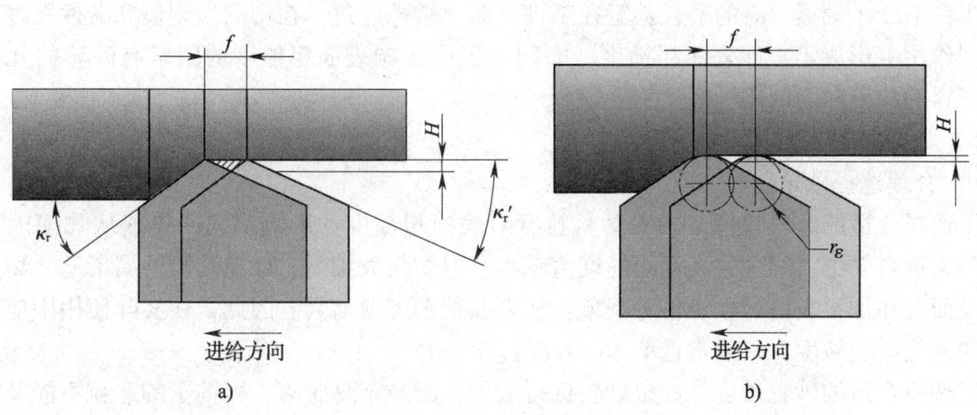

图 1—10　切削层残留面积

a）尖刀切削　b）刀尖带圆弧半径 r_ε 的切削

f—进给量　r_ε—刀尖圆弧半径　κ_r—主偏角　κ_r'—副偏角　H—残留面积高度

和摩擦减小，因此切削力小、切削热量小，故加工表面粗糙度值较小，但前角太大，刀具切削刃有切入工件的倾向，加工表面粗糙度值将会增大。前角太小或为负前角，会因切削变形严重、切削热量大，使加工表面粗糙度值增大。

当前角一定时，后角越大，刀具切削刃圆弧半径越小，切削刃越锋利。同时，增大后角还能减小后面与已加工表面间的摩擦和挤压，这样都有利于减小加工表面粗糙度值。但后角太大时，容易产生切削振动，使加工表面粗糙度值增大。

2）改善材料的切削工艺性能。零件材料的切削工艺性能很大程度上决定了零件表面粗糙度。改善由物理因素引起的表面粗糙，主要应采取减小加工时的塑性变形、避免产生积屑瘤和鳞刺的措施。一般来说，被加工材料的硬度越低、韧性越大（指塑性材料），加工后表面粗糙度值较大，冷硬现象也相对比较严重。对于同样的材料，其晶粒组织越粗大，加工后表面粗糙度值越大。因此，为了减小加工表面粗糙度值，常在切削加工前对低碳钢（低碳合金钢）材料进行正火处理，以获得均匀细密的晶粒组织和合适的硬度。

3）选择合适的切削用量。如果减小进给量 f，则已加工表面粗糙度值就会降低。但是，对于刚度较差的机床，如果进给量选择太小，使背吃刀量很小，切削变形增大，反而使已加工表面粗糙度值增大。所以在精加工中，过大、过小的进给量都不利于提高工件的表面质量。切削速度也会影响表面粗糙度，当切削速度提高到一定值以后，就不会产生积屑瘤和鳞刺，有利于提高工件的表面质量。因此，精加工切削用量的选择通常遵循以下规则：采用较小的背吃刀量和较小的进给量，在保证刀具磨损极限的前提下，尽可能采用大的切削速度。

2. 磨削加工的表面粗糙度形成与控制

（1）磨削加工的表面粗糙度形成

磨削加工是通过分布在砂轮表面上的磨粒与工件表面的相对运动来进行切削的，由于磨粒在砂轮外圆周面上分布不均匀，有高有低，磨粒切削刃圆弧半径较大，同时磨削厚度又很小，在磨削过程中，砂轮外圆周面上较锋利的磨粒切削工件表面形成磨屑，已经磨钝了的磨粒在工件上产生刻痕，有的磨粒甚至在工件表面上滑擦而过。在切削、刻痕和滑擦三种因素的共同作用下形成了工件表面粗糙度。磨削加工中影响表面粗糙度的因素有砂轮的几何形状、磨料的粒度和磨削用量等。

（2）磨削加工的表面粗糙度控制

1）合理选择砂轮

①选择合适的磨料粒度。砂轮磨料粒度对表面粗糙度的影响很大，单纯从几何因素考虑，砂轮磨料越细，磨削的表面粗糙度值越小。但磨料太细时，砂轮易被磨屑堵塞，影响导热，反而会在加工表面产生烧伤等现象，使表面粗糙度值增大。因此，在实际使用中应选择合适的砂轮磨料粒度，一般常选取 46～60 号。

②选择合适的砂轮硬度。如果砂轮选得太硬，磨粒不易脱落，磨钝了的磨粒不能及时被新磨粒替代，会使工件表面粗糙度值增大；如果砂轮选得太软，磨粒易脱落，磨削作用减弱，也会使工件表面粗糙度值增大。通常选用中软砂轮。

③选择合适的砂轮材料。砂轮材料选择适当，可获得满意的表面粗糙度。氧化物（刚玉）砂轮适用于磨削钢类零件；碳化物（碳化硅、碳化硼）砂轮适用于磨削铸铁、硬质合金等材料；用高硬磨料（人造金刚石、立方氮化硼）砂轮磨削可获得很小的表面粗糙度值，但加工成本较高。

④及时修整砂轮。砂轮几何形状对表面粗糙度也有重要影响，砂轮表面磨粒的等高性越好，磨出工件的表面粗糙度值就越小，如砂轮几何形状误差太大则应及时修整。修整砂轮时，金刚石笔的纵向进给量要小，逐步修复，并应注意安全。

2）改进工艺方法

①采用纵磨法加工。采用纵磨法加工，在加工过程中由于砂轮具有修光作用，因此可以获得较小的表面粗糙度值。

②如有必要可采用精密磨削。

③采用切削液。切削液主要有三个方面的作用：冷却作用、润滑作用和清洗作用。在金属切削过程中，切削液的冷却作用和润滑作用能有效地改善刀具与工件之间的摩擦状况，降低切削力和切削区温度，减轻刀具磨损，使切削区金属表面的塑性变形减小，抑制鳞刺和积屑瘤的产生，因此，可以大大地减小工件表面粗糙度值。

二、影响表面层物理、力学性能的因素

机械加工过程中，在切削力、切削热的共同作用下，工件表面一定深度的表层材料会产生较大的塑性变形，金相组织也可能发生变化。这层材料的物理、力学性能发生变化，不同于内部的基体材料，其最终形成加工表面的变质层，主要表现为表面冷作硬化、表面层金相组织变化和加工表面的残余应力等。

1. 表面冷作硬化

在加工过程中，工件表层材料在切削力的作用下产生塑性变形，使晶粒间产生剪切滑移，晶格扭曲，并使晶粒拉长、破碎，从而使加工表面层材料的强度和硬度提高、塑性下降，这种现象称为冷作硬化。表面冷作硬化程度取决于导致塑性变形的切削力、变形速度以及变形时的温度。切削力越大，塑性变形越大，则硬化程度越严重；变形速度快，塑性变形不充分，则硬化程度减弱；切削热会影响变形后金相组织的恢复，能够部分消除冷作硬化。因此，机械加工时表面层的冷作硬化现象是强化作用与恢复作用的综合结果。

2. 表面层金相组织变化

在机械加工中会产生很高的切削热，直接影响着工件表面层材料的金相组织。如在磨削加工中，由于磨削速度高及磨粒的刮擦、挤压作用，在工件表面将产生大量的磨削热，使磨削表面层的温度超过材料的相变温度，促使加工表面的金相组织发生变化，这种现象称为磨削烧伤。磨削烧伤大大降低了零件的使用性能及寿命，甚至会造成废品。

3. 加工表面的残余应力

在机械加工中，当表面层金属发生形状、体积或金相组织变化时，将在表面层金属与基体间产生残余应力。形成残余应力的原因主要有以下三个方面：

（1）冷态塑性变形引起残余应力

在机械加工中，由于切削力的作用使工件表面层金属受到挤压、摩擦，产生剧烈的塑性变形，而基体金属产生了弹性变形 。当切削力消除后，工件表面层的塑性变形不能恢复，而基体金属的弹性变形要恢复，但受到表面层金属的限制，从而产生残余压应力。

（2）热态塑性变形引起残余应力

工件在切削热作用下，表面层金属产生热膨胀，体积变化较大，而基体金属温度较低，

体积变化小。当切削加工结束后，表面层金属温度下降，体积收缩，而基体金属温度低，体积收缩不如表面层大。因此，表面层金属受到基体金属的牵制，从而产生残余拉应力，磨削加工温度越高，残余拉应力也越大，有时甚至会产生裂纹。

（3）金相组织变化引起残余应力

切削温度过高会引起表面层金属金相组织变化。不同的金相组织有不同的体积，金相组织变化会引起体积的变化。当表面层金属体积膨胀时会压制基体金属，产生残余压应力；当表面层金属体积收缩时会受到基体金属的牵制，则产生残余拉应力。

机械加工后，工件表面层的残余应力是上述三者的综合结果。在不同的条件下，其中某一种或两种因素起主导作用。一般切削加工中，当切削温度不高时，起主导作用的是冷态塑性变形，产生残余压应力。磨削加工中，热态塑性变形和金相组织变化起主导作用，产生残余拉应力。

〔本章小结〕

◇ 机械零件的加工质量一般用机械加工精度和表面质量两个指标来评定。

◇ 机械加工精度反映零件加工后的实际几何参数与理想几何参数的符合程度。机械加工精度包括尺寸精度、形状精度和位置精度。提高加工精度的工艺措施有直接减小误差法、误差补偿法和误差抵消法、转移原始误差法、误差分组法、误差平均法、就地加工法共六种方法。如果加工精度符合零件的设计精度要求，则零件合格；否则，零件就不合格。

◇ 机械加工的表面质量有表面的微观几何特征和表面层物理、力学性能两方面内容。微观几何特征即表面粗糙度，表面层物理、力学性能包括表面层加工硬化、表面层金相组织变化和表面层残余应力三个方面。

第二章　铸造、锻造、焊接加工的基本工艺

第一节　铸造加工

把原材料制成毛坯是机械零件加工的前提。不同的产品有不同的使用性能，组成这些产品的零件的形状和要求也不同，所以零件毛坯的制造方法也就不同。

制造零件毛坯的常用方法有铸造、锻造等。本节主要讨论铸造的生产过程。

将熔融金属浇注到铸型型腔中，待其凝固后得到具有一定形状、尺寸和性能的零件毛坯的方法称为铸造，铸造所得到的工件或毛坯称为铸件。铸造的适用范围广，常用于各种尺寸、各种材质的零件及不同厚度、复杂外形、复杂内腔的零件的毛坯制造，如箱体、机架、床身、气缸体等。

通常情况下，铸造分为砂型铸造和特种铸造，而特种铸造又包括金属型铸造、压力铸造、离心铸造和熔模铸造等。生产中应用最广泛的是砂型铸造。

一、砂型铸造

1. 基本概念

砂型铸造是用型砂紧实成型，将熔融金属浇注到砂型内获得铸件的铸造方法。砂型铸造可分为湿砂型（不经烘干可直接进行浇注的砂型）铸造和干砂型（经烘干的高黏土砂型）铸造两种。

2. 工艺过程

砂型铸造的主要工序有制造模样与芯盒、造型、造芯、合型（合箱）、浇注、落砂、清理等。砂型铸造的工艺过程如图 2—1 所示。

（1）制造模样与芯盒

由木材、铝合金或塑料制成，用来形成铸型型腔的工艺装备称为模样，利用模样可获得铸件的外部结构。制造型芯所用的工艺装备称为芯盒，型芯用以获得铸件的内腔。

（2）造型

造型是用型砂及模样等工艺装备制造砂型的过程，通常分为手工造型、机械造型和自动化造型三种。

（3）造芯

制造型芯的过程称为造芯。一般型芯用黏土砂，要求较高的型芯用桐油砂、合脂砂或树

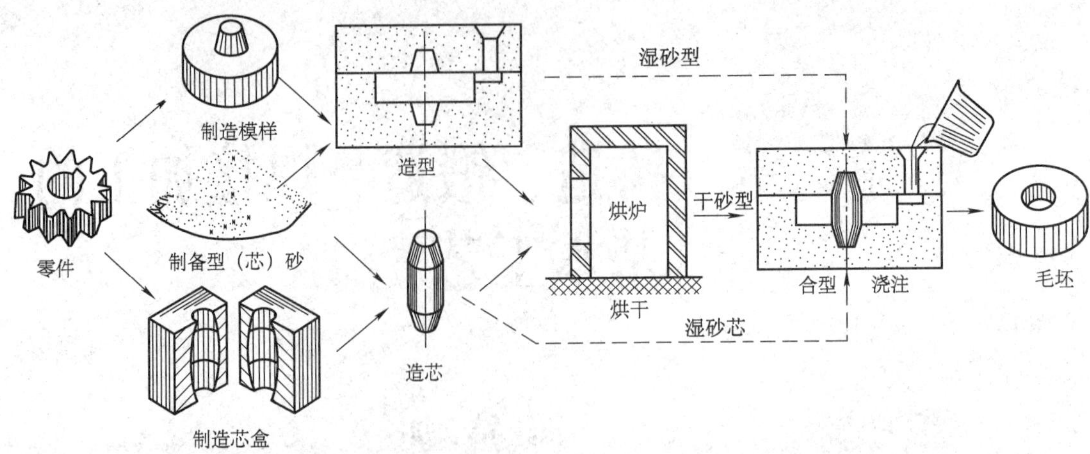

图 2—1　砂型铸造的工艺过程

脂砂等。芯砂一般使用新砂，很少用旧砂。造芯方法分为手工造芯和机器造芯两种。图 2—2 所示为芯盒造芯示意图。

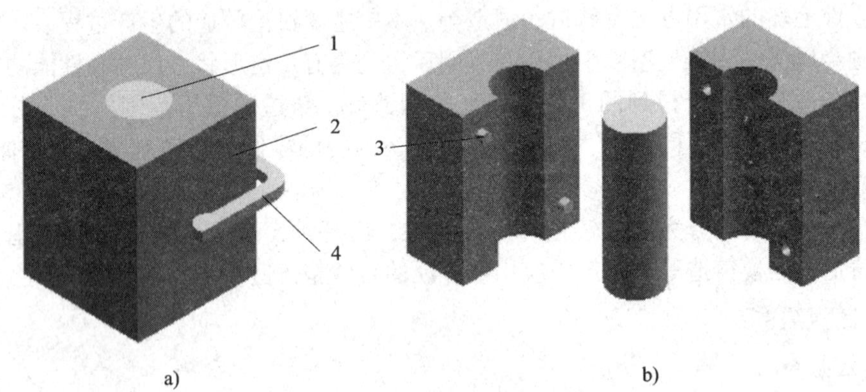

图 2—2　芯盒造芯示意图

1—型芯　2—芯盒　3—定位销　4—夹钳

（4）合型

将铸型的各个组元如上型、下型、型芯、浇口杯等装配起来的过程称为合型。合型是决定铸型型腔形状与尺寸精度的关键工序，若操作不当，可能造成跑火、错型和塌型等缺陷。

（5）浇注

将熔融金属浇入铸型的过程称为浇注。液体金属通过浇注系统进入型腔。浇注系统通常由浇口杯、直浇道、横浇道和内浇道等组成，如图 2—3 所示。其作用是保证熔融金属平稳、均匀、连续地充满型腔，阻止熔渣、气体和砂粒随熔融金属进入型腔，控制铸件的凝固顺序。

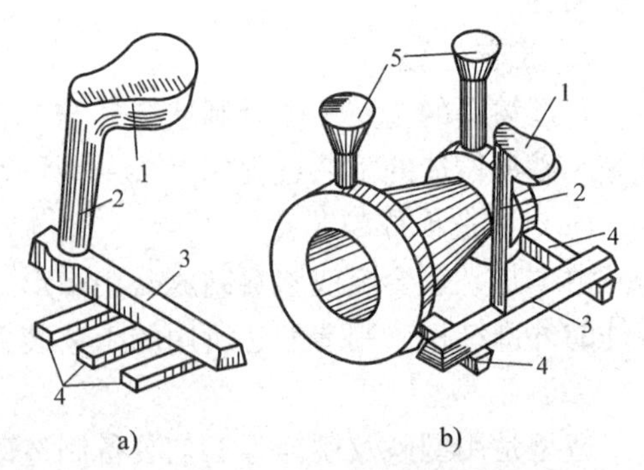

图 2—3　浇注系统及铸件

a）浇注系统　b）带有浇冒口的铸件

1—浇口杯　2—直浇道　3—横浇道

4—内浇道　5—冒口

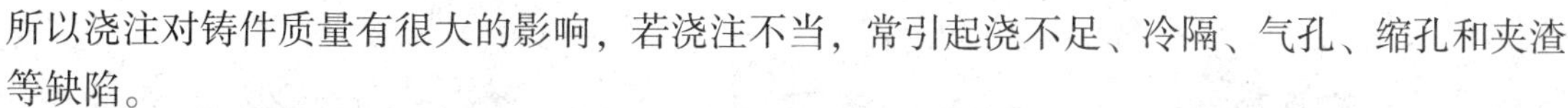

所以浇注对铸件质量有很大的影响，若浇注不当，常引起浇不足、冷隔、气孔、缩孔和夹渣等缺陷。

（6）落砂

用手工或机械方法使铸件和型砂、砂箱分开的操作称为落砂。落砂方法分为手工落砂和机械落砂两种。

（7）清理

清理是落砂后从铸件上清除表面黏砂、型砂、多余金属等过程的总称。铸件的表面清理一般采用钢丝刷、錾子、风铲、手提式砂轮机等工具进行手工清理，批量生产时多采用专用机械和设备进行清理。

（8）热处理

经过清理的铸件有时要进行热处理，一般是进行去应力退火，以消除铸造应力。

3．适用范围

由于砂型铸造简单易行、原材料来源广、成本低、见效快，因此在目前的铸造生产中仍占主导地位。砂型铸造适用于各种铸件材质，常用于尺寸精度要求不高的铸件生产，如一般机器的底座、机床床身、发动机气缸体、各种箱体、泵体、飞轮等。单件、小批量以及难以使用造型机的、形状复杂的大型铸件通常采用手工造型，批量生产的中、小铸件常采用机械造型。

二、特种铸造

1．金属型铸造

（1）基本概念

通过重力作用进行浇注，将熔融金属浇入金属铸型内获得铸件的方法称为金属型铸造。

（2）工艺过程

图 2—4 所示为垂直分型式金属型。生产时两个半型合紧进行浇注，待金属凝固后利用简单的机械使两个半型分开取出铸件。

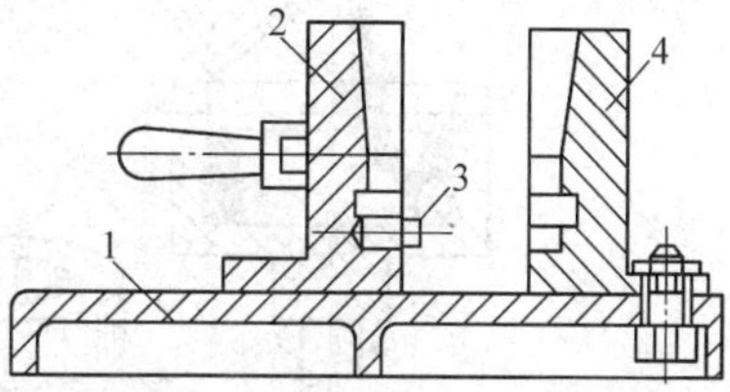

图 2—4　垂直分型式金属型

1—底座　2—活动半型　3—定位销　4—固定半型

（3）适用范围

金属型铸造主要应用于形状不太复杂、壁厚不是很薄的小型有色金属铸件的小批量或大批量生产。

2．压力铸造

（1）基本概念

使熔融金属在高压下快速充型，并在压力下凝固的铸造方法称为压力铸造，简称压铸。

（2）工艺过程

图 2—5 所示为卧式冷室压铸机工作原理。定量勺内的熔融金属注入压室后，压射冲头（俗称活塞、柱塞）向左推进，将熔融金属压入闭合的压铸型腔，稍停片刻，使金属在压力下凝固，然后压射冲头向右退回，分开压铸型腔，推杆顶出压铸件。

（3）适用范围

压力铸造是实现少屑加工或无屑加工的有效途径之一，目前已广泛应用于大量生产各种有色金属及其合金的中小型薄壁铸件、耐压铸件。

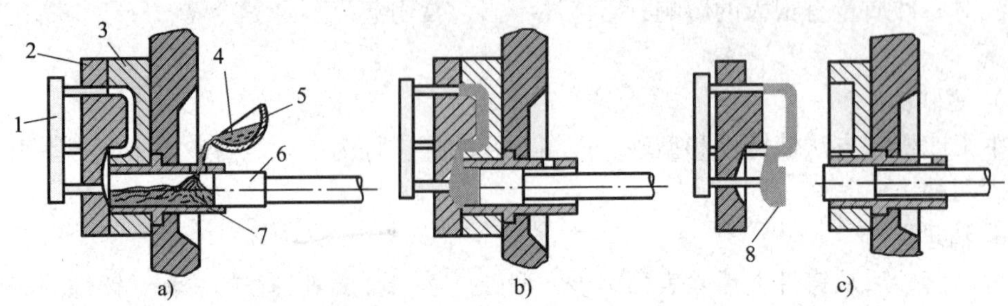

图 2—5　卧式冷室压铸机工作原理

1—顶杆机构　2—动型　3—定型　4—液态金属　5—定量勺
6—压射冲头　7—压室　8—铸件

3. 离心铸造

（1）基本概念

将熔融金属浇入旋转的铸型中，在惯性力的作用下金属液布满型腔并随铸型一起转动，并在转动中凝固形成铸件的铸造方法称为离心铸造。

（2）工艺过程

离心铸造在离心铸造机上进行，一般多采用金属铸型。常见的离心铸造过程如图 2—6 所示。当铸型绕竖直轴线旋转时（见图 2—6a），铸型中的熔融金属随铸型高速旋转，铸件壁上下厚度不均匀，冷却后铸件表面呈抛物面；当铸型绕水平轴线旋转时（见图 2—6b），铸件壁厚度均匀。

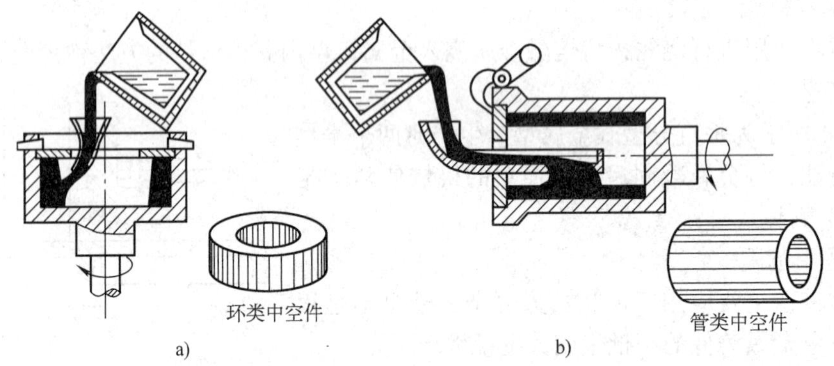

图 2—6　离心铸造过程

a）铸型绕竖直轴线旋转　b）铸型绕水平轴线旋转

（3）适用范围

离心铸造适用于钢、铸铁、有色金属等小批量到大批量的空心回转体铸件、各种管件、轴瓦及双金属衬套的制造。

4. 熔模铸造

（1）基本概念

用易熔材料如蜡料制成模样，在模样上包覆若干层耐火涂料，制成型壳，熔出模样后经高温焙烧，然后进行浇注的铸造方法称为熔模铸造。

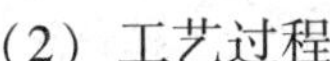

（2）工艺过程

熔模铸造工艺过程包括压型、压模、压制熔模、制型壳、填砂、浇注等步骤。

（3）适用范围

由于型壳的耐火性好，熔模铸造主要用于成批、形状复杂、高熔点以及难加工的合金精密小型铸件的生产。

三、生产实例分析

1. 带轮铸件的技术要求

带轮铸件如图 2—7 所示，其技术要求为：

（1）带轮轮缘外表面及上下两端面、轮毂内孔及上下两端面都进行机械加工，不允许有铸造缺陷。

（2）带轮轮辐表面平整、洁净、无裂纹。

（3）材料为 HT150。

（4）生产性质为单件生产。

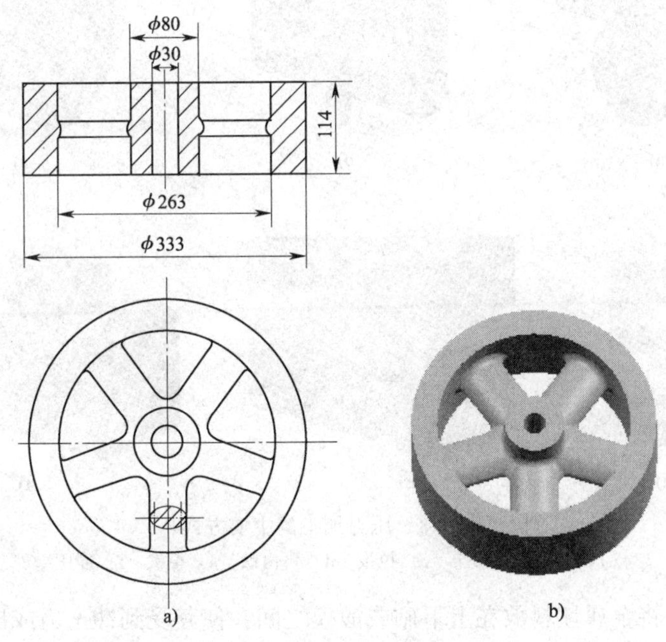

图 2—7　带轮铸件

2. 工艺分析

带轮铸造采用砂型铸造，其铸造工艺分析如下：

（1）造型方法和砂型种类

带轮生产数量很少，多采用车板造型，干芯、湿砂型浇注。

（2）浇注位置和分型面

分型面设在轮缘上平面，两箱造型。采用顶注式雨淋浇口。

（3）砂芯

轮毂的内孔砂芯由芯盒制出，采用黏土芯砂，干芯。

第二节 锻造加工

金属材料在外力作用下产生塑性变形，从而获得具有一定形状、尺寸和性能的原材料、毛坯或零件的加工方法称为压力加工。压力加工的材料应具有良好的塑性，适用于各类钢和大多数有色金属及其合金。压力加工的主要方式如图 2—8 所示。常用的金属型材、板材、管材、线材等，大都是通过轧制、挤压、拉拔等方法生产的，用冲压方法可以制造各种薄壁零件及日用工业品。此外，常用锻造的方法来制造机械制造领域中的毛坯或零件，如一般机器中的主轴、齿轮，各种刀具、模具、紧固件等都采用锻造成形。

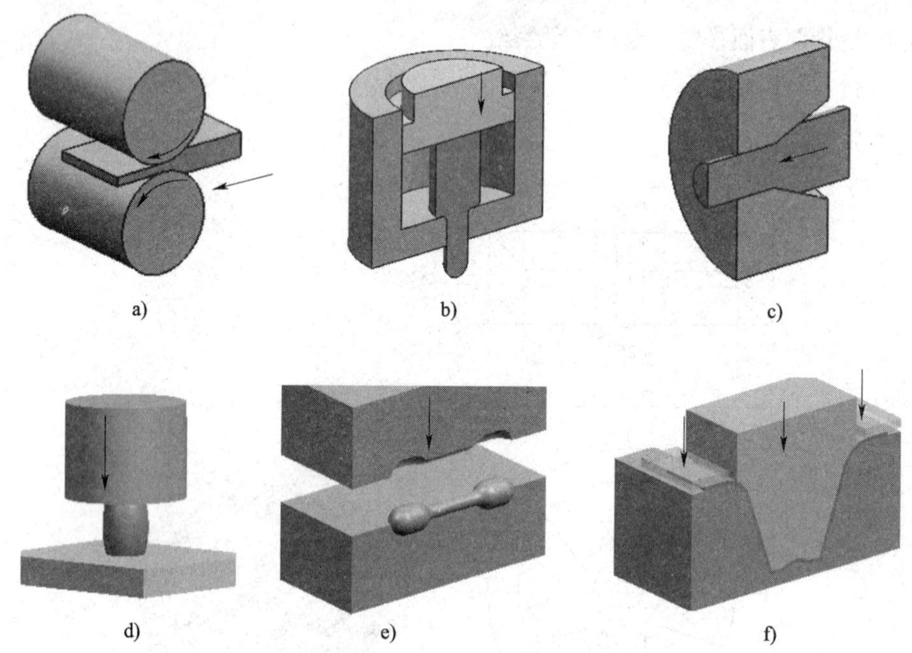

图 2—8 压力加工的主要方式
a）轧制 b）挤压 c）拉拔 d）自由锻 e）模锻 f）冲压

所谓锻造，是将金属坯料放在上下砧或锻模之间，使其受到冲击力或压力而变形的加工方法。金属材料经过锻造成形而得到的工件或毛坯称为锻件。锻件加工方法分为自由锻、胎模锻和模锻。

一、自由锻

1. 基本概念

自由锻是指用冲击力或压力使金属坯料在上下砧之间变形，而获得具有所需形状和尺寸的锻件的一种加工方法，如图 2—9a 所示。自由锻分为手工自由锻和机器自由锻两种，手工自由锻在现代生产中已基本淘汰。目前所说的自由锻，通常是指机器自由锻，如图 2—9b 所示。

2. 工艺过程

将坯料放入加热炉中加热至始锻温度，取出放到锻造设备的上下砧间进行锻压，或使用

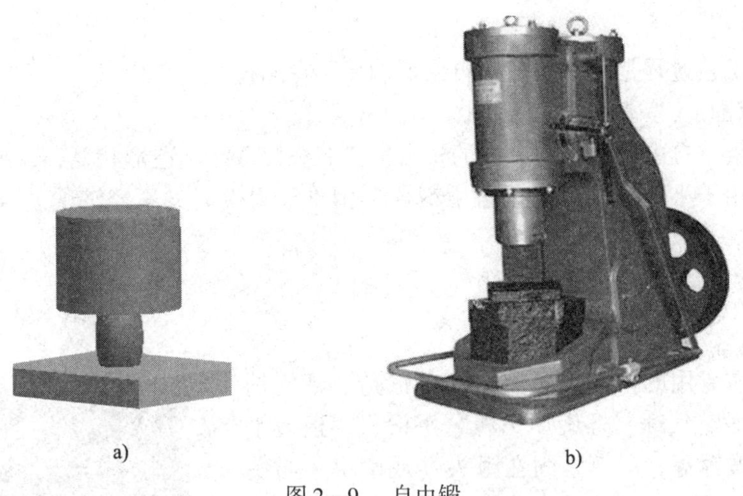

图 2—9　自由锻

a）锻造示意图　b）机器自由锻

铁砧、铁锤等简单的通用工具直接击打坯料，经过镦粗、拔长、冲孔、弯曲、切断等工序，使之产生变形。当坯料温度降至终锻温度时，重新放入加热炉中加热，重复以上工序，直至最后获得所需要的锻件。

3. 适用范围

自由锻主要用于单件、小批量生产和大型、特大型锻件的制造。

二、胎模锻

1. 基本概念

胎模锻是在自由锻设备上使用可移动模具生产锻件的一种锻造方法。胎模不固定在锤头或砧座上，只在需要使用时才放到下砧上。常用的胎模有摔模、扣模、套模、合模、切边模，如图 2—10 所示。

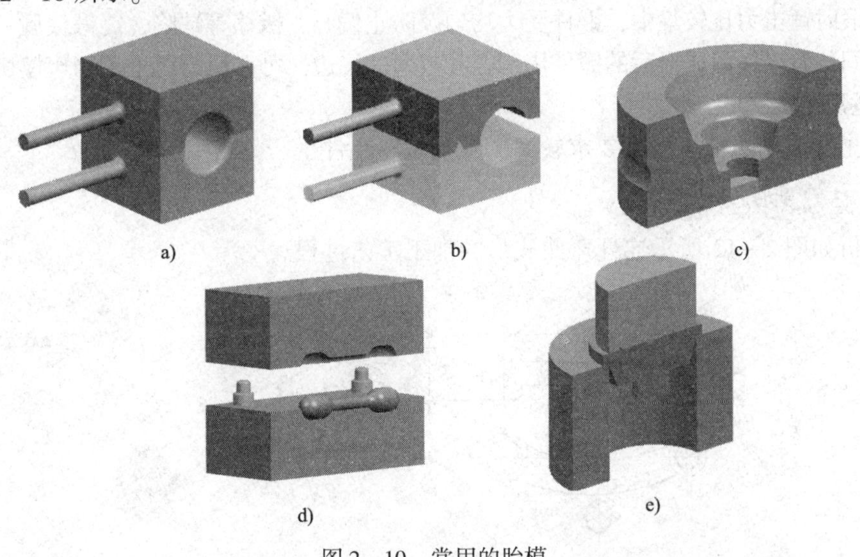

图 2—10　常用的胎模

a）摔模　b）扣模　c）套模　d）合模　e）切边模

2. 工艺过程

胎模锻的工艺过程是坯料加热—自由锻制坯—在胎模中终锻成形。

3. 适用范围

胎模锻既具有自由锻简单、灵活的特点，又兼有模锻能制造形状复杂、尺寸准确锻件的优点，因此适用于小批量生产中用自由锻成形困难、用模锻又不经济的复杂形状锻件的生产。

三、模锻

1. 基本概念

模锻是指在专用的模锻设备上进行的锻造。常用的模锻设备有模锻空气锤、螺旋压力机、平锻机、模锻水压机、液压模锻锤等。锻模紧固在锤头（或滑块）与砧座（或工作台）上。锤头沿导向性良好的导轨运动，砧座通常与模锻设备的机架连接成整体。图 2—11 所示为螺旋压力机。

图 2—11　螺旋压力机

2. 工艺过程

形状复杂的锻件应先用制坯模膛将坯料经几次变形，逐步锻成与锻件断面形状近似的毛坯，以利于金属均匀变形，并顺利充满模膛，从而获得形状准确的模锻件。

模锻模膛是锻件最终成形的模膛，它包括预锻模膛和终锻模膛。预锻模膛是复杂锻件制坯以后预锻成形用的模膛，目的是使毛坯形状和尺寸更接近锻件，在终锻时更容易充填终锻模膛，同时改善坯料锻造时的流动条件和提高终锻模膛的使用寿命。终锻模膛是使坯料最后成形，得到与图样一致的锻件的模膛。为了使终锻时锤击力比较集中，锻件受力均匀及防止偏心、错移等缺陷，终锻模膛一般设置在锻模的中间位置。终锻成形后的锻件周围存在较薄的飞边，可在压力机上用切边模切除。

3. 适用范围

模锻主要应用于毛坯精度要求较高、大批量、小件生产。

四、生产实例分析

试分析如图 2—12 所示连杆弯曲成形的加工工艺过程。

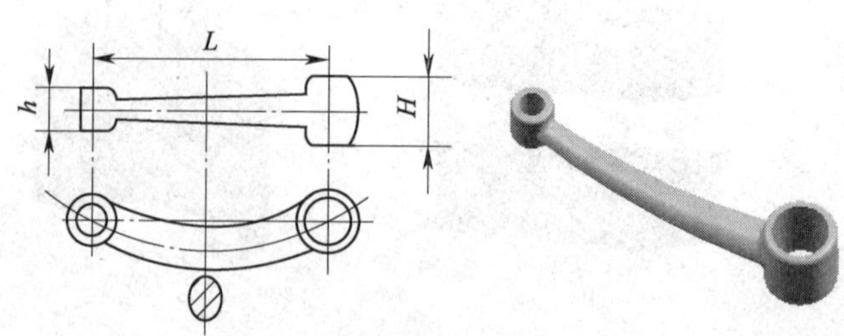

图 2—12　连杆

图2—12所示的连杆轴线是直线，受压力后连杆的轴线变弯曲，产生了塑性变形，从而加工成弯曲连杆。如图2—13所示，连杆弯曲采用多模膛模锻的加工工艺，即原始坯料经过拔长、滚压、弯曲、预锻、终锻得到有毛边的锻件，在切边模（见图2—13b）上去掉毛边后得到最终的锻件。

图中的拔长、滚压、弯曲模膛等都属于制坯模膛，预锻模膛、终锻模膛是连杆锻件最终成形的模膛。

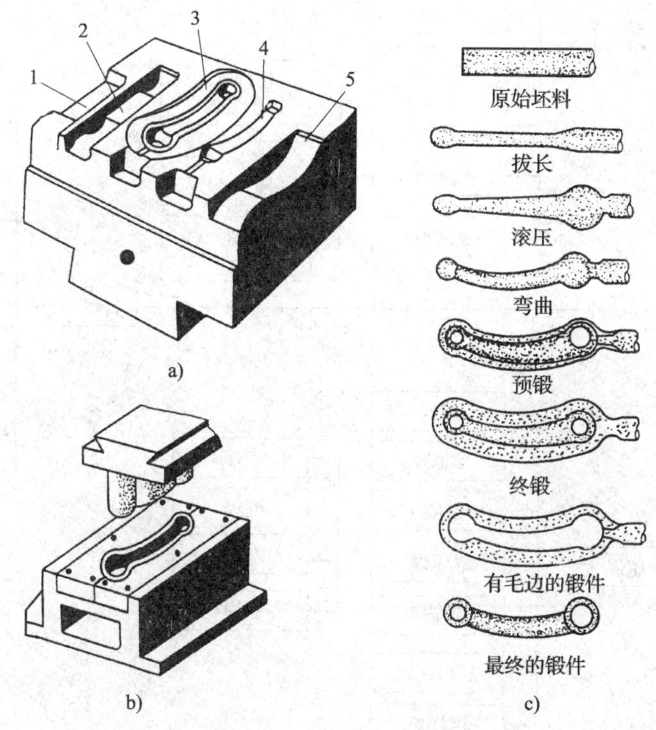

图2—13 连杆的模锻过程

a）多模膛锻模 b）切边模 c）锻件成形过程

1—拔长模膛 2—滚压模膛 3—预锻模膛 4—终锻模膛 5—弯曲模膛

第三节 焊接加工

焊接是金属构件的主要加工方法之一，与铆接相比，它具有节省材料、减轻结构质量、简化加工与装配工序、接头的致密性好、能承受高压、容易实现机械化和自动化生产、提高生产率和质量、改善劳动条件等优点。焊接不仅可以连接金属材料，还可以实现某些非金属材料的永久性连接，如玻璃焊接、陶瓷焊接、塑料焊接等。工业生产中焊接主要用于金属材料。

一、焊接的分类

焊接就是通过加热、加压或两者并用，用或不用填充材料，使焊件达到原子结合的一种加工方法。按照焊接过程中金属所处的状态不同，可以把焊接方法分为熔焊、压焊和钎焊三类。焊接的分类如图 2—14 所示。

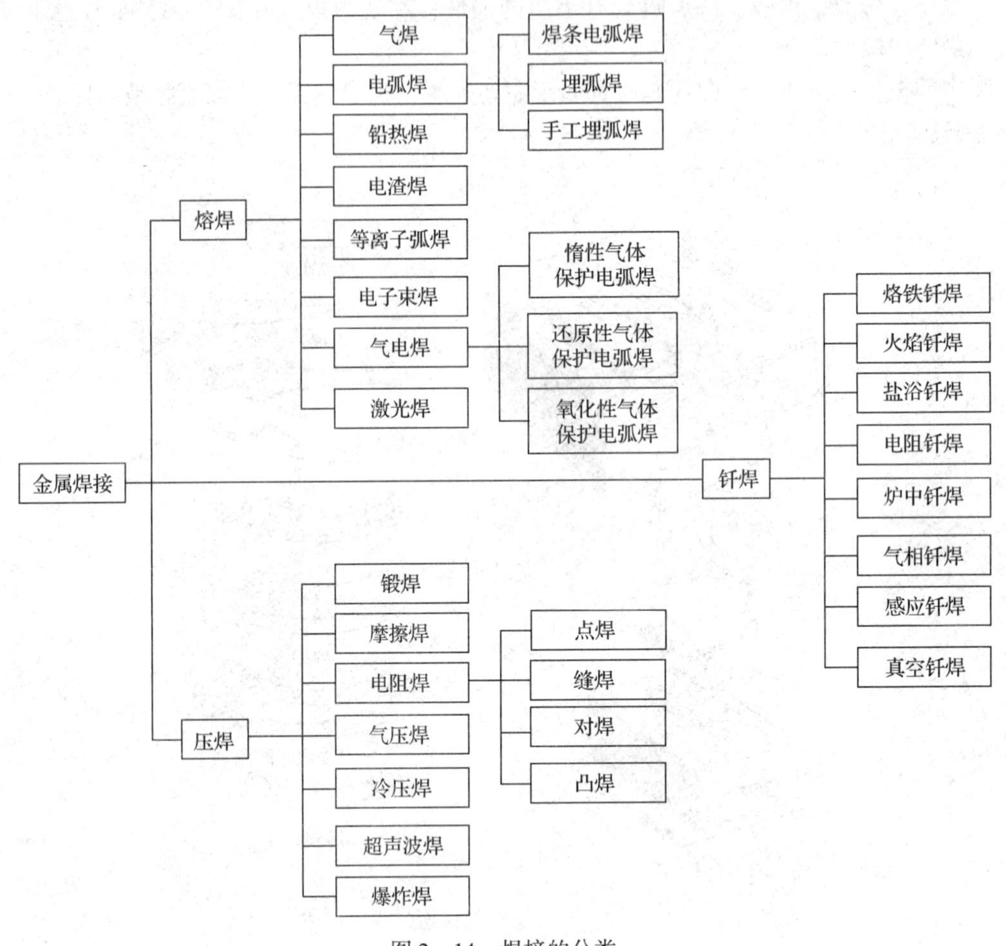

图 2—14　焊接的分类

1. 熔焊

熔焊是在焊接过程中，将焊件接头加热至熔化状态，不加压力完成焊接的方法。当被焊金属加热至熔化状态形成液态熔池，并同时向熔池中加入（或不加入）填充金属时，金属原子之间便相互扩散和紧密接触，直至冷却凝固，即形成牢固的焊接接头。常见的有焊条电弧焊、气焊、埋弧焊、氩弧焊等。

2. 钎焊

钎焊是采用比母材熔点低的钎料，将焊件和钎料加热到高于钎料且低于母材熔点的温度，利用液态钎料润湿母材，填充接头间隙并与母材相互扩散实现焊件连接的方法。常见的有烙铁钎焊、火焰钎焊等。

3. 压焊

压焊是在焊接的同时对焊件施加压力（加热或不加热），以完成焊接的方法。在施加压力的同时，被焊金属接触处可以加热到熔化状态，如点焊和缝焊；也可以加热到塑性状态，如锻焊和摩擦焊；也可以不加热，如冷压焊和爆炸焊等。

二、焊接的特点与应用

1. 特点

（1）与铆接相比，焊接可节约金属材料（见图2—15），接头密封性好，容易实现机械化和自动化。

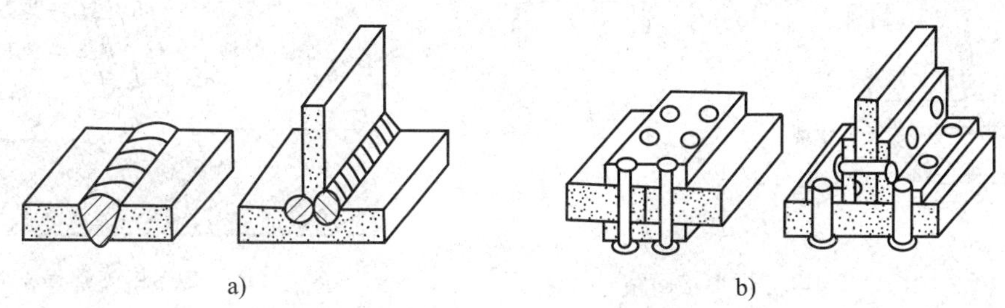

图2—15 焊接与铆接

a）焊接结构 b）铆接结构

（2）与铸造、锻造相比，焊接工序简单，经济效益高。用型材等拼焊成焊接结构件来代替大型复杂的铸件，生产周期短，劳动强度低。

（3）设备简单，操作方便，产品成本低。

（4）焊接接头不仅强度高，而且其他性能（如耐热性能、耐腐蚀性能、密封性能）都能与焊件材料相匹配，焊接质量高。

（5）焊接会产生焊接应力与变形，焊件中存在一定数量的焊接缺陷，以及焊接过程中会产生有毒有害的物质等。

2. 应用

焊接在现代工业生产中有着广泛的应用，目前世界各国年平均生产的焊接结构用钢已占钢产量的45%左右。在船舶、化工容器、建筑构件、桥梁、动力锅炉、大型发电机和汽轮机等产品的制造中，都要应用焊接；在航空、航天、原子能、电子等领域也离不开焊接。

三、常用焊接方法

1. 焊条电弧焊

焊条电弧焊是用手工操纵焊条进行焊接的电弧焊方法，是熔焊中最基本的一种焊接方法，也是目前焊接生产中使用最广泛的焊接方法。

（1）焊条电弧焊的原理和特点

1）焊条电弧焊的原理。焊条电弧焊的焊接回路如图2—16所示，由弧焊电源、电缆、焊钳、焊条、焊件和电弧组成。焊接电弧是负载，弧焊电源是为其提供电能的装置，焊接电缆用于连接电源与焊钳和焊件。

焊条电弧焊的原理如图2—17所示。焊接时，将焊条与焊件接触短路后立即提起焊条，引燃电弧。电弧的高温将焊条与焊件局部熔化，熔化了的焊芯以熔滴的形式过渡到局部熔化的焊件表面，熔合在一起后形成熔池。

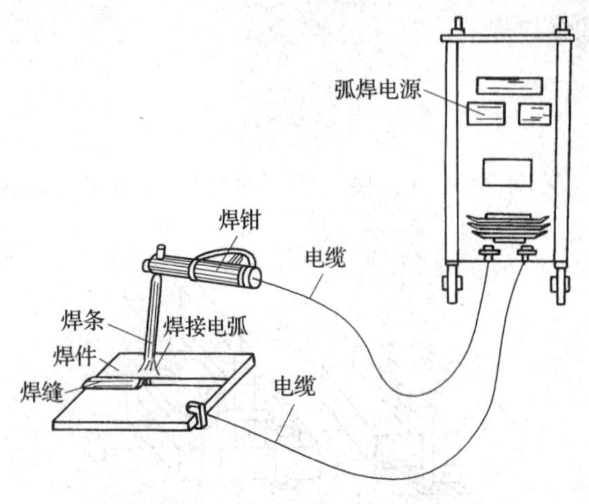

图 2—16　焊条电弧焊焊接回路

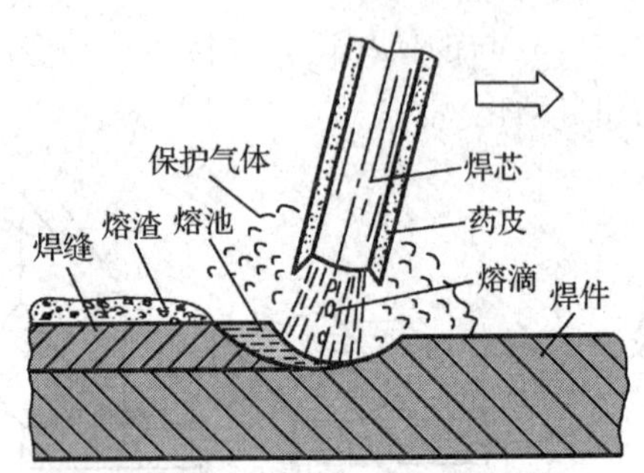

图 2—17　焊条电弧焊焊接原理

焊条药皮在熔化过程中产生一定量的气体和液态熔渣，起到保护液态金属的作用。同时，药皮熔化产生的气体、熔渣与熔化了的焊芯、焊件发生一系列冶金反应，保证了所形成焊缝的性能。随着电弧沿焊接方向不断移动，熔池内的液态金属逐步冷却结晶形成焊缝。

2）焊条电弧焊的特点。

①以焊条为熔化电极，传导电流，产生电弧，作为熔焊的热源。焊接过程中作为电极的焊条不断熔化，融入熔池，作为形成焊缝的填充材料。

②电弧温度较高、热量集中，设备简单，操作方便、灵活，能适应在各种条件下焊接。焊条电弧焊是焊接生产中普遍应用的一种方法。

③焊条电弧焊是手工操作焊接，生产率较低，劳动强度较大，焊接质量取决于焊工的操作技术水平。

（2）焊接电弧及焊缝形式

电弧是电弧焊接的热源，电弧燃烧的稳定性对焊接质量有重要影响。

1）焊接电弧。焊接电弧是一种气体放电现象，由阳极区、阴极区和弧柱区组成，如图 2—18 所示。

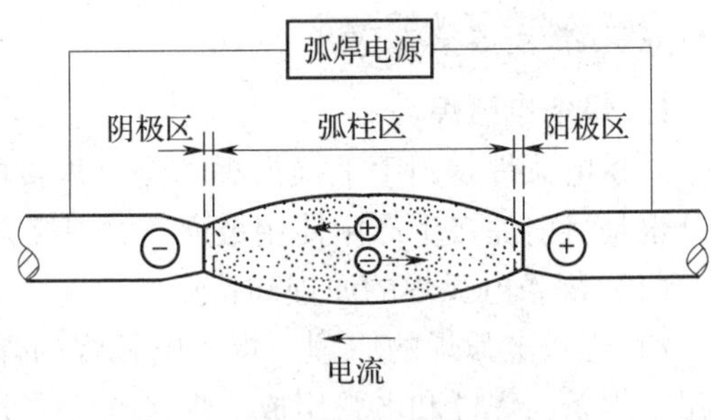

图 2—18　焊接电弧示意图

2）焊缝形式。焊缝是构成焊接接头的主体部分，有以下几种分类方法：

按焊缝的空间位置分类，有平焊缝、立焊缝、横焊缝及仰焊缝四种形式，如图 2—19 所示。

平焊操作方便，焊缝成形条件好，容易获得优质焊缝并具有较高的生产率，是最合适的位置；其他三种又称为空间位置焊，焊工操作较平焊困难，受熔池液态金属重力的影响，需要对焊接规范控制并采取一定的操作方法才能保证焊缝成形。其中，焊接条件仰焊位置最差，立焊、横焊次之。

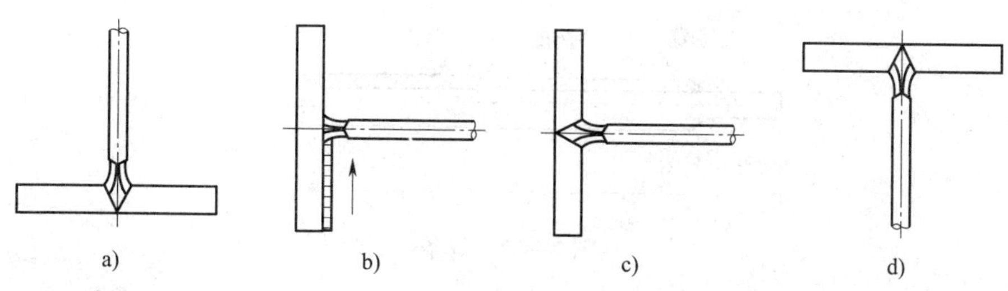

图 2—19　按焊缝的空间位置分类

a）平焊缝　b）立焊缝　c）横焊缝　d）仰焊缝

按焊缝的结构形式分类，有对接焊缝、角焊缝及塞焊缝三种形式，如图 2—20 所示。

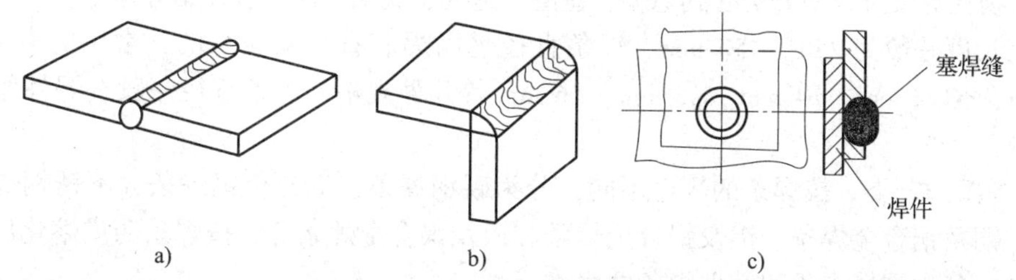

图 2—20　按焊缝的结构形式分类

a）对接焊缝　b）角焊缝　c）塞焊缝

按焊缝的断续情况分类，有定位焊缝、连续焊缝及断续焊缝三种形式。

（3）弧焊电源

弧焊电源是焊条电弧焊的供电装置，即通常所说的电焊机。按输出的电流性质不同，分为直流弧焊电源和交流弧焊电源两大类；按结构和原理不同，分为弧焊变压器、弧焊整流器和逆变弧焊电源三类，如图 2—21 所示。

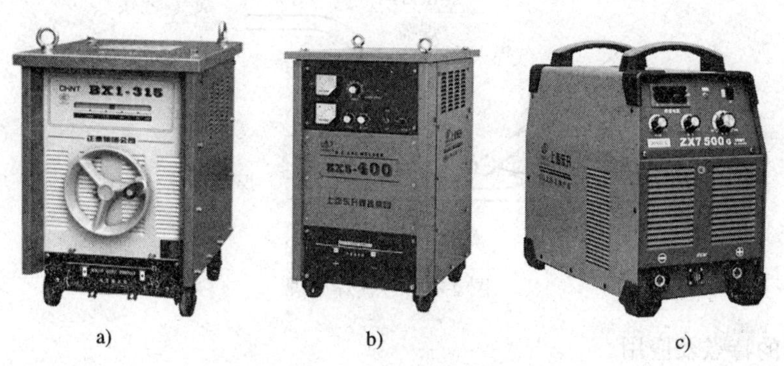

图 2—21　常用弧焊电源

a）弧焊变压器　b）弧焊整流器　c）逆变弧焊电源

（4）焊条

焊条是涂有药皮的供焊条电弧焊使用的焊接材料。

1）焊条的组成。焊条由焊芯和药皮组成，如图 2—22 所示。焊条端部有一段没有药皮的夹持端，用焊钳夹住后可以导电，焊条末端的药皮磨成倒角，便于焊接时引弧。

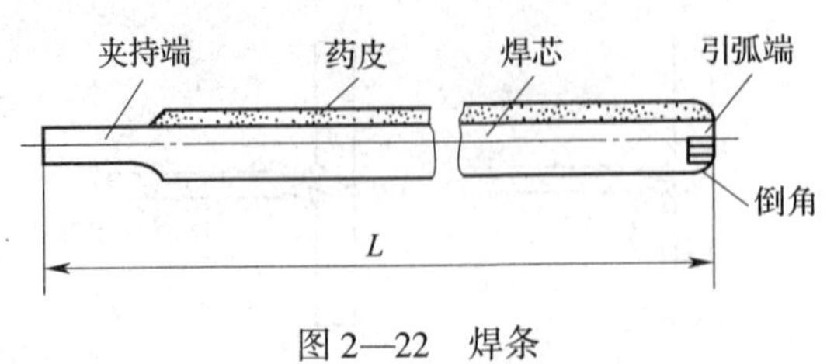

图 2—22　焊条

焊芯是焊条中被药皮包覆的金属芯。焊芯在焊接中的作用是：作为电极传导电流，引燃和维持电弧以及作为填充材料与母材金属熔合在一起，形成焊缝。

药皮组成物的成分相当复杂，由各种矿物类、铁合金、有机物类及化工产品等原料组成。这些组成物在焊接过程中分别起到稳弧、造渣、造气、脱氧、稀释、黏结等作用。

焊条长度一般为 250 ~ 450 mm。焊条直径是以焊芯直径来表示的，常用的有 ϕ2 mm、ϕ2.5 mm、ϕ3.2 mm、ϕ4 mm、ϕ5 mm、ϕ6 mm 等几种规格。焊条直径一般按焊件厚度大小进行选取。

2）焊条的分类。按焊条的用途不同，分为碳钢焊条、低合金钢焊条、不锈钢焊条、铸铁焊条、铜及铜合金焊条、铝及铝合金焊条和镍及镍合金焊条等；按焊条药皮熔化后的熔渣特性不同，分为酸性焊条和碱性焊条两大类。

2. 气焊与气割

（1）气焊

1）气焊原理。气焊是利用可燃气体与助燃气体混合燃烧后，产生的高温火焰对金属材料进行熔化焊的一种方法。如图 2—23 所示，将乙炔和氧气在焊炬中混合均匀后，从焊嘴喷出燃烧火焰，将焊件和焊丝（为填充材料）熔化后形成熔池，待冷却凝固后形成焊缝。

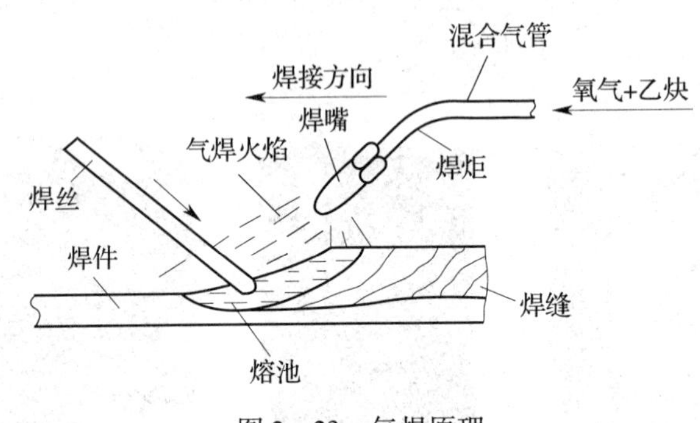

图 2—23　气焊原理

2）气焊的特点及应用。

①火焰对熔池的压力及对焊件的热输入量调节方便，故熔池温度、焊缝形状和尺寸、焊缝背面成形等容易控制。

②设备简单，移动方便，操作易掌握，但设备占用生产面积较大。

③焊炬尺寸小，使用灵活，但由于气焊热源温度较低，加热缓慢，生产率低，热量分散，热影响区大，故焊件有较大的变形，接头质量不高。

④气焊适用于各种位置的焊接，可用于焊接 3 mm 以下的低碳钢、高碳钢薄板，铸铁焊

补以及铜、铝等有色金属。

3）气焊设备。气焊所用设备及气路连接，如图 2—24 所示。

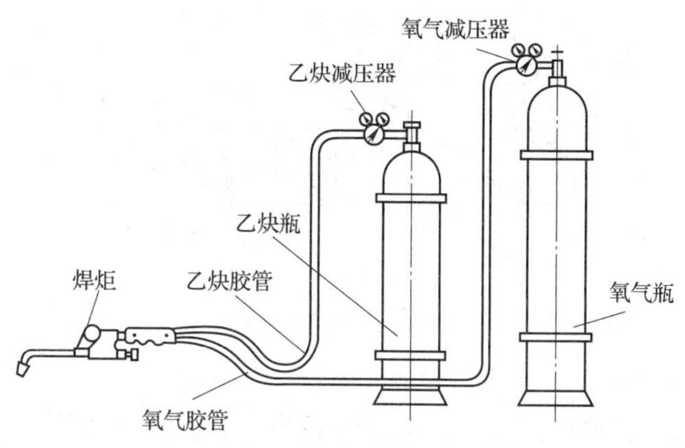

图 2—24　气焊所用设备及气路连接

气焊所用设备主要有焊炬、乙炔瓶、氧气瓶、回火安全器、减压器等。

①焊炬。俗称焊枪，是气焊中的主要设备，用于控制气体混合比、流量及火焰并进行焊接的手持工具。

②乙炔瓶。乙炔瓶是储存溶解乙炔的钢瓶，外壳漆成白色，用红色标明“乙炔”字样和“火不可近”字样。

③氧气瓶。氧气瓶是储存氧气的一种高压容器钢瓶，外表漆成天蓝色，用黑漆标明“氧气”字样。

④回火安全器。回火安全器又称回火防止器或回火保险器，它是装在乙炔减压器和焊炬之间，用来防止火焰沿乙炔管回烧的安全装置。

⑤减压器。减压器又称压力调节器，它是将气瓶内的高压气体降为工作时的低压气体的调节装置。乙炔瓶、氧气瓶必须配备减压器。

⑥橡胶管。橡胶管是输送气体的管道，分氧气橡胶管和乙炔橡胶管，两者不能混用。国家标准规定：氧气橡胶管为蓝色；乙炔橡胶管为红色。

（2）气割

1）气割原理。气割是利用割炬喷出乙炔与氧气混合燃烧的预热火焰，将金属的待切割处预热到它的燃烧点（红热程度），并从割炬的另一喷孔高速喷出纯氧气流，使切割处的金属发生剧烈的氧化，成为熔融的金属氧化物，同时被高压氧气流吹走，从而形成一条狭小整齐的割缝使金属割开，如图 2—25 所示。因此，气割包括预热、燃烧、吹渣三个过程。气割原理与气焊原理在本质上是完全不同的，气焊是熔化金属，而气割是金属在纯氧中的燃烧（剧烈的氧化），故气割的实质是“氧化”并非“熔化”。由于气割所用设备与气焊基本相同，而操作也有近似之处，因此常把气割与气焊放在一起。

2）气割的特点及应用。与一般机械切割相比较，气割的最大优点是设备简单，操作灵活、方便，适应性强。它可以在任意位置、任何方向切割任意形状和任意厚度的工件，生产效率高，切口质量也相当好，如图 2—26 所示。

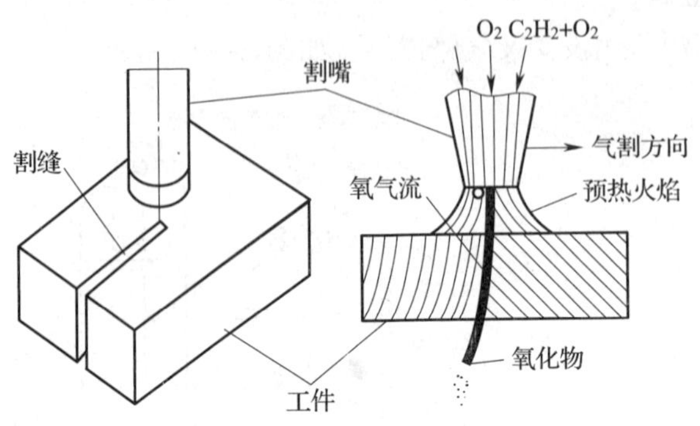

图 2—25　气割示意图

气割能在各种位置进行切割和在钢板上切割各种外形复杂的零件，因此广泛地用于钢板下料、开焊接坡口和铸件浇冒口的切割，切割厚度可达 300 mm 以上。目前，气割主要用于各种碳钢和低合金钢的切割。

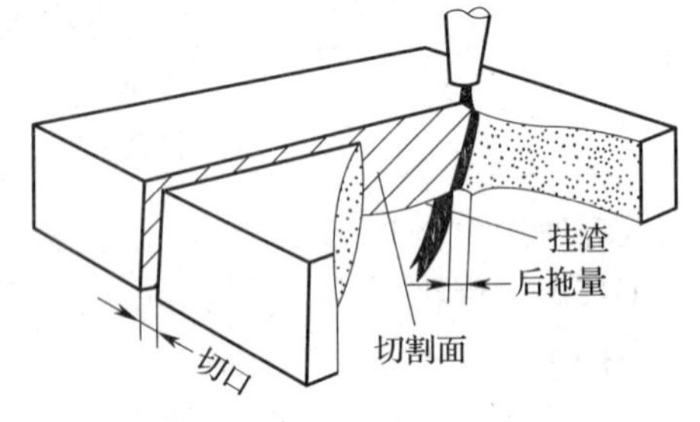

图 2—26　气割切口状况图

3）割炬。气割所需的设备中，氧气瓶、乙炔瓶和减压器同气焊一样。所不同的是气焊用焊炬，而气割要用割炬（又称割枪），如图 2—27 所示。

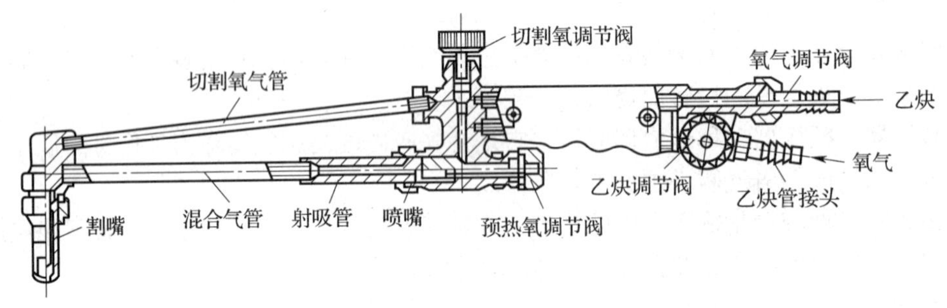

图 2—27　割炬

3. 其他常用焊接方法

（1）埋弧焊

1）埋弧焊的原理。埋弧焊是利用焊丝和焊件之间燃烧的电弧所产生的热量来熔化焊丝、焊剂和焊件而形成焊缝的电弧焊方法。埋弧焊分自动和半自动两种，最常用的是埋弧自动焊，其设备如图 2—28 所示。

与焊条电弧焊比较，埋弧自动焊具有三个显著的特征：采用连续焊丝；使用颗粒焊剂；焊接过程自动化。

焊接工作原理如图 2—29 所示，焊接时电源输出端分别接在导电嘴和焊件上，先将焊丝由送丝机构送进，经导电嘴与焊件轻微接触，焊剂由漏斗口经软管流出后，均匀地堆敷在待焊处。引弧后电弧将焊丝和焊件熔化形成熔池，同时将电弧区周围的焊剂熔化并有部分蒸发，形成一个封闭的电弧燃烧空间。密度较小的熔渣浮在熔池表面上，将液态金属与空气隔绝开来，有利于焊接冶金反应的进行。随着电弧向前移动，熔池液态金属随之冷却凝固而形成焊缝，浮在表面上的液态熔渣也随之冷却而形成渣壳。图 2—30 所示为埋弧焊焊缝断面示意图。

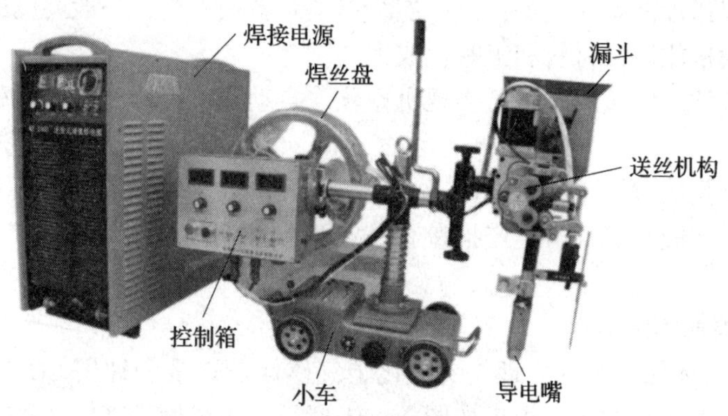

图 2—28　埋弧自动焊设备

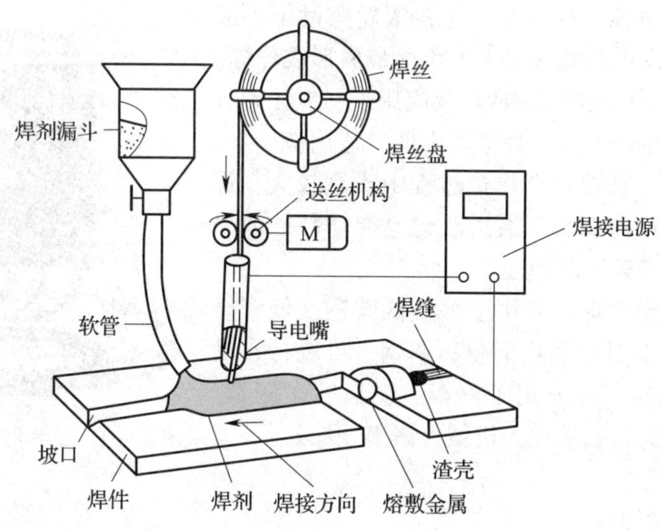

图 2—29　埋弧自动焊工作原理示意图

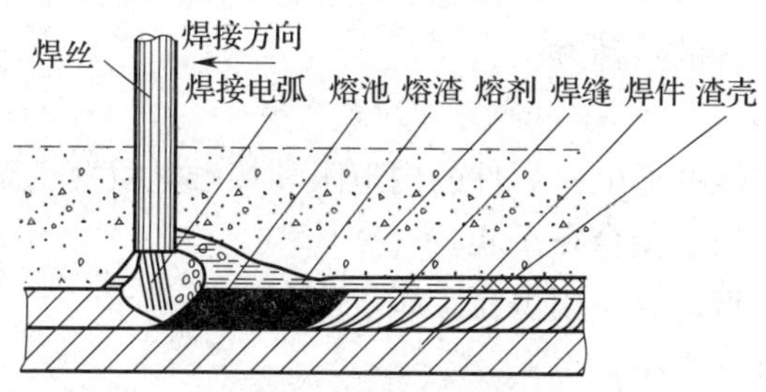

图 2—30　埋弧焊焊缝断面示意图

2）埋弧焊的特点及应用。

①焊缝质量好。电弧在焊剂层下燃烧，熔池金属不受空气的影响，焊丝的送进和沿焊缝的移动均为自动控制，因此工作稳定，焊接质量好。

②生产率高。埋弧焊允许使用大的焊接电流，熔深大，焊速快，因而生产率高。

③成本低。埋弧焊能量损失少，使用连续焊丝余料损失少，一般厚度的焊件不需要开坡口，因此可节约大量能源、材料和工时，成本低。

④改善劳动条件。埋弧焊过程已实现机械化、自动化，焊接时无可见弧光，烟尘少，劳动条件得到改善。

埋弧焊的不足是适应性差，只适用于水平位置焊接（允许倾斜坡度不超过20°）和长而直或大圆弧的连续焊缝，而且对生产批量有一定要求（适用于大批量生产），因而应用受到一定的限制。

（2）二氧化碳气体保护焊

1）二氧化碳气体保护焊的原理。二氧化碳气体保护焊是一种用 CO_2 气体作为保护气体的熔化极气体保护电弧焊方法，焊机如图 2—31 所示。工作原理如图 2—32 所示，弧焊电源采用直流电源，电极的一端与零件相连，另一端通过导电嘴将电送给焊丝，这样焊丝端部与零件熔池之间建立电弧，焊丝在送丝机滚轮驱动下不断送进，零件和焊丝在电弧热作用下熔化并最后形成焊缝。

2）二氧化碳气体保护焊的特点及应用。二氧化碳气体保护焊工艺具有生产率高、焊接成本低、适用范围广、焊缝质量好等优点。其缺点是焊接过程中飞溅较大，焊缝成形不够美观，目前人们正通过改善电源动特性或采用药芯焊丝的方法来解决此问题。

二氧化碳气体保护焊主要用于焊接低碳钢及低合金高强钢，也可以用于焊接耐热钢和不锈钢，可进行自动焊及半自动焊。目前广泛地用于汽车、轨道客车制造、船舶制造、航空航天、石油化工机械等诸多领域。

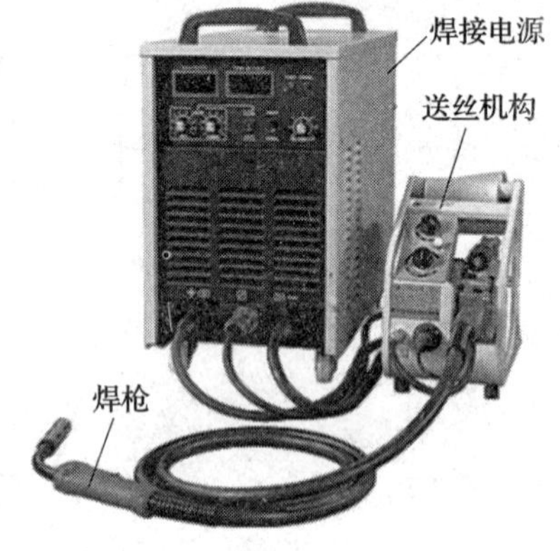

图 2—31　二氧化碳气体保护焊设备

（3）电阻焊

电阻焊属于压焊的一种。

1）电阻焊的原理。电阻焊是焊件组合后通过电极施加压力，将被焊工件压紧于两电极之间，并通以电流，利用电流流经工件接触面及邻近区域产生的电阻热将其加热到熔化或塑性状态，使之形成金属结合的一种方法。

2）电阻焊的特点。

①焊接时须对焊件加压并通电，焊件的内电阻和接触电阻发热而使焊件被焊处达到熔化或热塑性状态，在压力作用下结合在一起。

②焊件接头不需要开坡口，不用填充金属。

③热影响区小，焊件变形小。

④劳动条件好，生产率高，容易实现自动化。

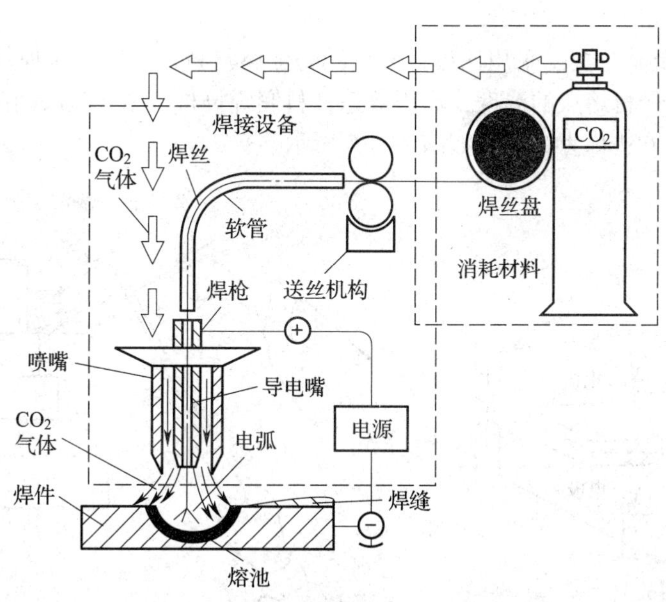

图 2—32　二氧化碳气体保护焊工作原理示意图

3）电阻焊的分类及应用。

①电阻对焊。电阻对焊（见图 2—33）俗称对焊，工件装配成对接形式，并使其端面紧密接触。焊接时先利用电阻热将其加热至塑性状态，然后迅速施加顶锻力，使其相互结合，形成焊接。常用于刀具、型钢、管材的焊接。

②电阻点焊。电阻点焊俗称点焊（见图 2—34），工件装配成搭接形式，压紧在两电极之间，焊接时利用电阻热熔化母材金属，形成焊点，常用于薄钢板的焊接。

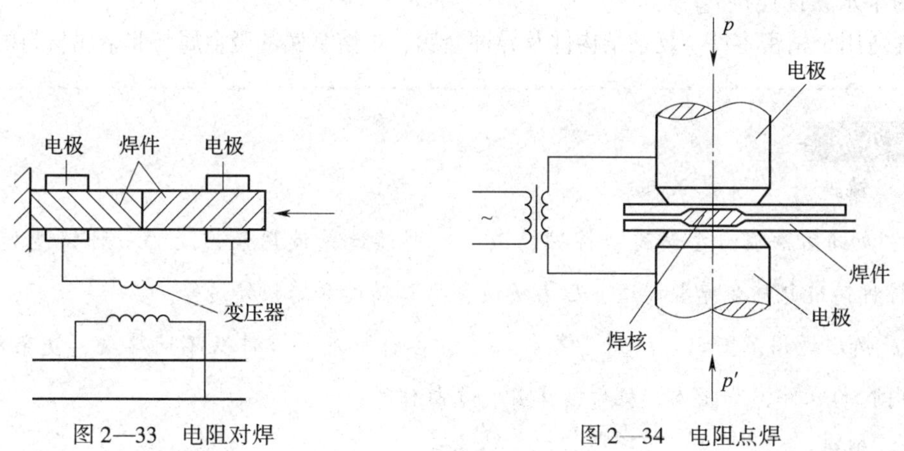

图 2—33　电阻对焊

图 2—34　电阻点焊

③缝焊。缝焊（见图 2—35）的电极是一对滚轮，工件装配成搭接或对接形式并置于滚轮之间。滚轮在加压工作的同时转动，连续或断续送电，利用电阻热产生连续焊点，形成缝焊焊缝，常用于焊接厚度不大于 2 mm 的有密封性要求的薄壁容器或构件。

(4) 钎焊

1）钎焊原理及其分类。采用比母材熔点低的金属材料作钎料，将焊件和钎料加热到高于钎料熔点、低于母材熔点的温度，利用液态钎料润湿母材，填充接头间隙并与母材相互扩散实现焊件连接的方法称为钎焊，如图 2—36 所示。

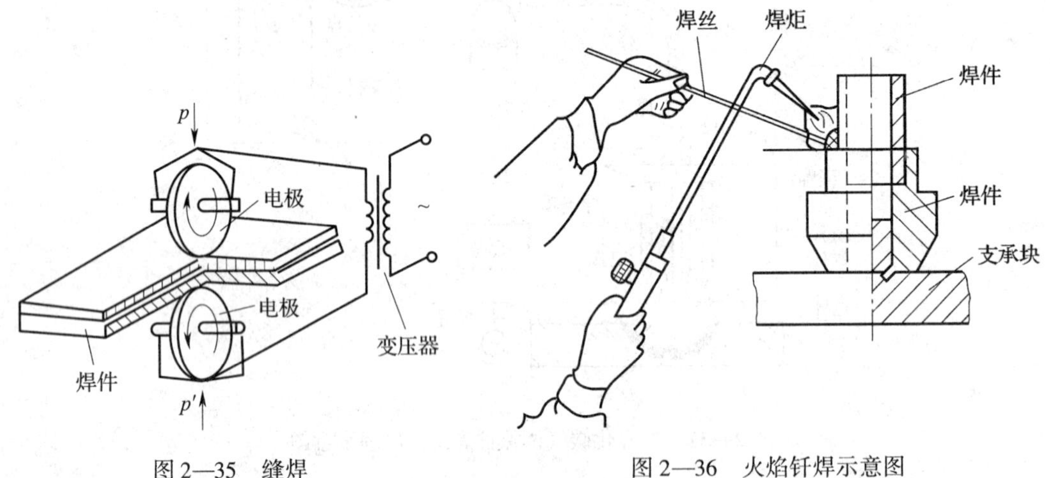

图 2—35　缝焊

图 2—36　火焰钎焊示意图

按其加热方式不同，钎焊可分为烙铁钎焊、火焰钎焊和盐浴钎焊等。

2）钎焊的特点及应用。

①焊接时，母材不熔化，只有钎料熔化。

②焊件加热温度低，构件变形小，焊件金属组织和性能基本不变。

③可焊接异种金属、难熔金属。

④为半永久性连接。

钎焊适用于精密零件、复杂结构件及异种金属、难熔金属甚至金属与非金属材料的连接。

〔本章小结〕

◇ 铸造

1. 加工方法有砂型铸造、特种铸造。砂型铸造是使用最广泛的一种铸造加工方法。特种铸造包括金属型铸造、压力铸造、离心铸造和熔模铸造等。

2. 铸造适用范围广，适用于各种尺寸、各种材质的零件及不同厚度、复杂外形、复杂内腔的零件，如箱体、机架、床身、气缸体等。

◇ 锻造

1. 加工方法有自由锻、胎模锻、模锻。

2. 锻造适用于具有一定塑性的各类钢和大多数有色金属及其合金。一般机器中的主轴、齿轮，各种刀具、模具、紧固件等都采用锻造成形。

◇ 焊接

1. 按照焊接过程中金属所处的状态不同，焊接可分为熔焊、钎焊和压焊三类。

2. 焊条电弧焊是最基本的一种焊接方法，也是目前焊接生产中使用最广泛的焊接方法。其他焊接方法有气焊、埋弧焊、二氧化碳气体保护焊、电阻焊、钎焊。

第三章　常用机械加工设备

第一节　常用金属切削机床

金属切削机床是指采用切削（或特种加工）等方法加工金属工件，使之获得所要求的几何形状、尺寸精度和表面质量的机器，简称机床。它是制造机器零件的机器。

一、机床的分类

金属切削机床可按不同的分类方法划分为多种类型。

按工作原理可分为车床、钻床、镗床、磨床、齿轮加工机床、螺纹加工机床、铣床、刨插床、拉床、锯床和其他机床等。每类中又按其结构或加工对象分为若干组，每组中又分为若干系。

按工件大小和机床重量可分为仪表机床、中小型机床、大型机床、重型机床和超重型机床。

按加工精度可分为普通精度机床、精密机床和高精度机床。

按自动化程度可分为手动操作机床、半自动机床和自动机床。

按机床的自动控制方式，可分为仿形机床、程序控制机床、数字控制机床、适应控制机床、加工中心和柔性制造系统。

按机床的适用范围，可分为通用机床、专门化机床和专用机床。

各类机床通常由下列基本部分组成：支承部件，用于安装和支承其他部件和工件，承受其重量和切削力，如床身和立柱等；变速机构，用于改变主运动的速度；进给机构，用于改变进给量；主轴箱，用以安装机床主轴；刀架、刀库；控制和操纵系统；润滑系统；冷却系统。

二、机床的型号

机床型号是机床的代号，用以表示机床的类别、主要技术参数、结构特性等。我国目前实行的机床型号，是根据 GB/T 15375—2008《金属切削机床　型号编制方法》编制而成，它由大写汉语拼音字母及阿拉伯数字按一定规律组合而成。机床型号构成如下所示：

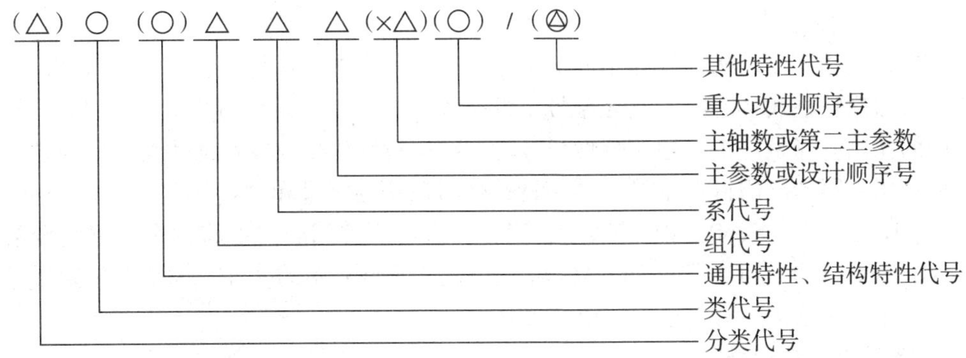

注：(1) 机床的型号由基本部分和辅助部分组成，中间用“/”隔开，读作“之”。

(2) 有“( )”的代号或数字，当无内容时，则不表示，若有内容则不带括号。

(3) 有“○”符号者，为大写的汉语拼音字母。

(4) 有“△”符号者，为阿拉伯数字。

(5) 有“◎”符号者，可为大写的汉语拼音字母，或阿拉伯数字，或两者兼有之。

1. 机床类代号

机床的类代号用大写的汉语拼音字母表示，如车床用“C”表示，钻床用“Z”表示。必要时，每类可分为若干分类。分类代号用阿拉伯数字表示，位于类代号之前，作为型号的首位。第一分类代号前的“1”省略，第“2”“3”分类代号则应予以表示。例如，磨床类机床分为 M、2M、3M 三个分类。机床的类代号见表 3—1。

表 3—1　机床的类代号（GB/T 15375—2008）

类别	车床	钻床	镗床	磨床			齿轮加工机床	螺纹加工机床	铣床	刨插床	拉床	锯床	其他机床
代号	C	Z	T	M	2M	3M	Y	S	X	B	L	G	Q
读音	车	钻	镗	磨	二磨	三磨	牙	丝	铣	刨	拉	割	其

2. 机床的特性代号

机床的特性代号，包括通用特性代号和结构特性代号，用大写的汉语拼音字母表示，位于类代号之后。

(1) 通用特性代号

当某类型机床，除有普通型外，还有某种通用特性时，则在类代号之后加通用特性代号予以区分。通用特性代号有统一的固定含义，它在各类机床型号中，表示意义相同，机床通用特性代号见表 3—2。通用特性代号用大写的汉语拼音字母表示，按其相应的汉字字意读音。例如，“CK”表示数控车床。当在一个型号中需要同时使用 2 ~ 3 个普通特性代号时，一般按重要程度排列顺序。例如，“MBG”表示半自动高精度磨床。

表 3—2　机床通用特性代号（GB/T 15375—2008）

通用特性	高精度	精密	自动	半自动	数控	加工中心（自动换刀）	仿形	轻型	加重型	柔性加工单元	数显	高速
代号	G	M	Z	B	K	H	F	Q	C	R	X	S
读音	高	密	自	半	控	换	仿	轻	重	柔	显	速

（2）结构特性代号

对主参数值相同而结构、性能不同的机床，在型号中加结构特性代号予以区别。但结构特性代号与通用特性代号不同，它在型号中没有统一的含义，只在同类机床中起区分机床结构、性能的作用。当型号中有通用特性代号时，结构特性代号应排在通用特性代号之后。结构特性代号用大写的汉语拼音字母（通用特性代号已用的字母和“I、O”两字母均不能用）A、B、C、D、E、L、N、P、T、Y 表示，当单个字母不够用时，可将两个字母组合起来使用，如 AD、AE 或 DA、EA 等。如 CA6140 型卧式车床型号中的“A”为结构特性代号，表示这种型号车床在结构上有别于 C6140 型车床。

3. 机床的组、系代号

机床按其工作原理分为 11 类。每类机床划分为 10 个组，每个组又划分为 10 个系（系列）。组、系划分的原则：在同一类机床中，主要布局或使用范围基本相同的机床，即为同一组；在同一组机床中，其主参数相同、主要结构及布局形式相同的机床，即为同一系。机床的组代号用一位阿拉伯数字表示，位于类代号或特性代号之后；机床的系代号用一位阿拉伯数字表示，位于组代号之后。例如，CA6140 型卧式车床型号中的“61”，表示它属于车床类 6 组、1 系列。车床的组、系划分见表 3—3。

表 3—3　车床组、系划分（GB/T 15375—2008）

组		系		组		系	
代号	名称	代号	名称	代号	名称	代号	名称
0	仪表小型车床	0	仪表台式精整车床	2	多轴自动、半自动车床	0	多轴平行作业棒料自动车床
		1				1	多轴棒料自动车床
		2	小型排刀车床			2	多轴卡盘自动车床
		3	仪表转塔车床			3	
		4	仪表卡盘车床			4	多轴可调棒料自动车床
		5	仪表精整车床			5	多轴可调卡盘自动车床
		6	仪表卧式车床			6	立式多轴半自动车床
		7	仪表棒料车床			7	立式多轴平行作业半自动车床
		8	仪表轴车床			8	
		9	仪表卡盘精整车床			9	
1	单轴自动车床	0	主轴箱固定型自动车床	3	回转、转塔车床	0	回转车床
		1	单轴纵切自动车床			1	滑鞍转塔车床
		2	单轴横切自动车床			2	棒料滑枕转塔车床
		3	单轴转塔自动车床			3	滑枕转塔车床
		4	单轴卡盘自动车床			4	组合式转塔车床
		5				5	横移转塔车床
		6	正面操作自动车床			6	立式双轴转塔车床
		7				7	立式转塔车床
		8				8	立式卡盘车床
		9				9	

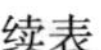

续表

组		系		组		系	
代号	名称	代号	名称	代号	名称	代号	名称
4	曲轴及凸轮轴车床	0	旋风切削曲轴车床	7	仿形及多刀车床	0	转塔仿形车床
		1	曲轴车床			1	仿形车床
		2	曲轴主轴颈车床			2	卡盘仿形车床
		3	曲轴连杆轴颈车床			3	立式仿形车床
		4				4	转塔卡盘多刀车床
		5	多刀凸轮轴车床			5	多刀车床
		6	凸轮轴车床			6	卡盘多刀车床
		7	凸轮轴中轴颈车床			7	立式多刀车床
		8	凸轮轴端轴颈车床			8	异形多刀车床
		9	凸轮轴凸轮车床			9	
5	立式车床	0		8	轮、轴、辊、锭及铲齿车床	0	车轮车床
		1	单柱立式车床			1	车轴车床
		2	双柱立式车床			2	动轮曲拐销车床
		3	单柱移动立式车床			3	轴颈车床
		4	双柱移动立式车床			4	轧辊车床
		5	工作台移动单柱立式车床			5	钢锭车床
		6				6	
		7	定梁单柱立式车床			7	立式车轮车床
		8	定梁双柱立式车床			8	
		9				9	铲齿车床
6	落地及卧式车床	0	落地车床	9	其他车床	0	落地镗车床
		1	卧式车床			1	
		2	马鞍车床			2	单能半自动车床
		3	轴车床			3	气缸套镗车床
		4	卡盘车床			4	
		5	球面车床			5	活塞车床
		6	主轴箱移动型卡盘车床			6	轴承车床
		7				7	活塞环车床
		8				8	钢锭模车床
		9				9	

4. 主参数、设计顺序号

机床主参数表示机床规格大小并反映机床最大工作能力。主参数代号以机床最大加工尺寸或与此有关的机床部件尺寸的折算值表示，位于系代号之后。当折算值大于 1 时，取整数，前面不加“0”；当折算值小于 1 时，则取小数点后第一位数，并在前面加“0”。常用车床主参数表示方法见表 3—4。

表 3—4　　常用车床主参数表示方法（GB/T 15375—2008）

车床名称	主参数	表示方法	第二主参数
单轴自动车床	最大棒料直径	1	
多轴自动车床	最大棒料直径	1	轴数
转塔车床	最大车削直径	1/10	
落地车床	最大工件回转直径	1/100	最大工件长度
卧式车床	床身上最大工件回转直径	1/10	最大工件长度

对于某些通用机床，当无法用一个主参数表示时，则在型号中用设计顺序号表示。设计顺序号由 1 起始，当设计顺序号小于 10 时，从 01 开始编号。例如，某厂设计试制的第五种仪表磨床为刀具磨床，因为该磨床无法用主参数表示，故用设计顺序号“05”表示，所以此磨床型号为 M0605。

5. 第二主参数、主轴数

第二主参数主要是指主轴数、最大跨距、最大工件长度、工作台工作面长度等。第二主参数（多轴机床的主轴数除外）一般不予表示，如有特殊情况，需在型号中表示。第二主参数也用折算值表示，一般折算成两位数为宜，最多不超过三位数。以长度、深度值等表示的，其折算系数为 1/100；以直径、宽度值等表示的，其折算系数为 1/10；以厚度、最大模数等表示的，其折算系数为 1。当折算值大于 1 时，取整数；当折算值小于 1 时，则取小数点后第一位数，并在前面加“0”。

对于多轴车床、多轴钻床、排式钻床等机床，其主轴数应以实际数值列入型号，置于主参数之后，用乘号“×”分开，读作“乘”。单轴可省略，不予表示。

6. 重大改进顺序号

当机床的结构、性能有更高的要求，并需按新产品重新设计、试制和鉴定时，为区别原机床型号，要在型号基本部分的尾部按改进的先后顺序选用 A、B、C 等汉语拼音字母（但“I、O”两个字母不得选用）表示。例如，型号 CG6125B 中的“B”表示 CG6125 型高精度卧式车床的第二次重大改进。

7. 其他特性代号

其他特性代号置于辅助部分之首。其中同一型号机床的变型代号，一般应放在其他特性代号的首位。其他特性代号用以反映各类机床的特性。如：对于数控机床，可用来反映不同的控制系统等；对于加工中心，可用以反映控制系统、联动轴数、自动交换主轴头、自动交换工作台等；对于柔性加工单元，可用以反映自动交换主轴箱；对于一机多能机床，可用以补充表示某些功能；对于一般机床，可以反映同一型号机床的变型等。

其他特性代号可用汉语拼音字母（I、O 两个字母除外）表示，也可用阿拉伯数字表示，还可以两者组合表示。其中 L 表示联动轴数，F 表示复合。当单个字母不够用时，可将两个字母组合使用，如 AB、AC、AD 或 BA、CA、DA 等。

8. 示例

例 1　CA6140 型卧式车床

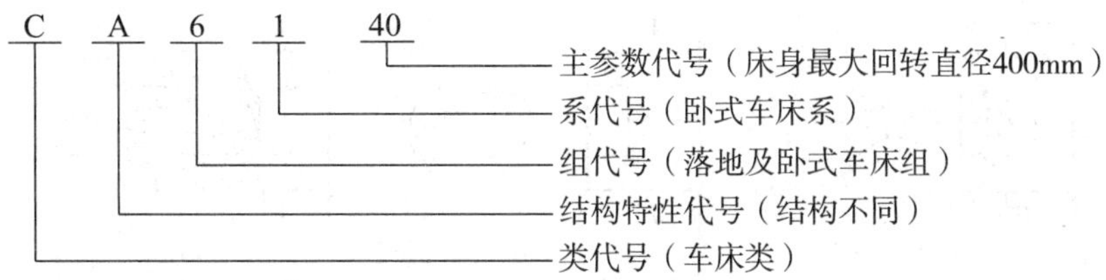

例 2　CK6140 型数控车床

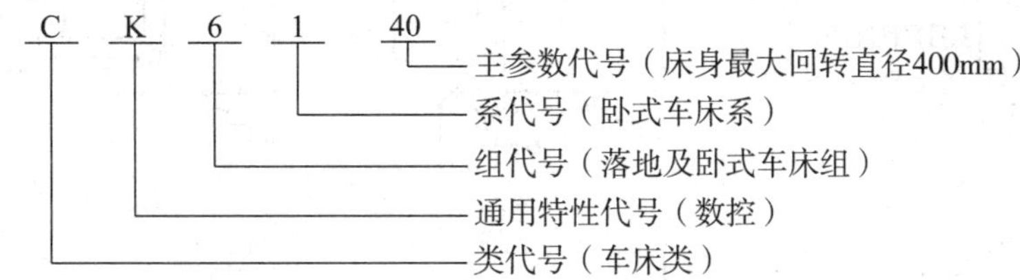

三、常用金属切削机床

1. 车床

车床的加工精度可达 IT6，表面粗糙度值可达 $Ra3.2 \sim 1.6\ \mu m$，加工范围比较宽，是机械加工的基本设备。车床常用的是卧式车床，主要用于中小零件的加工。如图 3—1 所示 CA6140 型车床是比较典型的代表。

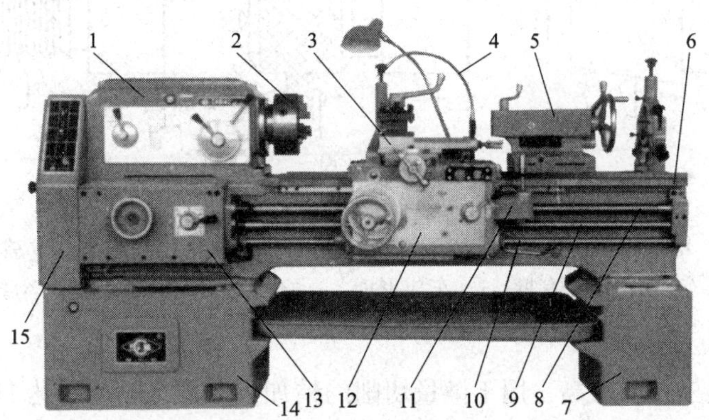

图 3—1　CA6140 型车床

1—主轴箱　2—卡盘　3—刀架部分　4—冷却嘴　5—尾座　6—床身　7、14—床脚　8—丝杠　9—光杠　10—操纵杆　11—快移机构　12—溜板箱　13—进给箱　15—交换齿轮箱

车削是工件旋转作主运动，车刀移动作进给运动的切削加工方法，其特点是刀具沿着所要形成的工件表面，以一定的背吃刀量 a_p 和进给量 f，对回转的工件进行切削。

车床的加工范围很广，可以钻中心孔、钻孔、铰孔、攻螺纹、车外圆（圆柱、圆锥）、车孔（圆柱孔、圆锥孔）、车平面、车槽、车成形面、滚花、车螺纹等，如图 3—2 所示。如果在车床上装上一些附件和夹具，还可进行镗削、磨削、研磨和抛光等。

2. 磨床

磨床的种类很多，主要有外圆磨床、内圆磨床、平面及端面磨床、工具磨床等。应用最多的是外圆磨床、平面磨床和内圆磨床。

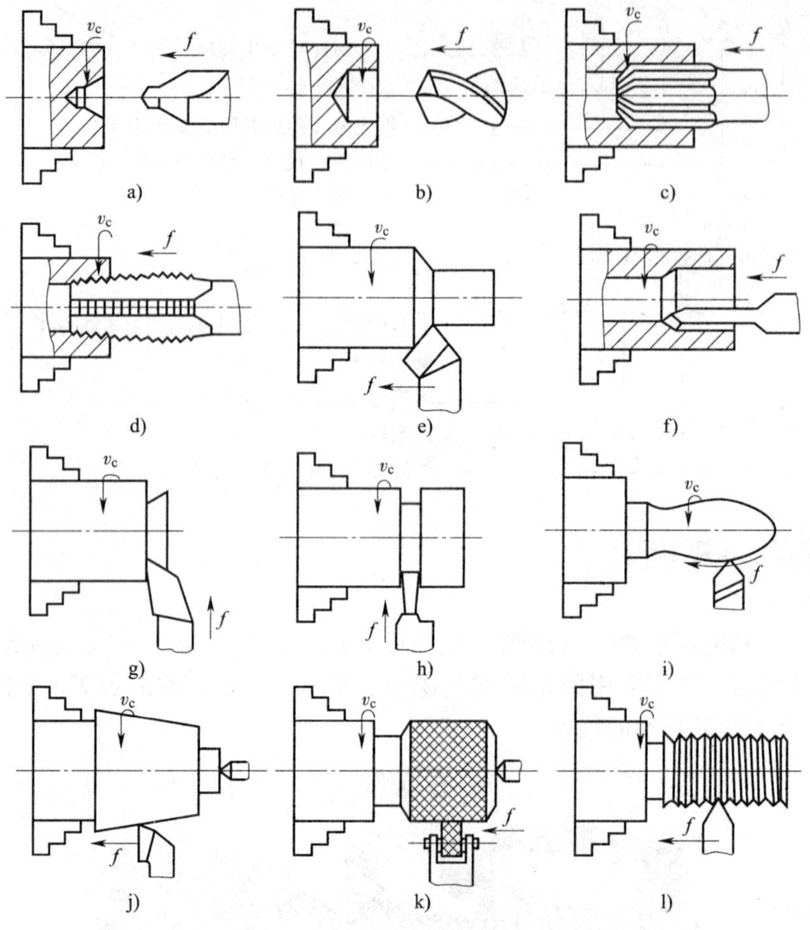

图 3—2　车削的主要加工内容

a）钻中心孔　b）钻孔　c）铰孔　d）攻螺纹　e）车外圆　f）镗孔
g）车端面　h）车槽　i）车成形面　j）车锥面　k）滚花　l）车螺纹

（1）外圆磨床

外圆磨床的加工精度较高，用于微量切削的精加工。加工精度可达 IT5，表面粗糙度值可达 $Ra1.6 \sim 0.8$ μm。如图 3—3 所示为常用的 M1432B 型外圆磨床的结构示意图。

外圆磨床是主要用于磨削圆柱形和圆锥形外表面及轴肩端面的磨床。一般工件装夹在头架和尾座之间进行磨削。

磨削外圆时砂轮的回转为主运动，进给运动包括：工件的圆周进给运动、工作台的纵向进给运动和砂轮架的横向进给运动。

（2）平面磨床

平面磨床是磨削加工设备中的一种，一般用于各类平面的精加工，平面磨床的加工精度可达 IT7 ~ IT6，表面粗糙度值可达 $Ra\ 0.8 \sim 0.2$ μm，是理想的平面精加工设备。如图 3—4 所示为一种常用卧轴矩台平面磨床。

平面磨床磨头主轴上砂轮的回转运动是主运动，进给运动包括工作台的纵向进给运动、砂轮的横向和垂直进给运动。

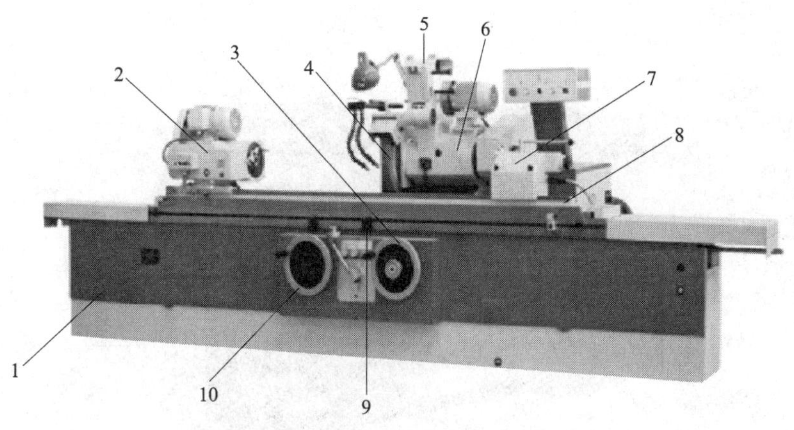

图 3—3　M1432B 型万能外圆磨床

1—床身　2—头架　3—横向进给手轮　4—砂轮　5—内圆磨头　6—砂轮架
7—尾座　8—工作台　9—行程开关　10—纵向进给手轮

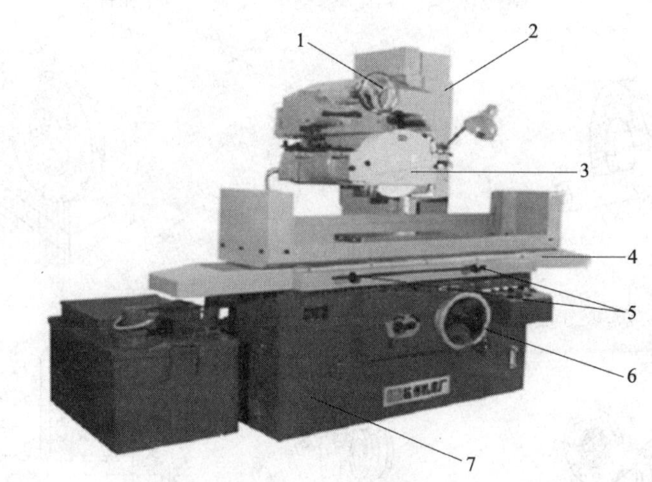

图 3—4　平面磨床

1—横向手轮　2—立柱床鞍　3—磨头　4—工作台　5—撞块　6—纵向手轮　7—床身

(3) 内圆磨床

内圆磨床主要用于磨削圆柱形和圆锥形内表面。

如图 3—5 所示为普通内圆磨床，与外圆磨床一样用于微量切削的精加工，加工精度可达 IT7，表面粗糙度值可达 $Ra1.6\sim0.4$ μm，常用于淬硬和非淬硬孔、锥孔的精加工。

它主要由头架、砂轮架、工作台、滑鞍和床身等部件组成。头架固定在床身上，工件装夹在头架主轴前端的卡盘中，由头架主轴带动作圆周进给运动。砂轮安装在砂轮架中的内磨头主轴上，单独由电动机直接驱动作高速旋转主运动。砂轮架安装在滑鞍上，当工作台由液压传动系统带动作往复直线运动一次后，砂轮架作横向进给。头架还可绕竖直轴转至一定角度以磨削锥孔。

磨床的主要加工范围有：磨削各种内、外圆柱面和内、外圆锥面，磨孔、磨平面、磨成形面、磨螺纹，以及磨齿轮、磨花键、磨导轨、磨曲轴和各种刀具等，如图 3—6 所示。

图 3—5　内圆磨床

1—床身　2—头架　3—砂轮架　4—滑鞍　5—工作台

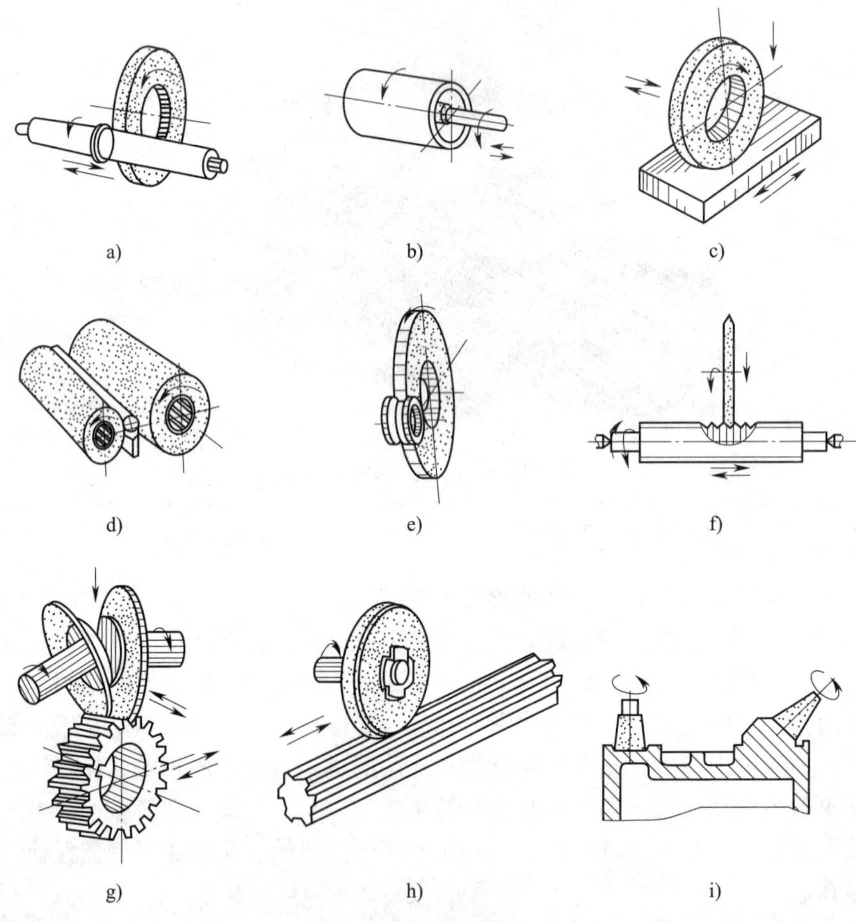

图 3—6　磨削的主要加工内容

a）磨外圆　b）磨孔　c）磨平面　d）无心磨削　e）磨成形面

f）磨螺纹　g）磨齿轮　h）磨花键　i）磨导轨

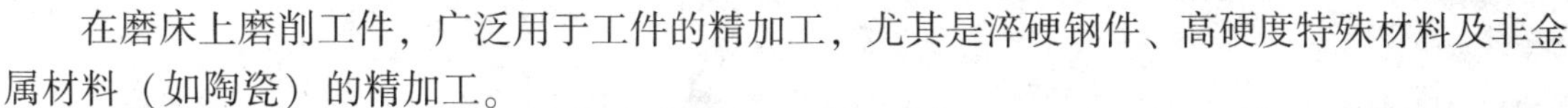

在磨床上磨削工件，广泛用于工件的精加工，尤其是淬硬钢件、高硬度特殊材料及非金属材料（如陶瓷）的精加工。

3. 铣床

铣床分为卧式铣床和立式铣床，铣床的加工精度为IT8～IT7，表面粗糙度值为$Ra3.2$～1.6 μm。铣床是一种加工范围较广的机械加工设备，常用于各类平面、沟槽的半精加工和精加工。卧式铣床一般用于平面的加工，立式铣床常用于加工各类沟槽。

如图3—7所示为X6132型卧式万能升降台铣床的外形图，其主轴位置与工作台面平行，具有可沿床身导轨垂直移动的升降台，安装在升降台上的工作台和滑鞍可分别作纵向、横向移动。主轴锥孔直接或通过附件可安装各种圆柱铣刀、盘形铣刀、成形铣刀、端面铣刀等刀具，适于加工中小型零件的平面、斜面、沟槽、切断等。

图3—7　X6132型卧式万能升降台铣床

1—主轴变速机构　2—床身　3—悬梁　4—主轴　5—刀杆支架　6—工作台
7—横向溜板　8—升降台　9—进给变速机构　10—底座

如图3—8所示为X5032型立式升降台铣床，其主轴位置与工作台面垂直，具有可沿床身导轨垂直移动的升降台，安装在升降台上的工作台和滑鞍可分别作纵向、横向移动。主轴锥孔可直接或通过附件安装各种端铣刀、立铣刀、键槽铣刀、成形铣刀等刀具，适于加工各种较复杂中小型零件的平面、键槽、螺旋槽、孔等。

在铣床上使用各种不同的铣刀，可以完成平面（平行面、垂直面、斜面）、台阶、槽（直角槽、V形槽、T形槽、燕尾槽等）、特形面和切断等加工；配合分度头等铣床附件，还可以完成花键轴、齿轮、螺旋槽等加工。在铣床上还可以进行钻孔、铰孔和铣孔等工作。表3—5所示为铣床的基本加工内容。

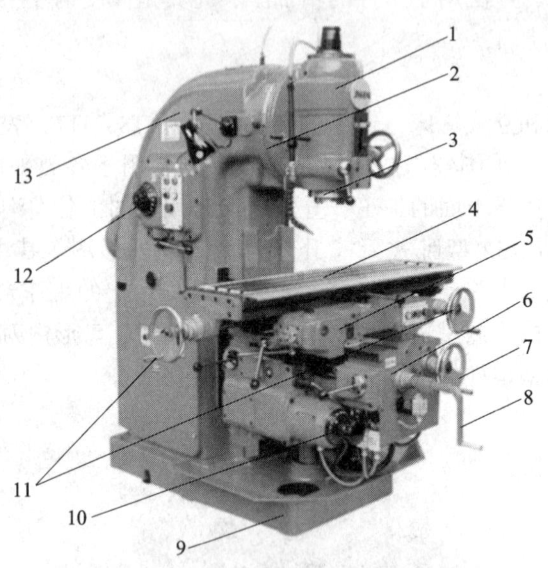

图 3—8　X5032 型立式升降台铣床

1—立铣头　2—回转盘　3—主轴　4—工作台　5—滑鞍　6—升降台　7—横向进给手柄　8—升降进给手柄　9—底座　10—进给变速机构　11—纵向进给手柄　12—主轴变速机构　13—床身

表 3—5　　铣床的基本加工内容

铣削内容	周铣平面	端铣平面	铣直角沟槽
图例	v_c a_e v_f a_p	v_c v_f	v_c v_f
铣削内容	铣键槽	铣直角沟槽	切断
图例	v_c v_f	v_c v_f	v_c v_f

续表

铣削内容	铣 T 形槽	铣 V 形槽	铣齿轮
图例	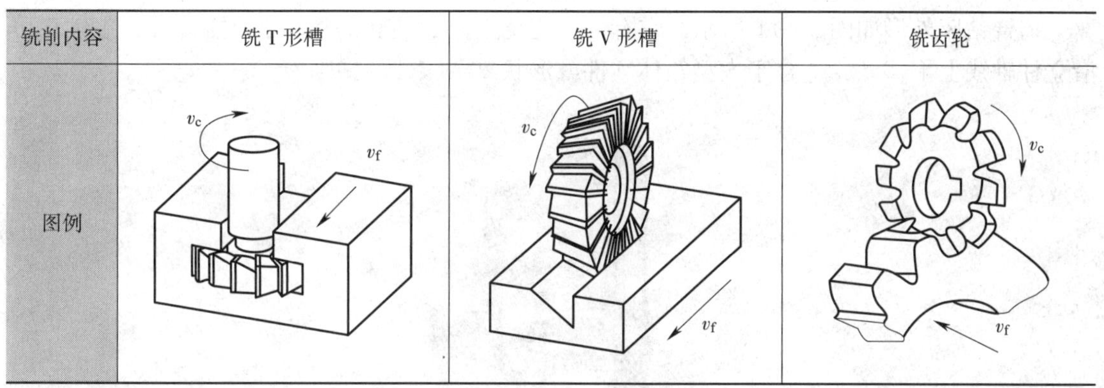		

4. 钻床

钻床分为台式钻床、立式钻床和摇臂钻床，是钻孔、扩孔、铰孔的基本设备，并能完成锪孔、锪端面和攻螺纹的任务。台式钻床主要用于小型零件的孔加工（D_{max} < 13 mm），立式钻床主要用于中小型零件的孔加工（D_{max} = 18 ~ 75 mm），摇臂钻床适用于箱体零件的群孔加工。钻床的加工精度可达 IT13 ~ IT11，表面粗糙度值可达 *Ra* 50 ~ 12. 5 μm。

（1）台式钻床

台式钻床是放置在台桌上使用的小型钻床，按最大钻孔直径划分有 2 mm、6 mm、12 mm 等多种规格，适用于钻削小型工件上的小孔。如图 3—9 所示为台式钻床外形图。

（2）立式钻床

立式钻床有 18 mm、25 mm、35 mm、40 mm、50 mm、63 mm、80 mm 等多种规格。如图 3—10 所示为 Z5135 型立式钻床的外形，适合于中小型工件的钻削。

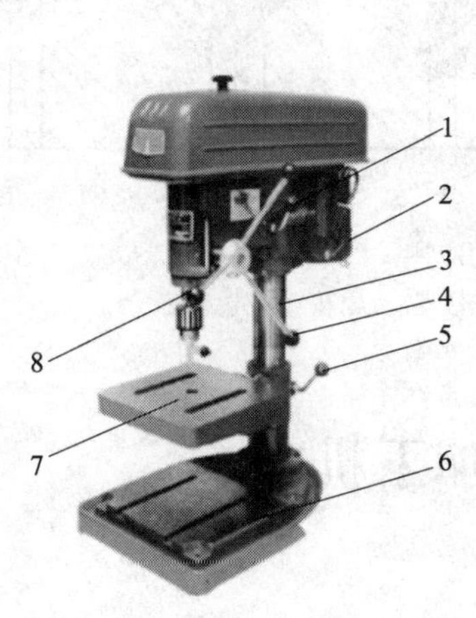

图 3—9　台式钻床

1—机头锁紧手柄　2—电动机　3—立柱
4—三星进给手柄　5—工作台锁紧手柄
6—底座　7—工作台　8—主轴

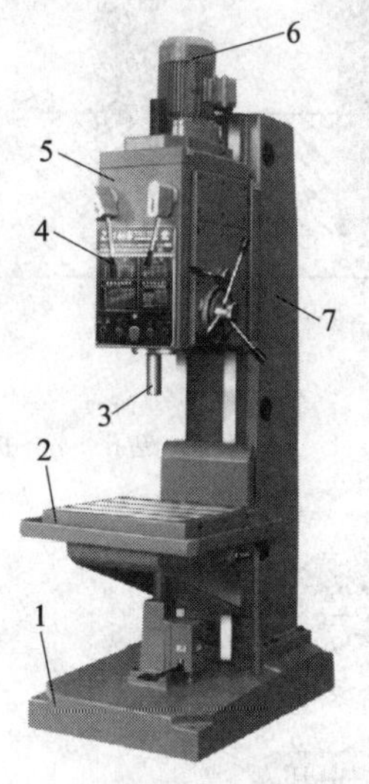

图 3—10　Z5135 型立式钻床

1—底座　2—工作台　3—主轴
4—进给箱　5—主轴箱
6—电动机　7—立柱

（3）摇臂钻床

摇臂钻床外形如图3—11所示，它有一个能绕立柱2回转的摇臂3，摇臂带着主轴箱可沿立柱轴线上下移动，适合于大型箱体零件或形状复杂零件的钻削。

图3—11　摇臂钻床

1—立柱座　2—立柱　3—摇臂　4—主轴（钻头）　5—工作台　6—底座

在钻床上可进行的加工内容有钻孔、扩孔、铰孔、攻螺纹、锪孔和锪平面等，如图3—12所示。

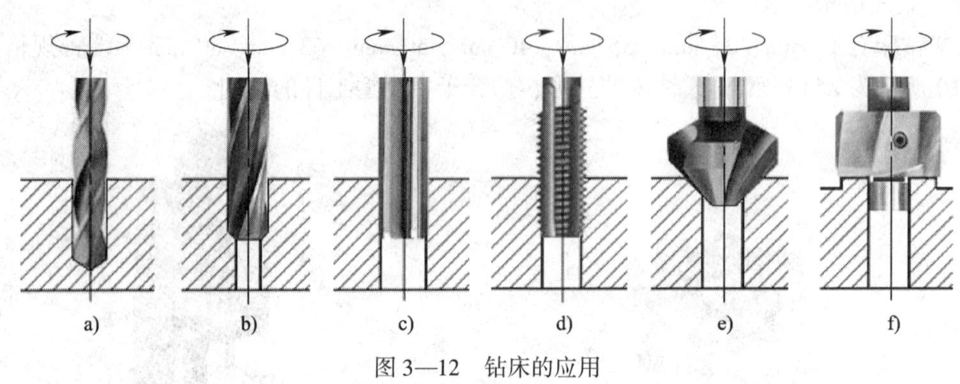

图3—12　钻床的应用

a）钻孔　b）扩孔　c）铰孔　d）攻螺纹　e）锪孔　f）锪平面

第二节　齿轮加工机床

一、滚齿机

滚齿机是齿轮加工的基本设备，它的加工范围较广，可以加工直齿圆柱齿轮、斜齿圆柱齿轮、蜗轮。一般滚齿机的加工精度为IT9～IT8。如图3—13所示为Y3150型立式滚齿机的结构示意图。

立式滚齿机工作时，滚刀装在滚刀主轴上，由主电动机驱动作旋转运动，刀架可沿立柱导轨垂直移动，还可绕水平轴线调整一个角度。工件装在工作台上，由分度蜗轮副带动旋转，与滚刀的运动一起构成展成运动。滚切斜齿时，差动机构使工件作相应的附加转动。工作台（或立柱）可沿床身导轨移动，以适应不同工件直径和作径向进给。

二、插齿机

插齿机也是齿轮加工的基本设备，它可加工内外啮合直齿轮、多联齿轮、扇形齿轮、齿条、斜齿轮（配专用装置）。采用插齿机插齿的齿形精度比滚齿高，但插齿机的运动精度较差。插齿机分立式和卧式两种，前者使用最普遍。在立式插齿机上，插齿刀装在刀具主轴上，同时作旋转运动和上下往复插削运动；工件装在工作台上，作旋转运动，工作台（或刀架）可横向移动实现径向切入运动。如图 3—14 所示为立式插齿机的结构示意图。

图 3—13　Y3150 型立式滚齿机

1—滚刀主轴　2—刀架　3—立柱　4—工作台　5—床身　6—后立柱　7—工件心轴

图 3—14　立式插齿机

1—刀架　2—插齿刀　3—工作台　4—床身

三、剃齿机

剃齿机适用于精加工未经淬火的齿轮，通常用于对预先经过滚齿或插齿的硬度不大于 48HRC 的直齿轮或斜齿轮进行剃齿，加附件后还可加工内齿轮。剃齿精度为 IT7 ~ IT6。

剃齿机有卧式和立式两种。卧式剃齿机有两种结构：一种刀具位于工件上面，机床结构紧凑，占地面积小，广泛应用于成批大量生产汽车、拖拉机和机床等的中小型齿轮；另一种刀具位于工件后面，工件装卸方便，主要用于加工大中型齿轮和轴齿轮。大型剃齿机多为立式，主要用于机车、矿山机械和船舶设备的齿轮制造。

滚齿机、插齿机、剃齿机可加工的部分齿轮如图 3—15 所示。

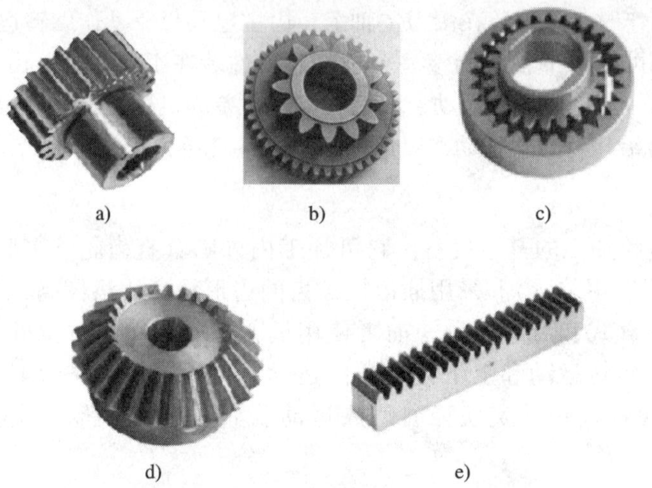

图 3—15　齿轮机床可加工的部分齿轮

a）直齿圆柱齿轮　b）双联齿轮　c）内外啮合直齿轮　d）斜齿轮　e）齿条

第三节　数 控 机 床

按加工要求预先编制的程序，由控制系统发出数字信息指令对工件进行加工的机床，称为数控机床。具有数控特性的各类机床均可称为相应的数控机床，如数控车床、数控铣床等。如图 3—16 所示为数控车床的外形图。

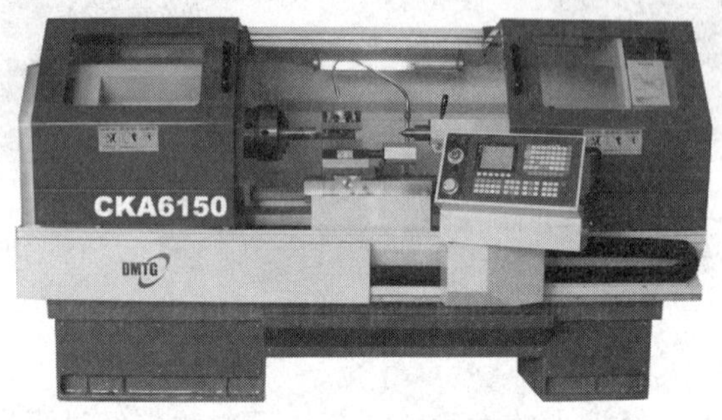

图 3—16　数控车床外形图

一、数控机床的组成

数控机床的种类较多，组成各不相同，总体上讲，数控机床主要由控制介质、数控装置、伺服系统、测量反馈装置和机床主体等部分组成，如图 3—17 所示。

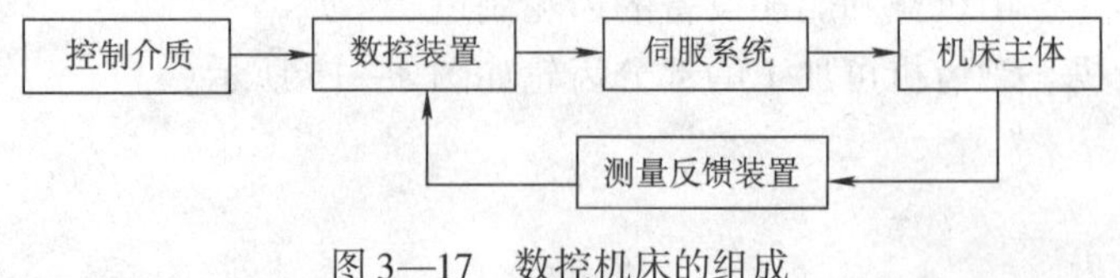

图 3—17　数控机床的组成

1. 控制介质

控制介质是指将零件加工信息传送到数控装置中的程序载体。控制介质有多种形式，随数控装置类型的不同而不同，常用的有闪存卡、移动硬盘、U 盘等，如图 3—18 所示。

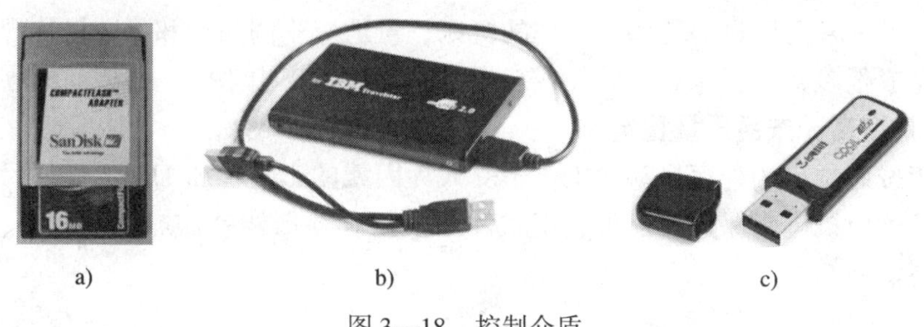

a)　　b)　　c)

图 3—18　控制介质

a）闪存卡　b）移动硬盘　c）U 盘

2. 数控装置

数控装置是数控机床的核心。现代数控装置通常是一台带有专门系统软件的专用计算机，如图 3—19 所示为某数控车床的数控装置操作面板。

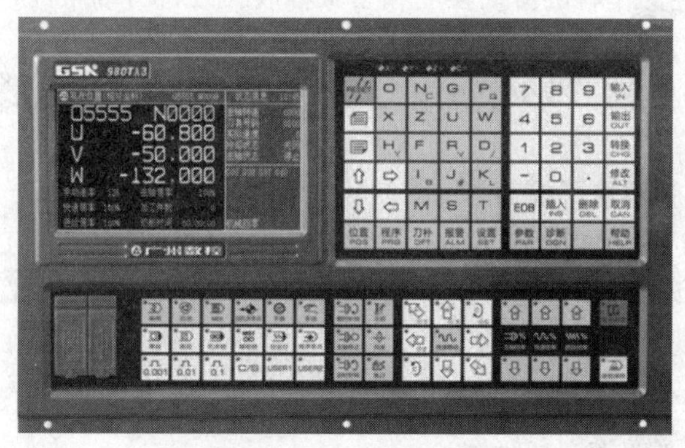

图 3—19　数控装置操作面板

3. 伺服系统

伺服系统由驱动装置和执行部件（如伺服电动机）组成，它是数控系统的执行机构，如图 3—20 所示。

4. 测量反馈装置

测量反馈装置的作用是通过测量元件将机床移动的实际位置、速度参数检测出来，转换成电信号，并反馈到 CNC 装置中，使 CNC 能随时判断机床的实际位置、速度是否与指令一致，并发出相应指令，纠正所产生的误差。

5. 机床主体

机床主体是数控机床的本体，主要包括床身、主轴、进给机构等机械部件，还有冷却、润滑、转位部件，如换刀装置、夹紧装置等辅助装置。

a)　　b)

图 3—20　伺服系统

a）伺服电动机　b）驱动装置

二、数控机床的特点

现代数控机床具有许多普通机床无法实现的特殊功能，其特点如下：

1. 加工零件适应性强，灵活性好

数控机床是一种高度自动化和高效率的机床，可适应不同品种和不同尺寸规格工件的自动加工，能完成很多普通机床难以胜任或者根本不可能加工出来的复杂型面的零件。

2. 加工精度高，产品质量稳定

数控机床按照预定的程序自动加工，不受人为因素的影响，加工同批零件尺寸的一致性好，其加工精度由机床来保证，还可利用软件来校正和补偿误差，加工精度高、质量稳定，产品合格率高。

3. 综合功能强，生产效率高

数控机床的生产效率较普通机床高 2 ~ 3 倍。尤其是某些复杂零件的加工，生产效率可提高十几倍甚至几十倍。

4. 自动化程度高，工人劳动强度减轻

数控机床主要是自动加工，能自动换刀、启停切削液、自动变速等，其大部分操作不需人工完成，可大大减轻操作者的劳动强度和紧张程度，改善劳动条件。

5. 生产成本降低，经济效益好

数控机床自动化程度高，减少了操作人员的人数，同时加工精度稳定，降低了废品、次品率，使生产成本下降。

6. 数字化生产，管理水平提高

在数控机床上加工，能准确地计算零件加工时间，加强了零件加工的计时性，便于实现生产计划调度，简化和减少了检验、工具与夹具准备、半成品调度等管理工作。数控机床具有的通信接口，可实现计算机之间的连接，组成工业局部网络（LAN），采用制造自动化协议（MAP）规范，实现生产过程的计算机管理与控制。

三、常用数控机床的类型和特点

数控机床的品种很多，常用数控机床的类型和特点见表 3—6。

表 3—6　常用数控机床的类型和特点

类型	特点	图示
数控车床	数控车床是以车削为加工方式的数控机床。其主运动为工件相对刀具旋转，切削能是由工件而不是刀具提供。数控车床的类别较多，通常都以和普通车床相似的方法进行分类。按数控车床主轴位置分类，分为立式数控车床和卧式数控车床	

续表

类型	特点	图示
车削中心	车削中心是配有动力驱动刀具装置，并使夹持工件主轴具有围绕其轴线定位能力的数控车床，配有刀库，能自动换刀，能完成端面、径向以及偏心件的车、铣、钻、镗的加工	
数控铣床	数控铣床是以铣削为加工方式的数控机床。通常，铣刀旋转为主运动，工件或（和）铣刀的移动为进给运动。按数控铣床主轴位置进行分类，一般分为立式数控铣床、卧式数控铣床	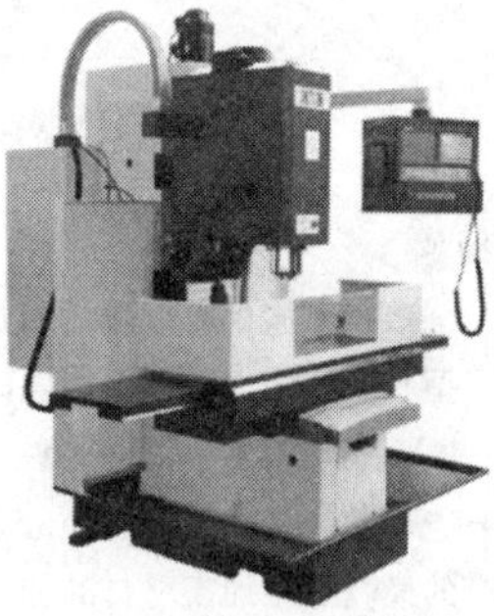
加工中心	加工中心是指带有刀库（带有回转刀架的数控车床除外）和刀具自动交换装置的数控机床。加工中心的主轴通常为卧式或立式结构，并具有两种或两种以上加工方式（如铣削、镗削、钻削）	
数控磨床	数控磨床是利用磨具对工件表面进行磨削加工的机床。大多数磨床使用高速旋转的砂轮进行磨削加工，少数使用油石、砂带等其他磨具和游离磨料进行加工，如珩磨机、超精加工机床、砂带磨床、研磨机和抛光机等	

续表

类型	特点	图示
数控钻床	数控钻床是主要用钻头在工件上加工孔的机床。钻头旋转为主运动，钻头轴向移动为进给运动	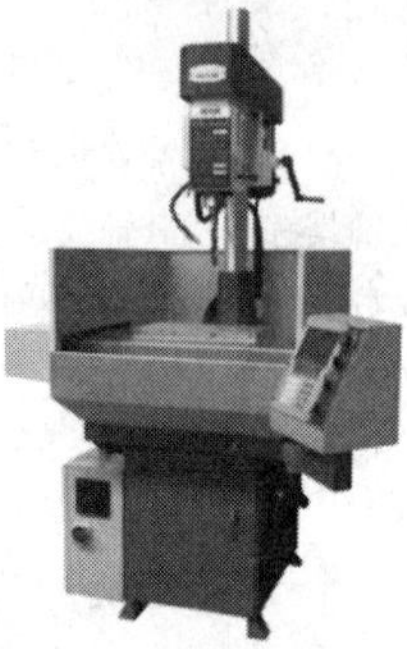
数控电火花成形机床	数控电火花成形机床是用电火花成形加工方法加工型腔、型体、型孔、型面的电火花加工机床。其工作原理是利用两个不同极性的电极在绝缘液体中产生放电现象，去除材料进而完成加工。它适用于形状复杂的模具及难加工材料的加工	
数控线切割机床	以金属丝作工具电极对工件进行切割加工的电火花加工机床。其工作原理与数控电火花成形机床一样	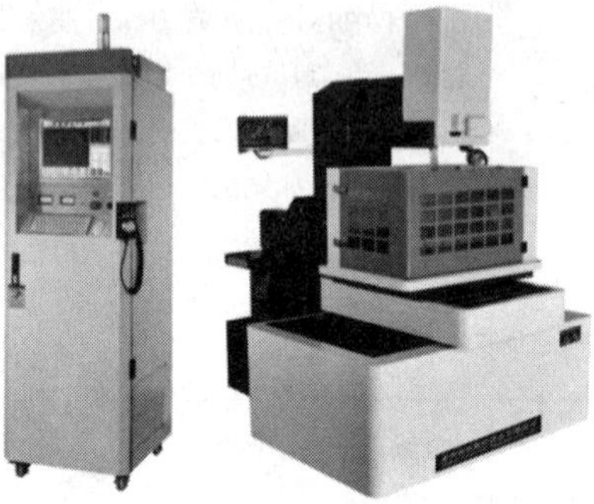

四、典型数控机床及应用

数控机床的种类繁多，其中数控车床、数控铣床、加工中心最具有代表性，并且在机械行业中应用数量较大。

1. 数控车床

数控车床适用于加工轮廓形状特别复杂或难以控制尺寸的回转体零件、精度要求高的回转体零件、带特殊螺纹的回转体零件，如图 3—21 所示。

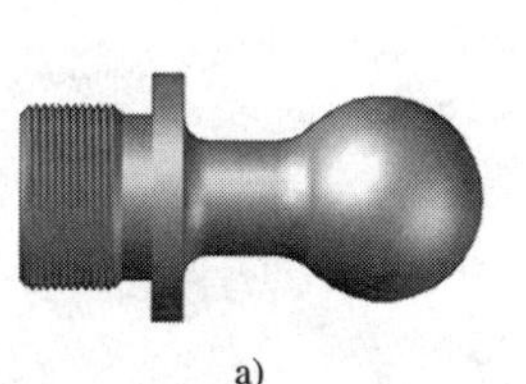
a)
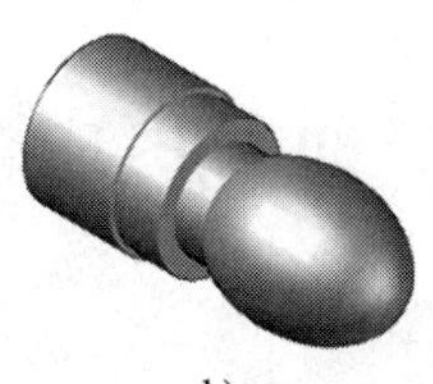
b)
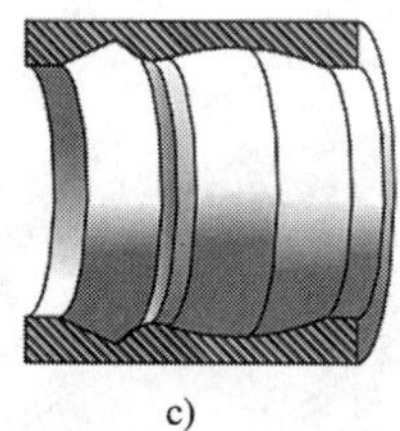
c)
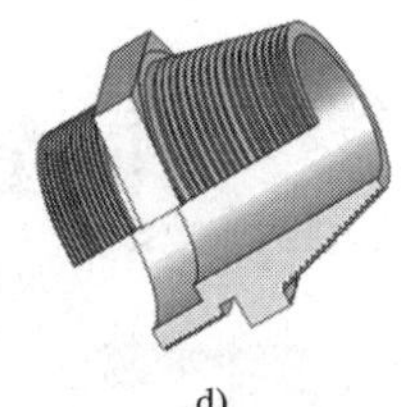
d)

图 3—21 数控车床的加工对象

a）球头类零件 b）椭圆类零件 c）复杂内腔类零件 d）锥螺纹类零件

2. 数控铣床

数控铣床可以加工二维轮廓零件或三维轮廓零件，如平面轮廓、斜面轮廓、曲面轮廓；还可以对孔类零件进行加工，如钻孔、扩孔、锪孔、铰孔、镗孔和攻螺纹等，如图 3—22 所示。

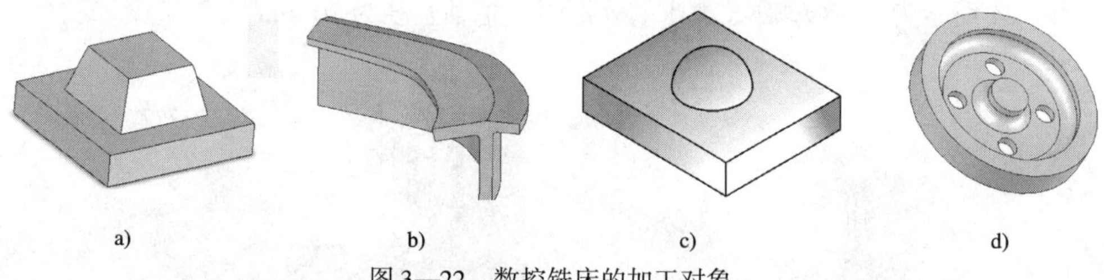
a) b) c) d)

图 3—22 数控铣床的加工对象

a）平面类零件 b）变斜角类零件 c）曲面类零件 d）孔类零件

3. 加工中心

加工中心适用于加工形状复杂、工序多、精度要求较高、需用的刀具种类多，且经多次装夹和调整才能完成加工的零件。其加工的主要对象有箱体类零件、复杂曲面、异形件、盘套板类零件和特殊加工等，如图 3—23 所示。

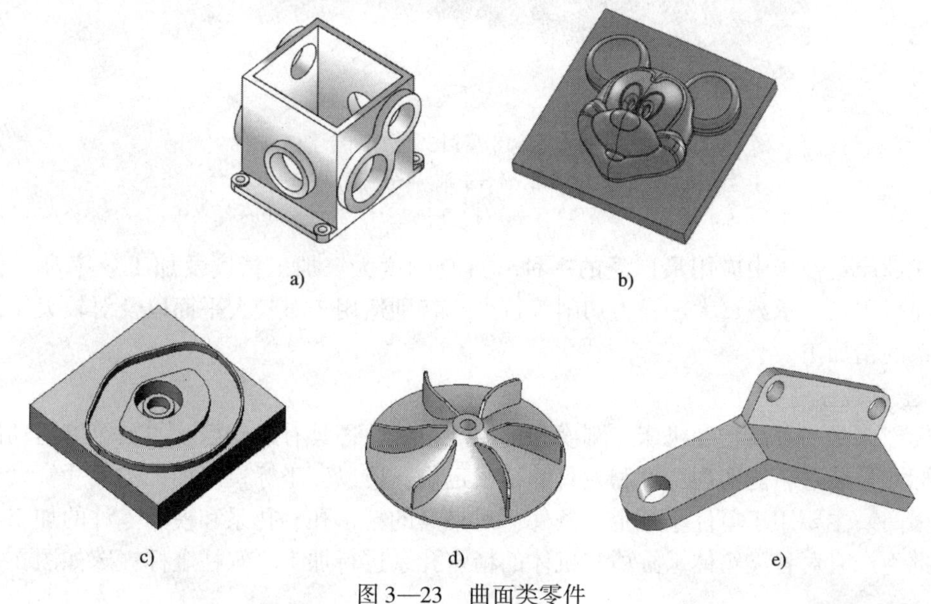
a) b) c) d) e)

图 3—23 曲面类零件

a）箱体类零件 b）复杂曲面类 c）凸轮类零件 d）整体叶轮类零件 e）异形零件

第四节 其他机床

一、镗床

镗床分普通镗床和坐标镗床，普通镗床的加工精度可达 IT8 ~ IT6，表面粗糙度值可达 *Ra*1.6 ~ 0.8 μm；坐标镗床的加工精度可达 IT7 ~ IT5，表面粗糙度值可达 *Ra*0.8 ~ 0.2 μm。坐标镗床一般用于对孔距精度、孔轴线的平行度或垂直度要求较高的大、中型零件的孔系加工。

1. 卧式镗床

图 3—24 所示为 T618 型卧式镗床的外形图，主轴直径为 80 mm。

图 3—24　T618 型卧式镗床外形图

1—主立柱　2—主轴箱　3—主轴　4—平旋盘　5—工作台
6—上滑座　7—下滑座　8—床身　9—镗刀杆支承座　10—尾立柱

卧式镗床是镗床中应用最广泛的一种，具有刚度大、加工精度及加工效率高、稳定性好、横向行程长、承载量大、强力切削等特点。特别适用于对较大平面以及对较大箱体类零件及孔系的精加工。

2. 坐标镗床

坐标镗床是一种高精度机床，刚度和抗振性很好，还具有工作台、主轴箱等运动部件的精密坐标测量装置，能实现工件和刀具的精密定位。所以，坐标镗床加工的尺寸精度和形位精度都很高。主要用于单件小批生产条件下对夹具的精密孔、孔系和模具零件的加工，也可用于成批生产时对各类箱体、缸体和机体的精密孔系进行加工。双柱坐标镗床如图 3—25 所示。

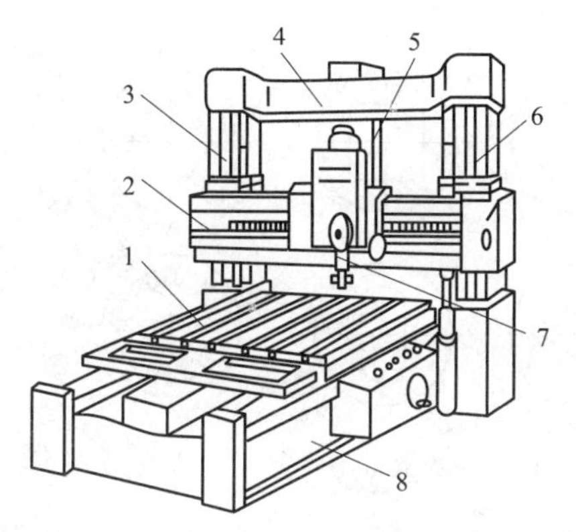

图 3—25　双柱坐标镗床

1—工作台　2—横梁　3、6—立柱　4—顶梁　5—主轴箱　7—主轴　8—床身

3. 镗削的加工范围

镗削除了可在镗床进行外，还可在加工中心或组合机床上进行，主要用于加工箱体、支架和机座等工件上的圆柱孔、螺纹孔、孔内沟槽和端面，当采用特殊附件时，也可加工内外球面、锥孔等，见表 3—7。

表 3—7　　　　镗削加工范围

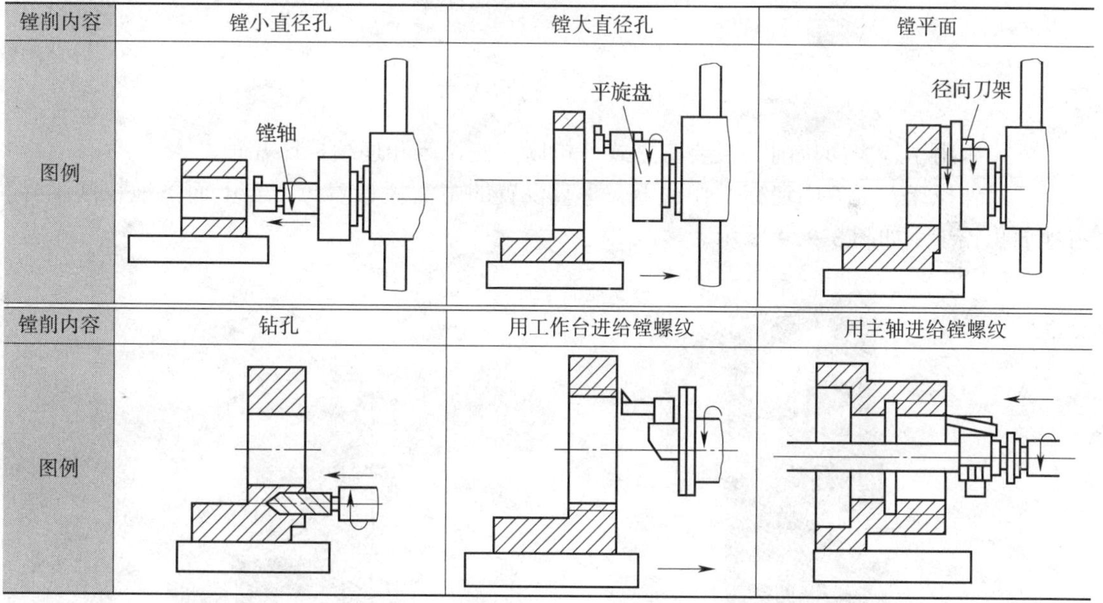

镗削内容	镗小直径孔	镗大直径孔	镗平面
图例	镗轴	平旋盘	径向刀架
镗削内容	钻孔	用工作台进给镗螺纹	用主轴进给镗螺纹
图例			

二、拉床

拉床是用拉刀作为刀具加工工件通孔、平面和成形表面的机床。拉削能获得较高的尺寸精度和较小的表面粗糙度值，生产率高，适用于成批大量生产。

按加工表面不同，拉床可分为内拉床和外拉床。内拉床用于拉削内表面，如花键孔、方孔、多边孔等，如图 3—26 所示。工件贴住端板或安放在平台上，传动装置带着拉刀作直线运动，并由主溜板和辅助溜板接送拉刀。

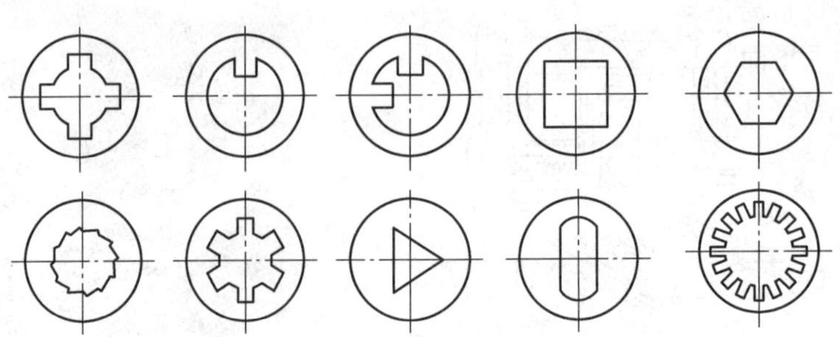

图 3—26　拉削的各类型孔

内拉床有卧式和立式之分。卧式内拉床如图 3—27 所示，应用较普遍，可加工大型工件，占地面积较大；立式内拉床如图 3—28 所示，占地面积较小，但拉刀行程受到限制。

图 3—27　卧式内拉床

外拉床用于外表面拉削，主要有立式外拉床、侧拉床和连续拉床几种。

立式外拉床，工件固定在工作台上，垂直设置的主溜板带着拉刀自上而下地拉削工件，占地面积较小，如图 3—29 所示。

图 3—28　立式内拉床

图 3—29　立式外拉床

侧拉床，卧式布局，拉刀固定在侧立的溜板上，在传动装置带动下拉削工件，便于排屑，适用于拉削大平面、大余量的外表面，如气缸体的大平面和叶轮盘榫槽等。

连续拉床，较多采用卧式布局，分为工件固定和拉刀固定两类。前者由链条带动一组拉刀进行连续拉削，适用于大型工件；后者由链条带动多个装有工件的随行夹具通过拉刀进行连续拉削，适用于中小型工件。

三、插床

插床是利用插刀的竖直往复运动插削键槽和型孔的直线运动机床，如图 3—30 所示，适用于单个或小批量生产。插刀随滑枕在垂直方向上的直线往复运动是主运动，工件沿纵向、横向及圆周三个方向分别所作的间歇运动是进给运动。插床的生产率和精度都较低，加工表面粗糙度值 *Ra*6.3 ~ 1.6 μm，加工面的垂直度为 0.025 mm/300 mm。插床的主参数是最大插削长度。

图 3—30 B5032A 型插床

1—滑枕 2—床身 3—操纵手柄 4—变速手柄 5—分度手柄 6—进给手柄 7—圆工作台 8—刀架

在插床上可以插削孔内键槽、方孔、多边形孔和花键孔等，如图 3—31 所示。

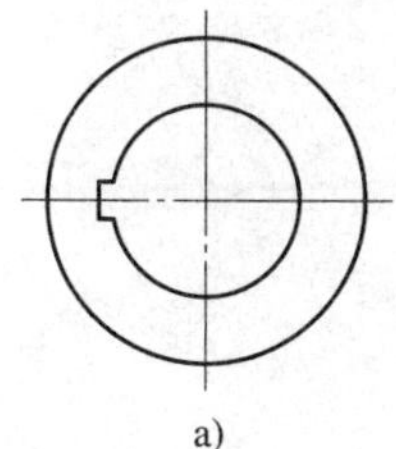

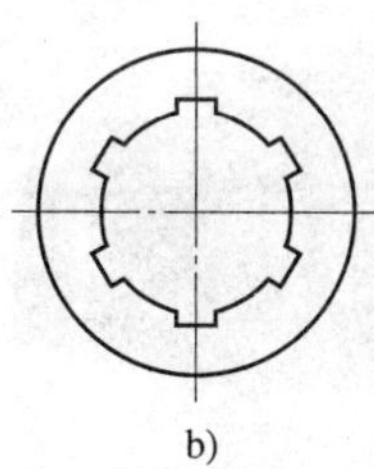

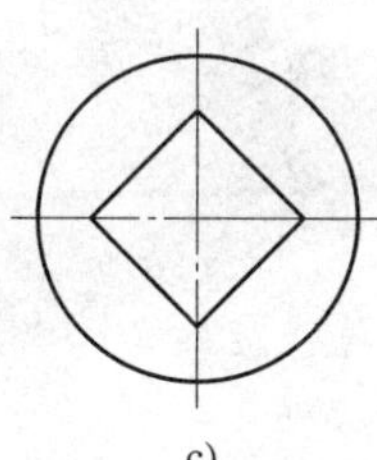

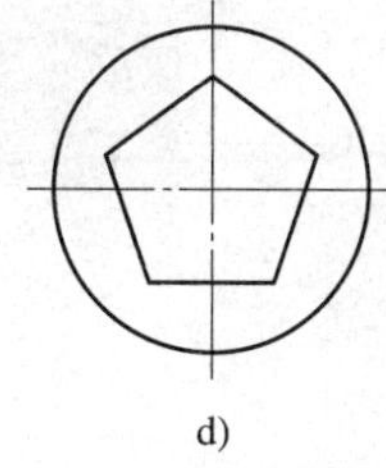

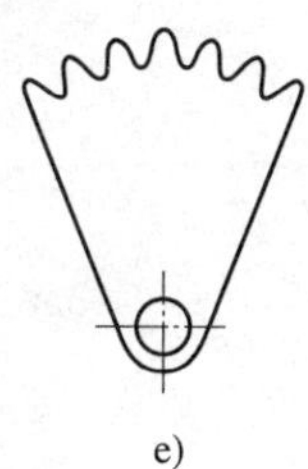

图 3—31 插削加工

a）孔内单键槽 b）花键孔 c）方孔 d）多边形孔 e）扇形齿轮

四、刨床

刨床分为牛头刨床和龙门刨床。刨床的加工精度可达 IT9 ~ IT8，表面粗糙度值可达 *Ra*6.3 ~ 1.6 μm，是平面粗加工和半精加工的主要设备。

牛头刨床主要用于中小零件的平面加工，如图 3—32 所示。牛头刨床由床身、滑枕、刀架、工作台等主要部件组成。主运动为刀架（滑枕）的直线往复运动，进给运动包括工作台的横向移动和刨刀的垂直或斜向移动。

龙门刨床主要用于大型零件表面的加工，如图 3—33 所示。龙门刨床由左右立柱、左右垂直刀架、悬挂按钮、横梁、工作台、床身等主要部件组成。

龙门刨床的工作台带着工件通过门式框架作直线往复运动，空行程速度大于工作行程速度。横梁上一般装有两个垂直刀架，刀架滑座可在垂直面内回转一个角度，并可沿横梁作横向进给运动。

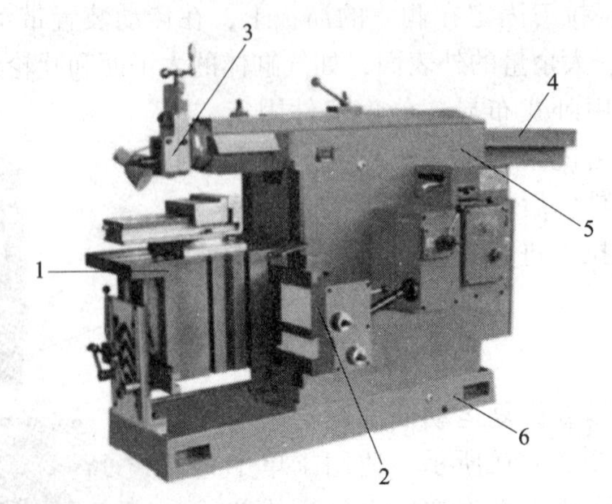

图 3—32　B6066 型牛头刨床

1—工作台　2—横梁　3—刀架　4—滑枕　5—床身　6—底座

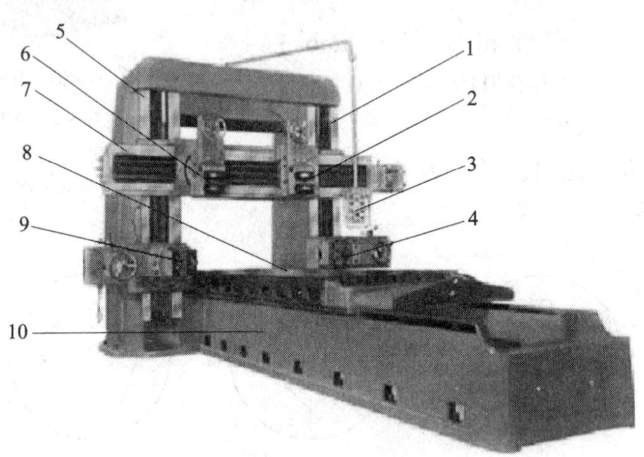

图 3—33　龙门刨床

1—右立柱　2—右垂直刀架　3—悬挂按钮　4—右侧刀架　5—左立柱
6—左垂直刀架　7—横梁　8—工作台　9—左侧刀架　10—床身

〔本章小结〕

◇ 金属切削机床按工作原理可分为车床、磨床、铣床、钻床、齿轮加工机床、镗床、刨插床、拉床、螺纹加工机床、锯床和其他机床等。

◇ 机床型号是机床的代号，用以表示机床的类别、主要技术参数、结构特性等。

◇ 常用金属切削机床包括车床、磨床、铣床、钻床等。

1．车床的加工范围很广，可以钻中心孔、钻孔、铰孔、攻螺纹、车外圆（圆柱面、圆锥面）、车孔（圆柱孔、圆锥孔）、车平面、车槽、车成形面、滚花等。

2. 磨床可用于磨削各种内、外圆柱面，内、外圆锥面，磨孔、磨平面、磨成形面、磨螺纹，以及磨齿轮、磨花键、磨导轨、磨曲轴和各种刀具等。

3. 在铣床上可以完成平面、台阶、槽、特形面和切断等加工；配合分度头等铣床附件，还可以完成花键轴、齿轮、螺旋槽等加工；还可以进行钻孔、铰孔和铣孔等工作。

4. 钻床是钻孔、扩孔、铰孔的基本设备，并能完成锪孔、锪端面和攻螺纹的任务。

◇ 插齿机、滚齿机是齿轮加工设备，可进行多种齿轮的加工。

◇ 数控机床是可按加工要求预先编制程序对工件进行加工的机床，具有许多普通机床无法实现的特殊功能。数控机床的种类比较多，数控车床、数控铣床、加工中心最具有代表性，并且在机械行业中应用数量较大。

第四章　典型表面的机械加工方法

第一节　外圆表面的加工方法

外圆表面是机械零件中最常见的表面形式，如轴类零件、套筒类零件、盘盖类零件等，外圆表面加工是机械加工中最基本的加工形式。

不同外圆表面的技术要求是不一样的，因此，在加工外圆表面之前，应首先了解外圆表面的技术要求，掌握各种外圆表面的加工方法所能达到的精度范围，才能在加工过程中根据不同零件的技术要求，选择合适的加工方法。

一、外圆表面的技术要求

外圆表面的技术要求是根据外圆表面的主要功能以及使用条件确定的，一般外圆表面主要有以下几个方面的技术要求。

1. 尺寸精度

外圆表面的尺寸精度主要指结构要素的精度，通常指直径和轴向的尺寸精度。

2. 形状精度

外圆表面的形状精度一般指外圆表面的圆度、圆柱度等。

3. 位置精度

轴类零件的位置精度主要有外圆表面之间的同轴度、端面对轴线的垂直度等。

4. 表面质量

外圆表面的表面质量即各外圆表面上所标注的表面粗糙度值。

二、外圆表面的加工方法

外圆表面一般可通过车削、磨削等方法获得。

1. 车削

工件旋转作主运动，车刀作进给运动的切削加工方法称为车削。车削是加工外圆最主要的方法之一，主要用来加工各种回转表面和端面；可加工各种钢料、铸铁、有色金属和非金属材料。车削加工的尺寸精度一般可达 IT8 ~ IT7，表面粗糙度值可达 $Ra3.2 \sim 1.6\ \mu m$。

（1）车削加工的特点

1）车刀结构简单、刚度大，制造、刃磨和装夹方便，刀具价格低廉。

2）车削过程平稳，有利于提高生产率。

3）可在一次装夹中完成内外圆、端面和切槽加工，能保证有较高的内外圆表面的同轴度、外圆轴线与端面的垂直度等。

（2）车削加工的分类

通常外圆表面的车削根据加工精度可分为粗车、半精车、精车和精细车四个加工阶段。选择哪一个加工阶段作为外圆表面的最终加工，需要根据车削各加工阶段所能达到的尺寸精度和表面粗糙度，结合零件外圆表面的技术要求来确定。

1）粗车。粗车的加工精度一般可达 IT12 ~ IT10，表面粗糙度值可达 *Ra*50 ~ 12.5 μm，主要用于迅速切去多余的金属，常采用较大的背吃刀量、较大的进给量和中低速车削。

2）半精车。半精车的加工精度可达 IT10 ~ IT9，表面粗糙度值可达 *Ra*6.3 ~ 3.2 μm，用于磨削加工和精加工的预加工或中等精度表面的最终加工。

3）精车。精车的加工精度可达 IT8 ~ IT7，表面粗糙度值可达 *Ra*3.2 ~ 1.6 μm，用于较高精度外圆的终加工或作为光整加工的预加工。

4）精细车。精细车的加工精度可达 IT6 以上，表面粗糙度值可达 *Ra*0.4 μm 左右，主要用于高精度、小型且不易磨削的有色金属零件的外圆加工或大型精密外圆表面加工。精细车时应采用高的切削速度、小的背吃刀量和进给量。对于精度要求在 IT6 以上的铁碳合金材料零件，则采用其他方法加工（如磨削）。

2. 磨削

砂轮以较高的线速度对工件表面进行加工的方法称为磨削。磨削是外圆表面精加工的主要方法之一，既可以加工淬硬后的表面，又可以加工未经淬火的表面。

（1）磨削加工的特点

1）磨粒硬度高，能切除极薄的切屑。

2）砂轮磨粒的等高性好，能获得较好的表面质量。

3）由于磨钝的砂粒在外力的作用下会脱落（及时更新），因此，砂轮具有自锐性。

4）磨削温度高，容易产生烧伤现象。

（2）外圆表面的磨削

外圆表面的磨削一般可分为粗磨、精磨、精密磨削和超精密磨削。

1）粗磨。加工精度可达 IT9 ~ IT8，表面粗糙度值可达 *Ra*10 ~ 1.25 μm。

2）精磨。加工精度可达 IT8 ~ IT6，表面粗糙度值可达 *Ra*1.25 ~ 0.63 μm。

3）精密磨削。精密磨削是一种精密加工方法，加工精度可达 IT6 ~ IT5，表面粗糙度值可达 *Ra*0.16 ~ 0.01 μm。

4）超精密磨削。对于表面粗糙度要求更高的外圆表面，上述方法也不能满足其要求。因此，需寻求更高精度等级的加工方法来降低表面粗糙度值，如超精密磨削等。超精密磨削属于精密加工范畴，这里不再介绍。

三、外圆表面加工方案分析

从上面的分析可知，外圆表面加工的主要方法是车削和磨削。但对于精度要求高、表面粗糙度值小的外圆表面，仅用一种加工方法往往达不到其规定的技术要求。这些表面必须经过粗加工、半精加工和精加工等，逐步提高其表面精度。不同加工方法有序的组合即加工方案。

通常，外圆表面的加工方案大致分为以下几种：

1. 低精度的加工方案

对于加工精度要求低、表面粗糙度值大的各种零件的外圆表面（淬火件除外），经粗车即可达到要求。加工精度可达 IT10 左右，表面粗糙度值可达 *Ra*12. 5 μm 左右，主要用于各类零件的粗加工。

2. 中等精度的加工方案

对于非淬火钢件、铸铁件及有色金属件的外圆表面，粗车后再经过半精车或精车即可达到中等精度要求。加工精度可达 IT9 ~ IT7，表面粗糙度值可达 *Ra*3. 2 ~ 1. 6 μm。

3. 较高精度的加工方案

对于加工精度要求较高的淬火钢件、非淬火件和铸铁件的外圆表面，其加工方案为粗车—半精车—磨削。加工精度可达 IT7 ~ IT6，表面粗糙度值可达 *Ra*1. 25 ~ 0. 63 μm。

4. 高精度的加工方案

对于更高精度要求的钢件和铸铁件，除了车削、磨削外，还需增加精磨或精密磨削等工序，其加工方案为粗车—半精车—粗磨—精磨—精密磨削。加工精度可达 IT6 ~ IT5，表面粗糙度值可达 *Ra*0. 16 ~ 0. 01 μm。

四、生产实例分析

分析如图 4—1 所示的阶梯轴外圆表面的加工方案。

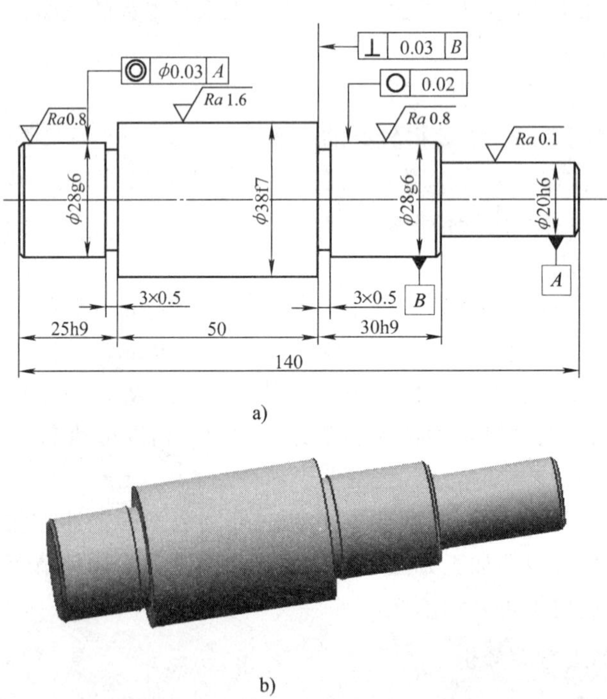

图 4—1 阶梯轴

图4—1所示的阶梯轴为典型轴类零件，从图中可以看出，各外圆表面的技术要求是不一样的，下面分析外圆表面的技术要求和加工方案。

1．技术要求

（1）尺寸精度

主要指图中轴径$\phi28g6$、$\phi38f7$、$\phi20h6$以及轴的长度25h9和30h9。

（2）形状精度

图中轴颈$\phi28g6$表面的圆度公差为0.02 mm。

（3）位置精度

图中$\phi28g6$外圆对$\phi20h6$外圆的同轴度公差为$\phi0.03$ mm，$\phi38f7$右端面对$\phi28g6$段轴线的垂直度公差为0.03 mm。

（4）表面粗糙度

图中$\phi20h6$外圆表面粗糙度值为$Ra0.1$ μm，$2\times\phi28g6$外圆表面粗糙度值为$Ra0.8$ μm，$\phi38f7$外圆表面粗糙度值为$Ra1.6$ μm。

2．加工方法分析及加工方案拟订

图示阶梯轴零件的所有外圆表面首先选用粗车加工，为半精加工、精加工做准备。

图中的$\phi38f7$外圆的尺寸精度为IT7，表面粗糙度值为$Ra1.6$ μm，可采用精车作为最终加工；$2\times\phi28g6$外圆的尺寸精度为IT6，表面粗糙度值为$Ra0.8$ μm，并且有圆度公差要求，左端$\phi28g6$外圆对$\phi20h6$外圆有同轴度要求，尺寸精度和表面粗糙度均比$\phi38f7$外圆表面要求高，普通精车无法达到要求，可半精车后再用精细车或精磨作为最终加工；$\phi20h6$外圆的尺寸精度为IT6，表面粗糙度值为$Ra0.1$ μm，虽然尺寸精度与$\phi28g6$外圆的尺寸精度相同，但表面粗糙度的要求更高，应以精密磨削作为最终加工。

综上所述，可以归纳出如图4—1所示零件各外圆表面的加工方案。

$\phi38f7$外圆表面的加工方案为粗车—半精车—精车。

$2\times\phi28g6$外圆表面的加工方案为粗车—半精车—精细车或精磨。

$\phi20h6$外圆表面的加工方案为粗车—半精车—磨削—精密磨削。

第二节　内圆表面的加工方法

孔是机械零件中常见的结构，其内圆表面是组成机械零件的基本表面。内圆表面的技术要求与外圆表面基本相同，也有尺寸精度、形状精度、位置精度和表面质量要求，因此，在加工过程中应根据内圆表面不同的技术要求，选择相应的加工方法。

一、内圆表面的技术要求

内圆表面的技术要求与外圆表面类似，也有以下四个方面。

1．尺寸精度

内圆表面的尺寸精度指孔径和孔长的尺寸精度。

2．形状精度

内圆表面的形状精度指内圆表面的圆度、圆柱度及轴线的直线度等。

3. 方向精度和位置精度

内圆表面的方向精度和位置精度一般包括孔的轴线与基准端面的垂直度，孔与孔（或孔与外圆表面）之间的对称度、位置度，孔与孔（或孔轴线与相关平面）轴线之间的平行度等。

4. 表面质量

内圆表面的表面质量指内圆表面粗糙度值。

二、内圆表面的加工方法

1. 钻孔、扩孔和铰孔

（1）钻孔

钻孔是利用钻头在实体材料上加工内圆表面的工艺方法。钻孔可以在钻床上完成，也可以在车床上完成。

钻孔的特点：钻削时，由于刀具刚度差，钻头容易引偏，排屑和散热都比较困难，生产率低，加工精度低。一般加工精度为 IT13 ~ IT11，表面粗糙度值可达 $Ra50 \sim 12.5\ \mu m$，主要用于孔的粗加工。

（2）扩孔

扩孔是用扩孔钻对已钻出、铸出、锻出或冲出的孔进行加工的方法，如图 4—2 所示。

扩孔的特点：扩孔的加工精度可达 IT10，表面粗糙度值可达 $Ra6.3 \sim 3.2\ \mu m$，可作为孔的半精加工，为后续的精加工做准备，也可作为精度要求较低的孔的最终加工。扩孔可以修正孔轴线的歪斜。

（3）铰孔

铰孔是在半精加工（扩孔或半精镗）的基础上，用铰刀从工件孔壁上切除微量金属层的加工方法，如图 4—3 所示。

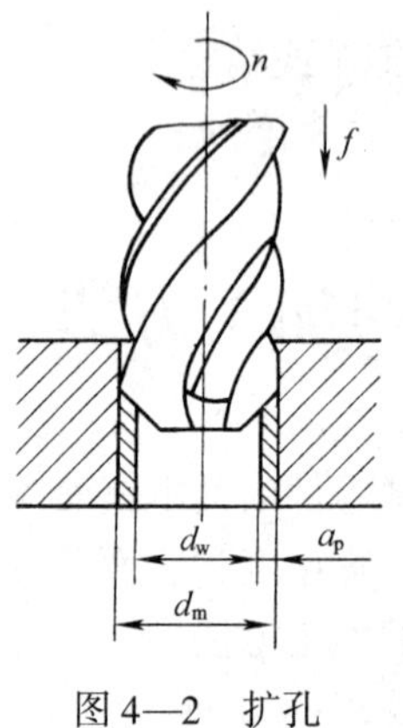

图 4—2　扩孔

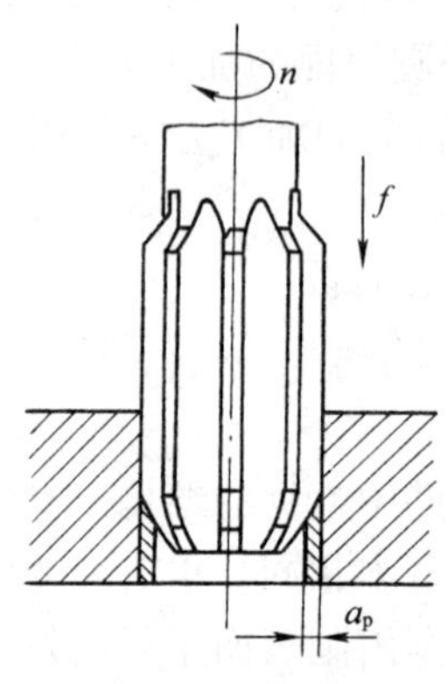

图 4—3　铰孔

铰孔的特点：铰孔一般用于未淬硬小孔的精加工，加工精度可达 IT8 ~ IT6，表面粗糙度值可达 $Ra1.6 \sim 0.4\ \mu m$。铰孔分为手铰和机铰两种。铰孔的精度取决于铰刀的质量和安装方式。铰孔只能提高孔本身的尺寸精度及形状精度，但不能提高孔的位置精度。

钻孔、扩孔和铰孔是加工中、小直径孔的常用方法。

2. 镗孔

镗孔是以镗刀旋转为主运动，工件或镗刀作进给运动的加工方法。镗孔是对工件上已有的孔进行孔径扩大的加工方法。

（1）镗孔的特点

镗孔除了能提高尺寸精度和表面质量外，还可以修正孔轴线的直线度误差，且较容易保证各孔的孔距精度和位置精度，是大直径孔常用的加工方法。

（2）镗孔方法的选择

通常镗孔可以分为以下几个加工阶段：

1）粗镗。粗镗的加工精度可达 IT13 ~ IT11，表面粗糙度值可达 *Ra*50 ~ 12.5 μm，一般是为半精加工、精加工做准备。

2）半精镗。半精镗的加工精度可达 IT10 ~ IT9，表面粗糙度值可达 *Ra*6.3 ~ 3.2 μm，用于磨削加工和精加工的预加工，或中等精度内圆表面的最终加工。

3）精镗。精镗的加工精度可达 IT8 ~ IT6，表面粗糙度值可达 *Ra*1.6 ~ 0.8 μm，用于精度较高的内圆表面精加工或作为珩磨孔的预加工。

选择哪一个加工阶段作为内圆表面的最终加工，需要根据镗孔各加工阶段所能达到的尺寸精度和表面粗糙度，结合零件表面的技术要求来确定。

3. 拉孔

采用拉刀加工内圆表面的方法称为拉孔，如图 4—4 所示。

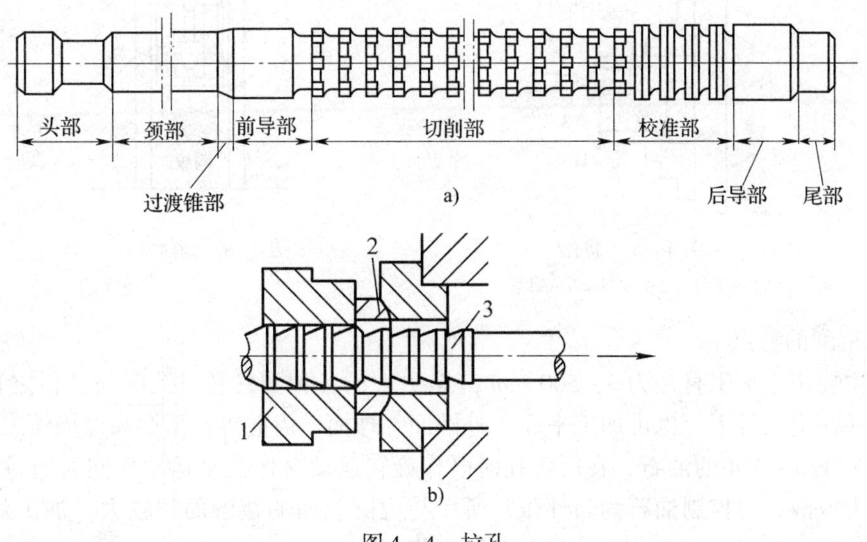

图 4—4　拉孔

a）拉刀　b）圆孔的拉削

1—工件　2—支撑　3—拉刀

（1）拉孔的特点

拉孔属于孔的精加工方法之一，通常在拉床上进行。加工精度可达 IT8 ~ IT7，表面粗糙度值可达 *Ra*0.8 ~ 0.4 μm，加工质量稳定，一次拉削即可完成孔的粗加工、精加工，生产率高。但刀具复杂，加工时以孔本身定位，不能修正孔的轴线歪斜，不能加工阶梯孔和盲孔。

（2）拉孔方法的应用场合

由于拉刀制造复杂，成本高，一把拉刀只适用于一种尺寸规格的孔，因此，拉削加工一般用于大批量生产。

4. 磨孔

磨削加工工件内圆表面的方法称为磨孔，如图4—5所示。

（1）磨孔的特点

磨孔属于孔的精加工方法之一，加工精度可达IT7，表面粗糙度值可达*Ra*1.6～0.4 μm。磨孔不仅能获得较高的尺寸精度和表面质量，而且还可以提高孔的形状精度、位置精度。

（2）磨孔方法的应用场合

磨削加工适用于加工硬度较高，尤其是淬火后高硬度的孔。

5. 珩磨

珩磨是指用镶嵌在珩磨头上的油石（又称珩磨条）对精加工表面进行的精整加工，又称镗磨，如图4—6所示。

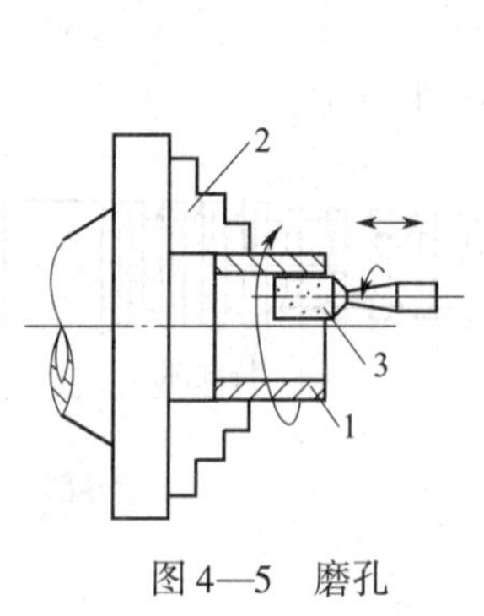

图4—5　磨孔

1—工件　2—卡盘　3—砂轮

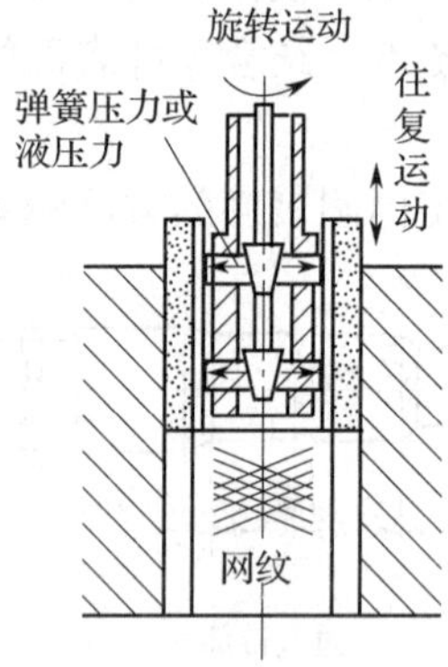

旋转运动
弹簧压力或液压力
往复运动
网纹

图4—6　珩磨

（1）珩磨的特点

珩磨主要用于加工直径为5～500 mm甚至更大的各种圆柱孔，孔深与孔径之比可达10或更大。在一定条件下，也可加工平面、外圆面、球面、齿面等。珩磨头外周镶有2～10根长度为孔长1/3～3/4的油石，在珩磨孔时既作旋转运动又作往复运动，同时通过珩磨头中的弹簧压力或液压力控制油石均匀外张，所以与内圆表面的接触面积较大，加工效率较高。珩磨后孔的尺寸精度为IT7～IT4，表面粗糙度值可达*Ra*0.32～0.04 μm。

（2）珩磨的余量

珩磨余量取决于孔径和工件材料，一般铸铁件为0.02～0.15 mm，钢件为0.01～0.05 mm。

（3）珩磨时的注意事项

为冲去切屑和磨粒，改善表面粗糙度和降低切削区温度，操作时常大量使用切削液，如煤油或煤油内加少量锭子油，有时也用极压油。

三、内圆表面加工方案分析

内圆表面可以在钻床、镗床、拉床或磨床上进行加工，在拟订加工方案时，应考虑孔径、孔的深度、精度和表面粗糙度等要求。不同技术要求的内圆表面，其加工方案也不相同。

内圆表面的加工方案一般分为以下几种：

1. 低精度的内圆表面加工方案

对于精度要求不高的未淬硬钢件、铸铁件及有色金属件，经一次钻孔即可达到要求。加工精度可达 IT10，表面粗糙度值可达 *Ra*50 ~ 12. 5 μm。

2. 中等精度的内圆表面加工方案

对于中等精度要求的未淬硬钢件、铸铁件及有色金属件，当孔的直径小于或等于 20 mm 时，采用钻孔后扩孔的加工方案；当孔的直径大于 20 mm 时，采用钻孔后镗孔的加工方案。加工精度可达 IT10 ~ IT9，表面粗糙度值可达 *Ra*6. 3 ~ 3. 2 μm。

3. 较高精度的内圆表面加工方案

对于精度要求较高的内圆表面（除淬硬钢件外），当孔的直径小于或等于 20 mm 时，应采用钻孔后铰孔的加工方案；当孔的直径大于 20 mm 时，应采用钻孔—扩孔—铰孔或钻孔—镗孔—磨孔的加工方案。加工精度可达 IT8 ~ IT7，表面粗糙度值可达 *Ra*1. 6 ~ 0. 4 μm。

4. 很高精度的内圆表面加工方案

对于精度要求很高的内圆表面，当孔的直径小于 12 mm 时，可采用钻孔—粗铰孔—精铰孔的加工方案；当孔的直径大于 12 mm 时，视具体条件可采用钻孔—扩孔—粗铰孔—精铰孔或钻孔—扩孔—粗磨孔—精磨孔—珩磨的加工方案。加工精度可达 IT7 ~ IT6，表面粗糙度值可达 *Ra*0. 8 ~ 0. 4 μm。

四、生产实例分析

分析如图 4—7 所示衬套内圆表面的加工方案。

如图 4—7a、b 所示，两个零件都是由钻孔加工开始，并由钻孔完成内圆表面的粗加工。

如图 4—7a 所示的内圆表面为非配合面，加工精度为未注公差等级（IT14），表面粗糙度值为 *Ra*3. 2 μm，加工精度要求较低，用扩孔（或半精镗）的加工方法可以达到要求。

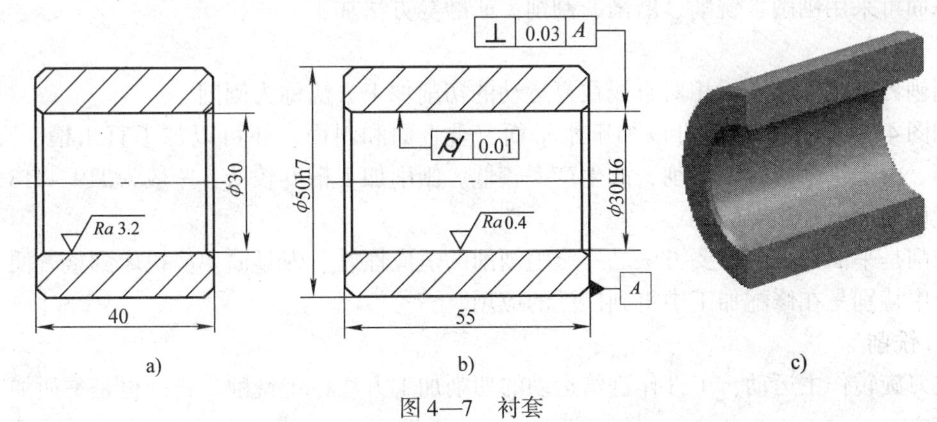

图 4—7　衬套

如图 4—7b 所示的内圆表面为配合表面，加工精度为 IT6，表面粗糙度值为 *Ra*0. 4 μm，加工精度要求较高，可在钻孔后扩孔（或半精镗），作为半精加工，为后续的精加工做准备。由于该孔的孔径较大，铰孔不是最佳加工方法，可考虑采取镗孔加工作为精加工。但该内圆表面的加工精度为 IT6，表面粗糙度值为 *Ra*0. 4 μm，虽然镗孔能满足其加工精度要求，但不能满足其表面粗糙度要求。因此，要选择更高精度的加工方法，磨孔后珩磨是比较理想的加工方法。

综上所述，可以归纳出图 4—7 所示衬套内圆表面的加工方案。

ϕ30 内孔的加工方案为钻孔—扩孔（或半精镗）。

ϕ30H6 内孔的加工方案为钻孔—扩孔（或半精镗）—磨孔—珩磨。

第三节 平面的加工方法

平面是箱体、机座、机床床身和工作台等零件的主要表面，也是其他多种零件的组成表面之一。平面根据其作用不同可分为结合平面和非结合平面、导向平面、精密量具表面。在确定平面的加工方案时，应根据平面的技术要求选择合适的加工方法。

一、平面的技术要求

平面的技术要求与内圆表面、外圆表面的技术要求相似，除平面本身的尺寸精度要求之外，其技术要求主要还有以下三个方面：

1. 形状精度

平面的形状精度主要指平面的平面度。

2. 方向精度和位置精度

平面的方向精度和位置精度主要指平面对基准的垂直度、平行度，两平面相对基准的对称度等。

3. 表面质量

平面的表面质量指平面的表面粗糙度要求。

二、平面的加工方法

平面可采用刨削、铣削、磨削、刮削、研磨等方法加工。

1. 刨削

用刨刀对工件作水平相对直线往复运动的切削加工方法称为刨削。

如图 4—8 所示，刨削可以加工水平面、垂直面和斜面，还可以加工直角槽、T 形槽、曲面等。由于刨削回程不切削，故生产率较低。刨削加工精度较低，一般为 IT9 ~ IT8，表面粗糙度值为 *Ra*6. 3 ~ 3. 2 μm。

刨削是平面加工的主要方法之一。因刨削的适应性好、刀具简单、机床调整方便，所以在生产中特别是在修配加工中得到广泛的应用。

2. 铣削

铣刀旋转作主运动，工件作进给运动的切削加工方法称为铣削。铣削也是平面加工的主要方法之一。

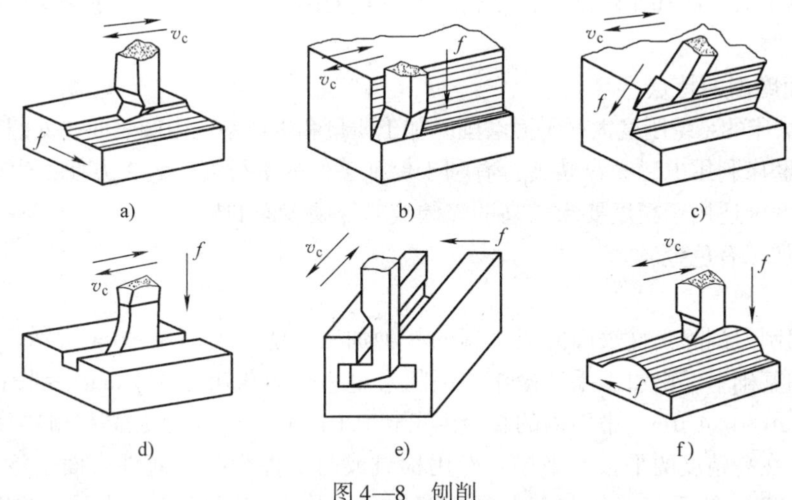

图 4—8 刨削

a）刨水平面 b）刨垂直面 c）刨斜面 d）刨直角槽 e）刨 T 形槽 f）刨曲面

通常平面的铣削可以分为粗铣、半精铣和精铣三个加工阶段，选择哪一个加工阶段作为平面的最终加工，需要根据各加工阶段所能达到的尺寸精度和表面粗糙度，结合零件的技术要求来确定。

（1）粗铣

粗铣的加工精度为 IT12 ~ IT11，表面粗糙度值为 *Ra*25 ~ 12. 5 μm，为半精铣、精铣加工做准备。

（2）半精铣

半精铣的加工精度为 IT10 ~ IT9，表面粗糙度值为 *Ra*6. 3 ~ 3. 2 μm，可作为平面磨削或精加工的预加工。

（3）精铣

精铣的加工精度为 IT8 ~ IT7，表面粗糙度值为 *Ra*3. 2 ~ 1. 6 μm，可作为中等精度表面的最终加工，也可作为高精度表面的预加工。

3. 磨削

磨削常作为铣削、刨削平面后的精加工，在平面磨床上进行，主要用于中、小型零件高精度表面和淬硬平面加工，如图 4—9 所示。平面磨削的加工精度可达 IT7 ~ IT6，表面粗糙度值可达 *Ra*0. 8 ~ 0. 2 μm。

（1）平面磨削的方式

平面磨削的方式有圆周磨和端面磨两种。如图 4—9a 所示为圆周磨，圆周磨的特点是砂轮与工件的接触面积小，排屑和冷却条件好，工件发热变形小，可达到较高的精度和较小的表面粗糙度值，适用于精磨；如图 4—9b 所示为端面磨，端面磨的特点是磨头伸出短，刚度大，变形小，可采用较大的磨削用量，但磨削

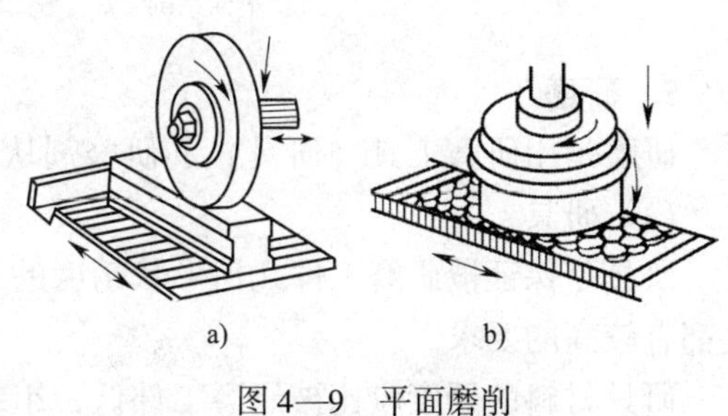

图 4—9 平面磨削

a）圆周磨 b）端面磨

面积大，发热量大，冷却比较困难，砂轮端面各点的圆周速度不同，磨损不均匀，故精度较低，适用于粗磨。

（2）平面磨削的特点

1）平面磨床的系统刚度大，平面磨削时加工质量和生产率比内圆表面、外圆表面磨削高。

2）平面磨床利用电磁吸盘装夹，有利于保证工件的平行度，装夹方便，生产率高。

3）平面磨削适用于精度要求较高的淬硬或非淬硬表面的加工。

4）不宜加工有色金属。

4. 刮削

刮削是用刮刀刮除工件表面薄层金属的一种加工方法，如图 4—10a 所示。刮削一般在精刨或精铣的基础上，由钳工手工操作。刮削余量一般为 0.05 ~ 0.4 mm。刮削的表面粗糙度值可达 Ra1.6 ~ 0.4 μm，平面内的直线度可达 0.01 mm/m，并能提高接触精度。

刮削前，在高精度的平板、平尺、专用检具或与工件相配的偶件表面上涂一层红丹油（或涂在工件上），然后将工件与其贴紧推磨对研，检查表面的接触情况，如图 4—10b 所示。对研后工件上显出高点，再用刮刀将显出的高点逐一刮除。经过反复对研和显点刮削，可使工件表面的显点数逐渐增多并越来越均匀，表明工件表面的平面度误差在逐渐减小，表面粗糙度值也在逐渐降低，接触精度在逐渐提高，最终达到零件的质量要求。接触精度通常用25 mm × 25 mm 范围内的接触点数来描述，如图 4—10c 所示。

刮削属于光整加工，能有效提高工件的耐磨性。但刮削的劳动强度大，操作技术要求高，生产率低，常用于单件小批量生产。

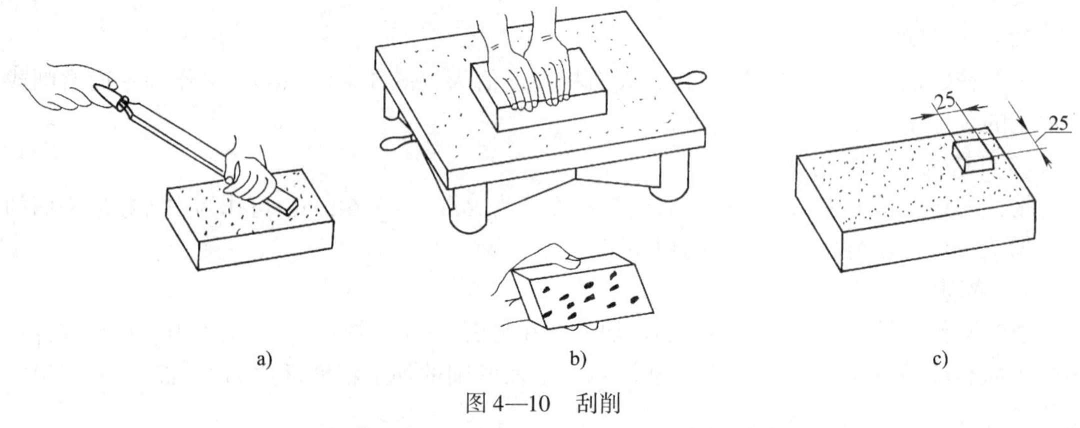

图 4—10　刮削

a）平面刮削　b）平面研点　c）平面刮削质量检验

5. 研磨

研磨是用研磨工具（研具）和研磨剂从工件上去掉一层极薄表面层的精加工方法。

（1）研具

研具是保证被研磨工件几何形状精度的重要因素，因此，对研具材料、精度和表面粗糙度都有较高的要求。

研具材料的硬度应比被研磨工件低，组织细致均匀，具有较高的耐磨性和稳定性，有较好的嵌存磨料的性能。常用的研具材料有灰铸铁、球墨铸铁、软钢和铜等。

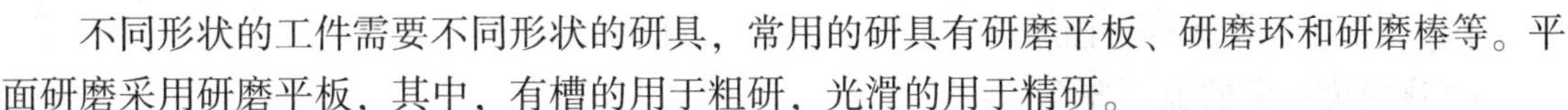

不同形状的工件需要不同形状的研具，常用的研具有研磨平板、研磨环和研磨棒等。平面研磨采用研磨平板，其中，有槽的用于粗研，光滑的用于精研。

(2) 研磨余量

研磨是微量切削，因此研磨余量不能太大，也不宜太小，一般在0.005～0.030 mm之间。

(3) 研磨的特点及作用

1) 研磨可获得其他加工方法难以达到的高尺寸精度和形状精度。研磨后尺寸精度可达0.001～0.005 mm。

2) 容易获得极小的表面粗糙度值，一般可达 $Ra1.6$～0.1 μm，最小可达 $Ra0.012$ μm。

3) 加工方法简单，不需复杂设备，但加工效率低。

4) 经研磨后的零件能提高表面的耐磨性、抗腐蚀能力及疲劳强度，从而延长零件的使用寿命。

(4) 研磨方法及注意事项

研磨分为手工研磨和机械研磨。手工研磨应注意选择合理的运动轨迹，这对提高研磨效率和工件的表面质量、延长研具的使用寿命有直接的影响。手工研磨的运动轨迹有直线形、直线摆动形、螺旋形、8字形和仿8字形等。

研磨时，研磨的压力和速度对研磨效率及质量有很大影响。压力大、速度快则研磨效率高，但压力太大、速度太快，工件表面粗糙，工件容易发热而变形，甚至会因磨料压碎而使表面划伤。一般对于较小的硬工件或粗研时，可用较大的压力、较慢的速度进行研磨；而对于较大、较软的工件或精研时，就应用较小的压力、较快的速度进行研磨。另外，在研磨中应防止工件发热，若引起发热应暂停，待冷却后再进行研磨。研磨中，还必须重视清洁工作，才能研磨出高质量的工件表面，否则，会使工件表面拉毛，甚至拉出深痕而造成废品。

三、平面加工方案分析

通常，平面的加工方案可分为以下几种：

1. 低精度平面的加工方案

对精度要求不高的各种零件（淬火钢件除外）的平面，经粗刨、粗铣、粗车等即可达到要求。表面粗糙度值可达 $Ra50$～12.5 μm。

2. 中等精度平面的加工方案

对于表面质量要求中等的非淬火钢件、铸铁件，视工件平面尺寸不同，有以下几种方案：

(1) 粗刨—精刨

此方案适用于加工狭长平面。

(2) 粗铣—精铣

此方案适用于加工宽大平面。

(3) 粗车—精车

此方案适用于加工轴类、套类、环类等回转体零件的端面、大型盘类零件的端面，一般在立式车床上加工。

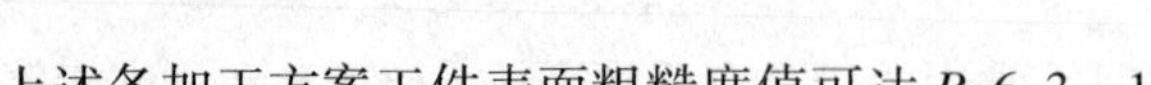

上述各加工方案工件表面粗糙度值可达 *Ra*6.3 ~ 1.6 μm。

3. 高精度平面的加工方案

对于表面质量要求较高的非淬火钢件、铸铁件，视工件材料和平面尺寸不同，通常有以下三种方案：

(1) 粗刨—精刨—宽刃精刨（代刮削）

此方案适用于加工非淬火钢件、铸铁件、有色金属件等的狭长平面。

(2) 粗铣—精铣—高速精铣

此方案适用于加工非淬火钢件、铸铁件、有色金属件等的宽大平面。

(3) 粗铣（粗刨）—精铣（精刨）—磨削

此方案适用于加工淬火钢件、非淬火钢件和铸铁件的各种平面。

上述各加工方案工件表面粗糙度值可达 *Ra*0.8 ~ 0.2 μm。

4. 精密平面的加工方案

对于表面质量要求更高的平面，可在磨削后分别采用研磨、刮削、抛光等工序，表面粗糙度值可达 *Ra*0.4 ~ 0.012 μm。

四、生产实例分析

分析如图 4—11 所示 V 形架的平面加工方案。

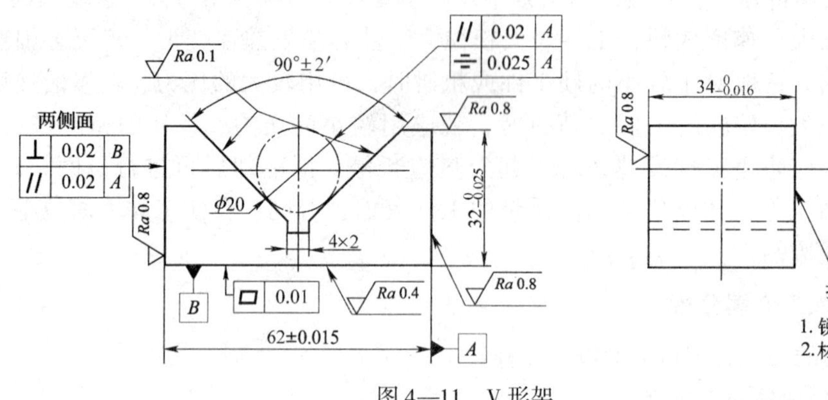

图 4—11　V 形架

以下分析 V 形架各平面的技术要求和加工方案。

1. 技术要求

(1) 形状精度

V 形架底平面的平面度公差为 0.01 mm。

(2) 位置精度

V 形架左右两侧面对底平面的垂直度公差为 0.02 mm，左右两侧面及 V 形槽对称中心面对 V 形架左右对称中心面的平行度公差为 0.02 mm，V 形槽对称中心面对 V 形架左右对称中心面的对称度公差为 0.025 mm。

(3) 表面质量

V 形架底平面的表面粗糙度值为 *Ra*0.4 μm，四周侧面及上表面的表面粗糙度值均为 *Ra*0.8 μm，V 形槽的表面粗糙度值为 *Ra*0.1 μm。

2. 加工方法分析及加工方案拟订

V形架各表面质量要求较高,可首先选择粗铣或粗刨进行粗加工,为半精加工、精加工做准备。

V形架侧面和上表面的表面粗糙度值均为 *Ra*0.8 μm，可选择精磨作为最终加工，在精磨前可安排半精铣和粗磨作为半精加工。

V形架的底平面不但有平面度要求，还要求在使用过程中与其他平板有一定的接触精度，而精磨虽可达到表面粗糙度要求，但不能提高接触精度。因此，可用刮削加工V形架的底平面，不仅能降低表面粗糙度值和平面度误差，而且能提高表面的接触质量。同样，V形槽的表面粗糙度值为 *Ra*0.1 μm，而磨削加工精度只能达到IT7～IT6，表面粗糙度值达到 *Ra*0.8～0.2 μm，不能满足要求，可在磨削后采用研磨或刮削加工。

根据平面的加工精度和表面粗糙度要求,可以得到图4—11所示的V形架各平面的加工方案。

V形架侧面和上表面的加工方案：粗刨（粗铣）—半精铣—粗磨—精磨。

V形架底平面的加工方案：粗刨（粗铣）—半精铣—粗磨—精磨—刮削。

V形架V形槽的加工方案：粗刨（粗铣）—半精铣—粗磨—精磨—研磨（或刮削）。

第四节 螺纹表面的加工方法

螺纹是零件上常见的表面之一。螺纹的种类较多，应用广泛。螺纹的加工方法也很多，常用的方法有攻螺纹、套螺纹、车削螺纹、铣削螺纹、磨削螺纹和滚压螺纹等，每一种加工方法各有特点。螺纹表面与其他表面一样，也有一定的尺寸精度、形位精度和表面质量要求。因此，在加工中应根据螺纹表面不同的技术要求，同时考虑螺纹的材料以及生产批量，拟订相应的加工方案。

一、螺纹表面的技术要求及种类

1. 螺纹表面的技术要求

螺纹表面与其他表面一样，也有一定的尺寸精度、形位精度和表面质量要求。

2. 螺纹的种类

按用途的不同，螺纹可分为以下两类：

（1）连接螺纹

用于零部件间的紧固和连接。为保证连接可靠，要求这类螺纹具有自锁性。常用的有普通三角形螺纹（牙形角60°为米制螺纹，牙形角55°为英制螺纹）、圆柱管螺纹和圆锥管螺纹（牙形角为55°或60°）。

（2）传动螺纹

用于传递运动，将旋转运动转变为直线运动。除了要保证传递运动的准确性外，还需传递一定的动力、位移。常用的牙形有梯形、矩形和锯齿形，如机床的丝杠、蜗杆等。

二、螺纹表面的加工方法

1. 攻螺纹和套螺纹

攻螺纹和套螺纹是加工尺寸较小的内、外螺纹的常用方法。攻螺纹和套螺纹的加工精度较低，主要用于加工精度要求不高的普通螺纹。

(1) 攻螺纹

攻螺纹是指用丝锥在内圆表面上加工出螺纹的方法。攻螺纹主要用于加工内螺纹，分为手攻和机攻。单件小批量生产时采用手攻，成批生产时则采用机攻。攻螺纹时速度一般很低且要加切削液。如图4—12所示的内螺纹，因加工精度要求不高，螺纹尺寸较小，故可采用攻螺纹的方法加工。

丝锥一般分为手用丝锥和机用丝锥，通常用高速钢制成。

1）手用丝锥。手用丝锥如图4—13a所示，通常两支一套，俗称头攻和二攻。在攻螺纹时为了正确地依次使用丝锥，可根据丝锥在切削部分磨去不同数量的齿来区别，头攻磨去3～7齿，二攻磨去2～5齿。

2）机用丝锥。机用丝锥如图4—13b所示。在车床上或钻床上加工螺纹通常采用机用丝锥，它与手用丝锥形状相似，但在柄部多了一条环形槽，以防止丝锥从夹具内脱落。

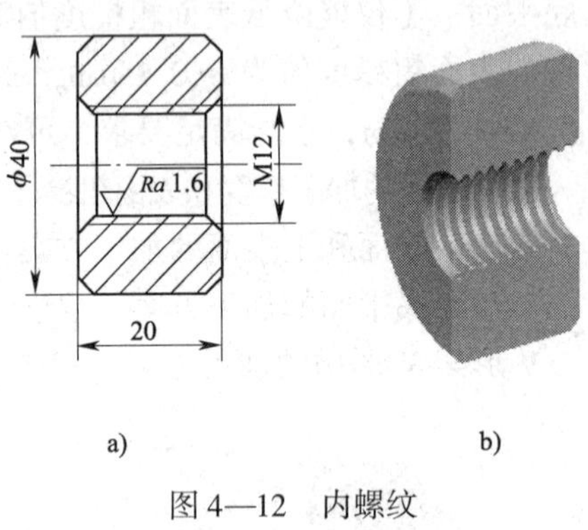

图4—12　内螺纹

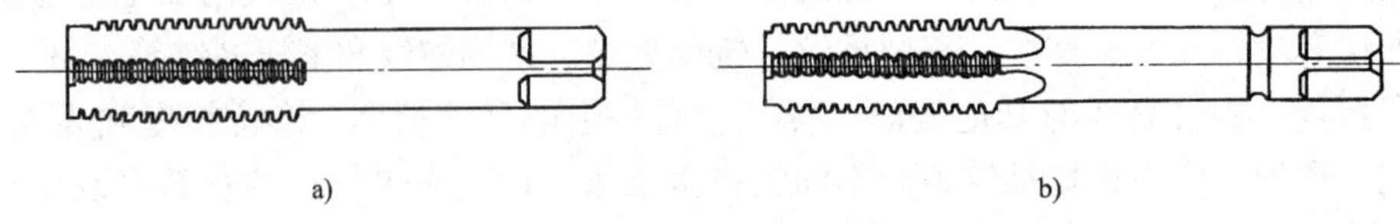

图4—13　丝锥

a）手用丝锥　b）机用丝锥

(2) 套螺纹

套螺纹是用板牙在圆柱表面上加工出外螺纹的方法，分为手工套螺纹和机器套螺纹。单件小批量生产时用手工套螺纹，批量生产时则用机器套螺纹。

圆板牙（见图4—14）大多用合金工具钢制成，板牙两端的锥角是切削部分，正反都可以使用。中间具有完整齿深的一段是校准部分，也是套螺纹的导向部分。

2. 车削螺纹

车削螺纹是在车床上采用螺纹车刀加工螺纹的一种方法。通过变换刀具和机床进给量，可加工出各种形状、尺寸以及不同精度的内外螺纹。车削螺纹的精度可达IT6，表面粗糙度值可达 *Ra*1.6～0.8 μm；刀具结构简单，加工范围广，是螺纹加工的主要方法之一。

车削螺纹适用于加工尺寸较大的螺纹。

3. 铣削螺纹

铣削螺纹是在专用的螺纹铣床上采用螺纹铣刀加工

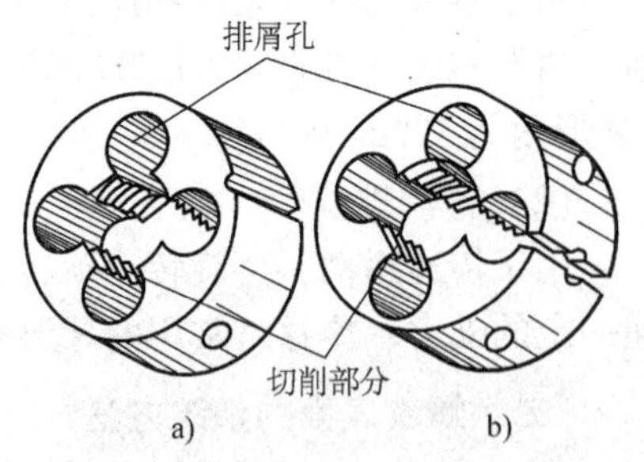

图4—14　圆板牙

a）封闭式　b）开槽式

螺纹的一种方法，多用于直径和螺距较大的螺纹加工。

根据铣刀的不同结构，铣削螺纹的方式有以下两种：

（1）用盘形螺纹铣刀铣螺纹

如图4—15所示，加工时轴线必须相对工件转动一个螺旋升角 λ。这种方法一般用于加工螺距较大的传动螺纹，如丝杠梯形螺纹、蜗杆模数螺纹等，但由于加工精度较低，通常只用于粗加工，然后再用车削或磨削进行精加工。

（2）用梳形螺纹铣刀铣螺纹

如图4—16所示，铣削螺纹时，铣刀、工件除按箭头方向旋转外，铣刀还作缓慢的轴向移动。在工件转动一转的同时铣刀应沿轴线移动一个螺距，工件只需要转动一转多一点就可以切出全部螺纹。因此，生产率较高，但加工精度较低，并需要专用机床，故这种方法适用于成批生产。

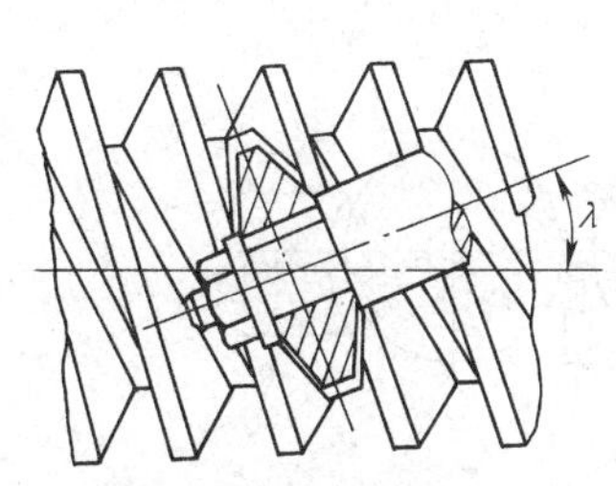

图4—15　用盘形螺纹铣刀铣螺纹

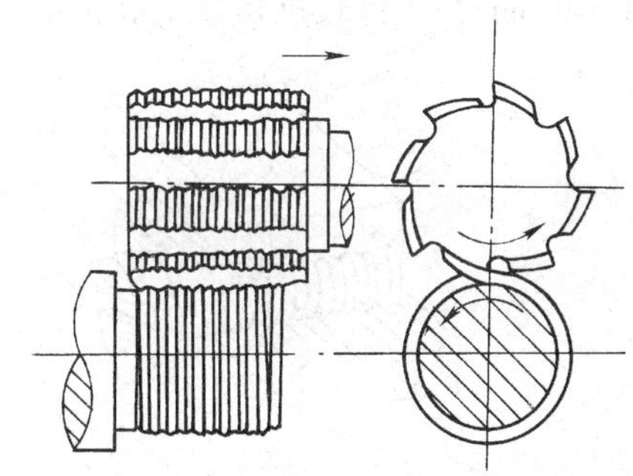

图4—16　用梳形螺纹铣刀铣螺纹

4. 磨削螺纹

对于精度要求较高的螺纹，可在该螺纹经车削或铣削粗加工和半精加工后，选择磨削螺纹的方法完成精加工，达到最终的精度要求。磨削时砂轮的轴线必须相对工件轴线倾斜一个螺纹升角 λ，如图4—17所示。砂轮在螺纹轴向截面上的形状必须与牙槽相吻合，以获得正确的螺纹牙形。工件每转一转，同时沿轴向移动一个螺距。这种加工方法的精度高，砂轮修整较方便，常用于淬硬螺纹或不淬硬螺纹的精加工。磨削螺纹的加工精度可达IT5～IT4，表面粗糙度值可达 $Ra0.4\sim0.1\ \mu m$。

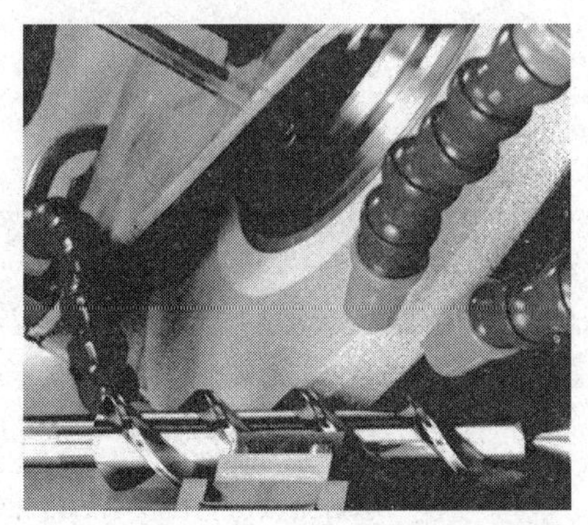

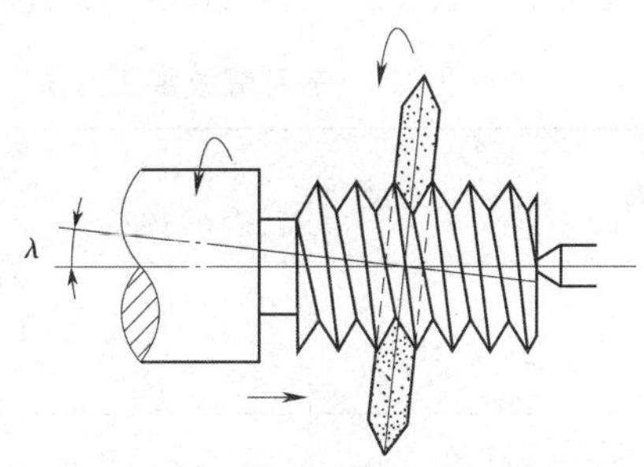

图4—17　磨削螺纹

5. 滚压螺纹

滚压螺纹是一种使材料在常温条件下产生塑性变形而形成螺纹的无切屑加工方法。滚压螺纹可以提高螺纹的强度，生产率极高，常用于螺钉等标准件的生产。滚压螺纹通常有以下两种方式：

（1）搓丝板滚压螺纹

搓丝板滚压螺纹是利用一对螺纹板轧制出工件螺纹的加工方法，如图 4—18a 所示。搓丝板滚压螺纹的加工精度可达 IT6，表面粗糙度值可达 *Ra*1.6 ~ 0.8 μm。搓丝板滚压螺纹的直径为 2 ~ 40mm，工件长度可达 100 mm。

（2）滚丝轮滚压螺纹

滚丝轮滚压螺纹是利用一副滚丝轮滚压出工件螺纹的加工方法，如图 4—18b 所示。滚丝轮滚压螺纹的加工精度可达 IT5，表面粗糙度值可达 *Ra*0.8 ~ 0.2 μm。滚丝轮滚压螺纹的直径为 3 ~ 40 mm，工件长度可达 150 mm，生产率比搓丝板滚压螺纹低。

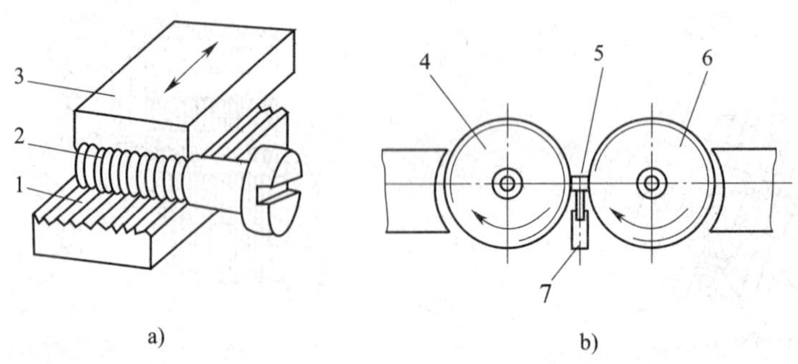

图 4—18　滚压螺纹

a）搓丝板滚压螺纹　b）滚丝轮滚压螺纹

1—静板　2、5—工件　3—动板　4—固定滚丝轮

6—径向进给滚丝轮　7—支撑

三、螺纹表面加工方案分析

螺纹表面可以在车床、铣床、钻床和磨床上进行加工，也可在钳工工作台上手工操作。在确定螺纹加工方案时，应根据螺纹的技术要求、工件材料和生产批量等，综合考虑确定最终的加工方案。

各种螺纹加工方法、加工精度和适用范围见表 4—1。

表 4—1　　各种螺纹加工方法、加工精度和适用范围

加工方法	加工精度	表面粗糙度值 *Ra*（μm）	生产率	适用范围
车削螺纹	IT6	1.6 ~ 0.8	低	精度要求高、单件小批量生产，各种非淬硬的内外螺纹、紧固螺纹和传动螺纹
攻螺纹、套螺纹（机动、手动）	IT7 ~ IT6	1.6	较高	各种批量、直径较小的内外螺纹，直径较小、非淬硬的紧固螺纹

续表

加工方法		加工精度	表面粗糙度值 Ra（μm）	生产率	适用范围
铣削螺纹	盘形螺纹铣刀铣削	IT7～IT6	1.6	较高	成批、大量生产，各种精度且非淬硬的内外螺纹、紧固螺纹和传动螺纹
	梳形螺纹铣刀铣削				
	旋风铣	IT7～IT6	1.6	高	成批、大量生产，大、中直径的外螺纹
滚压螺纹	搓丝板滚压螺纹	IT6	1.6～0.8	最高	直径小于 40 mm 的外螺纹，成批、大量生产，材料塑性较好的外螺纹。螺纹标准件多用此方法加工
	滚丝轮滚压螺纹	IT6～IT5	0.8～0.2	很高	
磨削螺纹	单线螺纹	IT5～IT4	0.4～0.1	一般	各种批量的淬硬螺纹，精度高、生产率较低
	多线螺纹	IT5	0.4～0.1	高	各种批量的淬硬螺纹及螺距较小的短螺纹，精度稍低、生产率较高

四、生产实例分析

分析如图 4—19 所示圆头螺钉螺纹表面的加工方案。

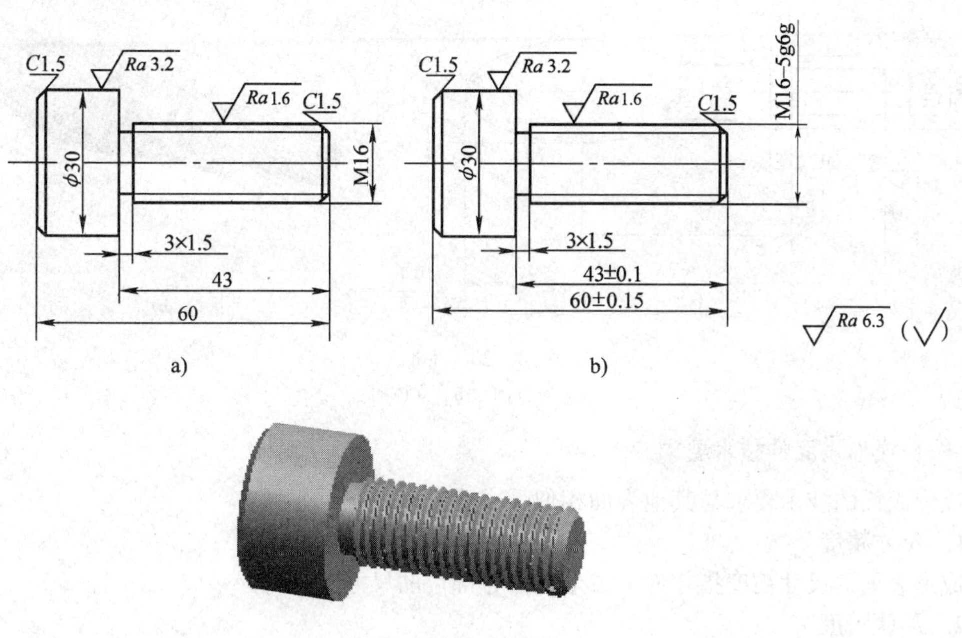

图 4—19　圆头螺钉

a）螺钉零件图一　b）螺钉零件图二　c）螺钉立体图

图4—19a所示的螺纹，其加工精度、表面粗糙度要求不高，可选择套螺纹或滚压螺纹的方法完成螺纹的加工。

图4—19b所示的螺纹，其中径和大径的精度要求分别为5g和6g，大径表面粗糙度值为$Ra1.6\ \mu m$，加工精度较高，故不能用套螺纹的方法加工，应选用较高精度的加工方法。可先选择车削或铣削法完成粗加工和半精加工，再选择磨削完成精加工，达到最终的精度要求。

综上所述，得到如图4—19所示的螺纹表面的加工方案。

图4—19a所示螺纹的加工方案：套螺纹或滚压螺纹。

图4—19b所示螺纹的加工方案：车削（或铣削）—磨削。

第五节　成形表面的加工方法

许多机械零件上都具有成形表面，如机床的操作手柄（见图4—20）、内燃机凸轮轴的凸轮等。成形表面大多是为实现某种特定功能而专门设计的，因此，其表面形状的技术要求是十分重要的。普通成形表面的加工方法有手动控制法、成形刀具法、靠模法和数控加工法等，齿形表面的加工方法有成形法和展成法。加工时，应根据零件的尺寸、形状及生产批量拟订加工方案，保证满足其表面形状的要求。本节主要阐述普通成形表面和齿形表面的加工方法。

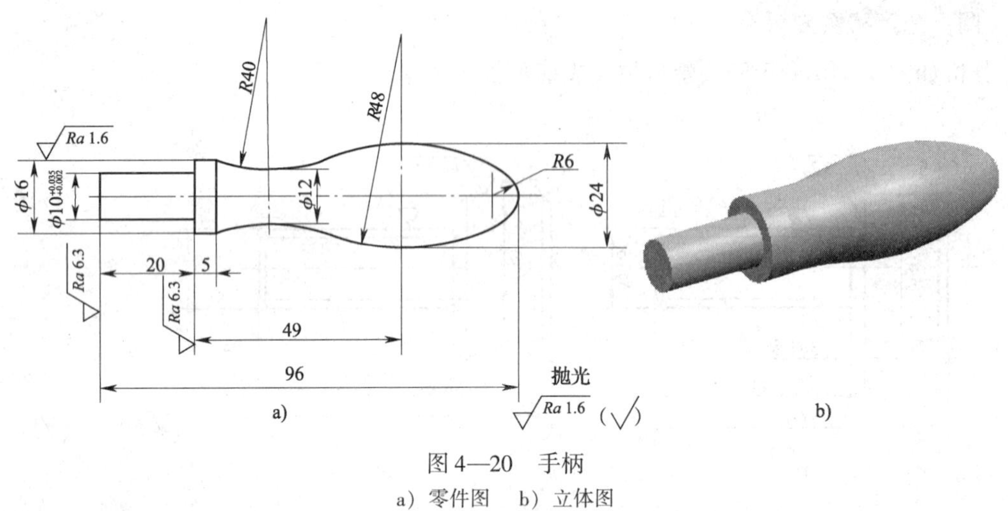

图4—20　手柄

a）零件图　b）立体图

一、成形表面的技术要求

成形表面的技术要求与其他表面相似，主要有以下几个方面：

1. 尺寸精度

成形表面的尺寸精度指零件上成形表面各部位的尺寸要求。

2. 形状精度

成形表面的形状精度指成形表面的轮廓度，包括面轮廓度和线轮廓度。

3. 位置精度

成形表面的位置精度指成形表面与其他表面间的平行度、垂直度、同轴度和对称度等。

4. 表面质量

成形表面一般都需要抛光加工，以提高其表面质量。

二、普通成形表面的加工方法

普通成形表面的加工一般采用车削、刨削、铣削、磨削。根据成形表面的特点、批量和材料性能的不同，普通成形表面的加工归纳起来有以下几种基本形式。

1. 手动控制法

手动控制法是由手工操作机床，刀具相对工件作成形运动而加工出成形表面的一种方法。如图 4—21 所示为在车床上用双手控制法车削回转成形表面。车削过程中需用样板度量，以保证成形表面的正确性，如图 4—22 所示。

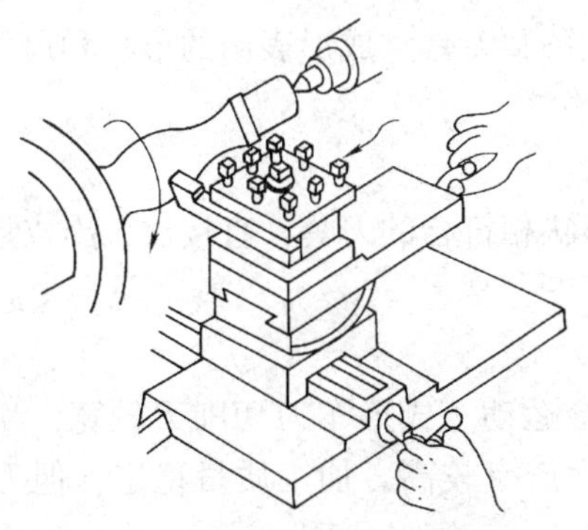
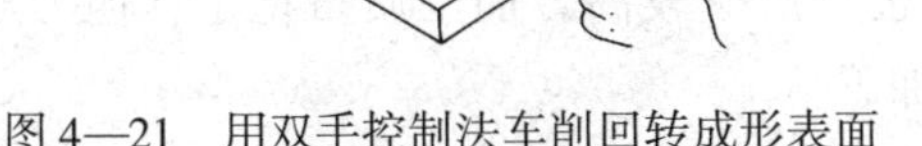

图 4—21　用双手控制法车削回转成形表面

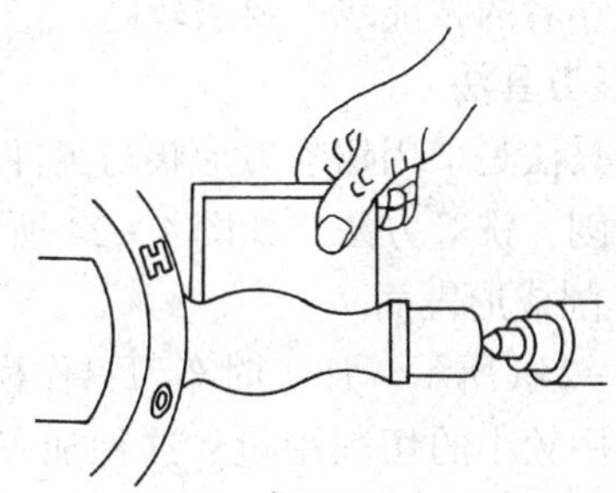

图 4—22　用样板度量成形表面

如图 4—20 所示的手柄，如果是单件小批量生产，则可用手动控制法在车床上加工完成。手柄加工方法如图 4—23 所示。

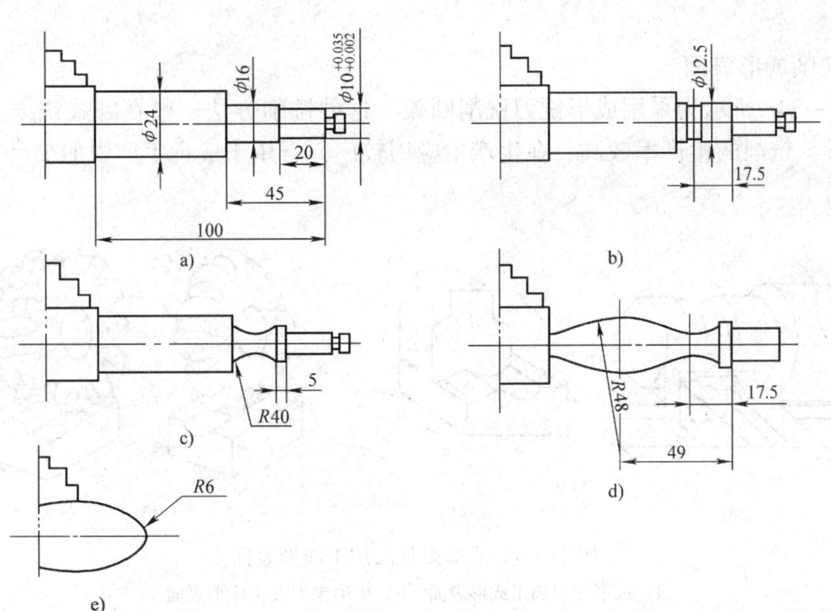

图 4—23　手柄加工方法

（1）采用一夹一顶装夹方法加工三级外圆，并留加工余量 0.15 ~ 0.2 mm，如图 4—23a 所示。

（2）以 ϕ16 mm 的端面为基准，加工最小定位圆弧槽 ϕ12 mm，并留加工余量 0.5 mm，如图 4—23b 所示。

（3）以 ϕ16 mm 的端面为基准，在定位槽处车削 R40 mm 圆弧面，如图 4—23c 所示。

（4）以 ϕ16 mm 的端面为基准，在 ϕ24 mm 外圆上向右、向左车削 R48 mm 圆弧面，如图 4—23d 所示。

（5）切断后，车削 R6 mm 圆弧面，如图 4—23e 所示。

这种加工方法的质量和效率较低，故只适用于小批量生产中精度要求不高的工件或作为成形表面的粗加工工序。

手动控制法加工成形表面无须选择特殊的设备和刀具，成形表面的形状和尺寸也不受限制，但对操作者的技能水平要求较高。

2. 成形刀具法

成形刀具法是采用切削刃形状与工件轮廓形状相符合的刀具，直接加工出成形表面，可以采用车、刨、铣等方法，如图 4—24 所示。

（1）车削成形表面

如图 4—24a 所示。加工时车刀只作横向进给运动。成形车刀切削刃较宽，切削时容易振动，应采用较小的切削用量。这种加工方法生产率较高，加工质量稳定，但刀具刃磨困难，仅适用于批量大、刚度大的成形表面的加工。

（2）刨削成形表面

如图 4—24b 所示。成形刨刀的结构与成形车刀类似。由于刨削时有较大的冲击力，容易引起振动，故这种方法只适用于加工尺寸小、形状简单的直线成形表面，且生产率较低。

（3）铣削成形表面

如图 4—24c 所示为采用成形铣刀铣削圆弧。这种铣削方法一般在卧式铣床上用盘状成形铣刀进行，铣削的生产率较高，在生产中应用较广，常用于成批生产中加工尺寸较小的直线成形表面。

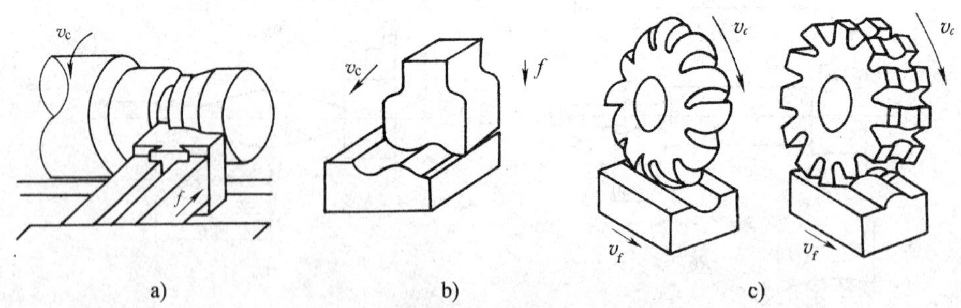

图 4—24　成形刀具法加工成形表面

a）成形车刀加工成形表面　b）成形刨刀加工成形表面

c）成形铣刀加工成形表面

（4）磨削成形表面

如图 4—25 所示为采用成形砂轮磨削成形表面。与金属成形刀具相似，先修整砂轮，使它具有与工件成形表面相符合的轮廓形状，然后用其磨削成形表面。这种方法在外圆磨床上可以磨削回转成形表面，在平面磨床上可以磨削直线成形外表面。磨削成形表面主要用于加工精度高、表面粗糙度值小的成形表面，尤其是经淬火后的精密成形表面（如凸轮、靠模和冲模等零件的工作面）的精加工。

3. 靠模法

靠模法是刀具由传动机构带动，跟随靠模轮廓线移动而加工出与该靠模轮廓线相符的成形表面的一种加工方法，如图 4—26 所示。生产前必须先加工出与工件曲线相同的靠模板，然后用随动机构使刀具按靠模板曲线行走，加工出的手柄曲线与靠模板曲线一致，尺寸由中滑板进刀机构控制，保证了产品质量的一致性。

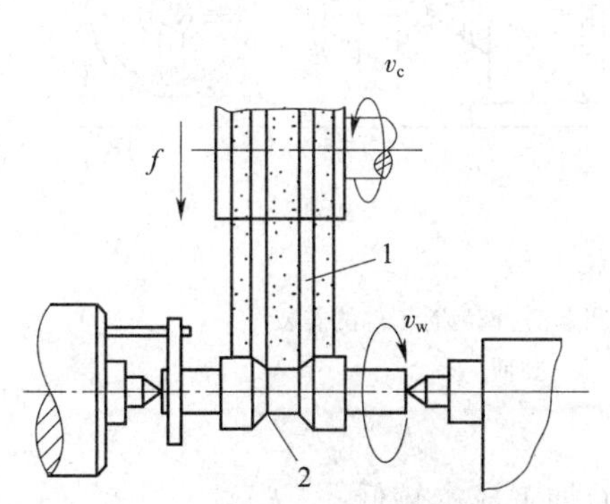

图 4—25　成形砂轮磨削成形表面

1—砂轮　2—工件

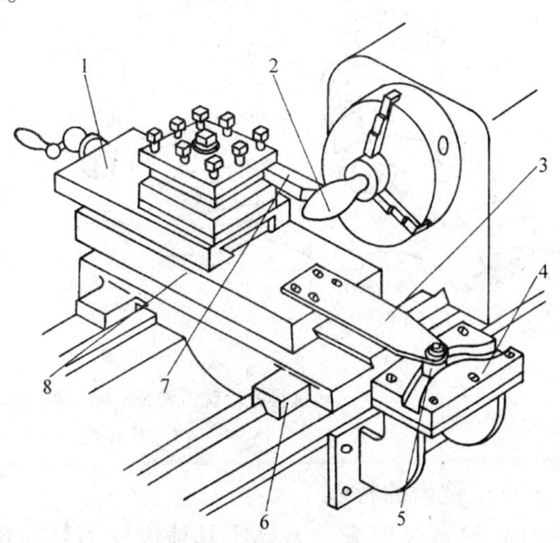

图 4—26　靠模法车削成形表面

1—小滑板　2—工件　3—连接板　4—靠模板　5—滚柱　6—床鞍　7—车刀　8—中滑板

靠模法使用的刀具比较简单，加工成形表面的尺寸范围较大，生产率较高，加工精度也较高。但是，机床的运动和结构较复杂，靠模制造困难、成本高，故这种方法常用于成批生产。如图 4—20 所示的零件，如果是大批量生产或产品的一致性要求较高，则可采用靠模法生产。

4. 数控加工法

对于形状复杂且多变的精密成形表面，为了保证其加工质量和提高生产率，常采用数控加工法。数控加工法是利用数控机床加工成形表面的一种方法。加工时，操作人员应先按图样要求编制出零件成形表面加工程序，数控机床按给定程序自动进行加工。

如图 4—20 所示的手柄，如质量要求高、产品数量大，也可在数控车床上加工。加工时，先根据图样给定的数据进行编程，选择刀具和装夹方式，输入程序后即可进行调试，调试成功后即可生产。

三、齿形表面的加工方法

齿形表面的加工方法按加工原理不同，可分为成形法和展成法（又叫范成法）。

1. 成形法

成形法是采用与被切齿轮齿槽形状相符合的成形刀具切出齿形的方法。采用成形齿轮铣刀加工齿形是最常见的成形法加工实例之一。

（1）铣齿的加工方法

铣齿是利用成形齿轮铣刀在铣床上加工齿形的方法。当齿轮模数 $m \leqslant 20$ mm 时，一般采用盘状齿轮铣刀在卧式铣床上加工，如图 4—27a 所示；当齿轮模数 $m > 20$ mm 时，一般采用指状齿轮铣刀在立式铣床上加工，如图 4—27b 所示。

采用盘状齿轮铣刀在卧式铣床上铣齿时工件的安装如图 4—27c 所示。铣削时，铣刀旋转作主运动，工件随工作台作纵向进给运动。每铣完一个齿槽后，工件纵向退回原处，进行分度后，再铣下一个齿槽，直至全部齿槽加工完毕。

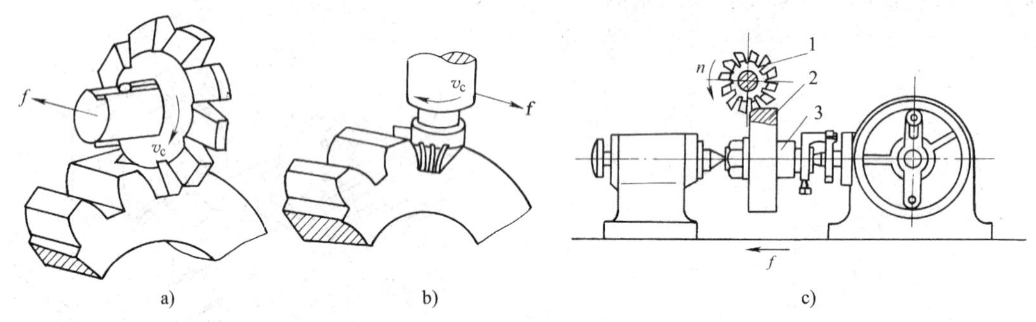

图 4—27　铣削齿轮

a）盘状齿轮铣刀铣齿　b）指状齿轮铣刀铣齿　c）铣齿时工件的安装

1—齿轮铣刀　2—齿轮坯　3—心轴

（2）铣齿的特点

1）设备为铣床，刀具比其他齿轮刀具简单，因而加工成本较低。

2）生产率低。由于每铣一个齿槽都要重复消耗切入、切出、退刀以及分度的时间，所以生产率低。

3）齿形精度低。只能获得近似齿形，齿形的误差较大，精度低，齿轮的加工精度一般为 IT12 ~ IT9，齿形表面粗糙度值为 Ra6. 3 ~ 3. 2 μm，适用于低速传动齿轮的加工。

4）适应性差。一把铣刀只能加工一种规格的齿轮。

2. 展成法

展成法是利用齿轮刀具与被切齿轮之间的啮合运动切出齿轮齿形的方法。常用的方法有滚齿、插齿、剃齿、磨齿等。

（1）滚齿

滚齿是采用齿轮滚刀滚切加工圆柱齿轮齿形，其实质是按一对交错轴螺旋齿轮啮合的原理来加工齿形。滚齿时齿面由滚刀的刀齿切削包络而成，由于参加切削的刀齿数量有限，因此，齿形表面粗糙度值较大，齿形的精度受到一定影响。滚齿时，必须将滚刀转动一个角度，使刀齿切削方向与被切齿轮的轮齿方向一致，如图 4—28 所示。滚齿是齿形加工方法中生产率较高、应用最广的一种加工方法。滚齿可直接加工 8 ~ 9 级精度的齿轮，也可用于 7 级以上精度齿轮的粗加工及半精加工。

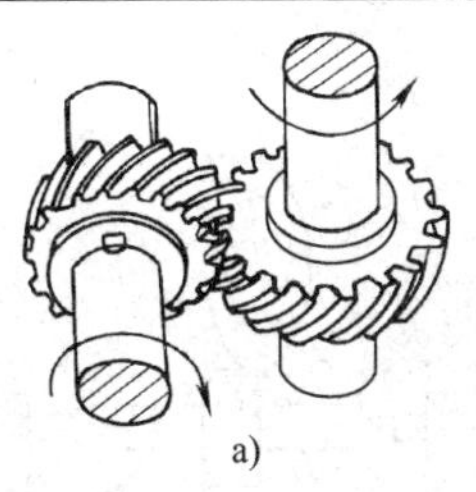
a)

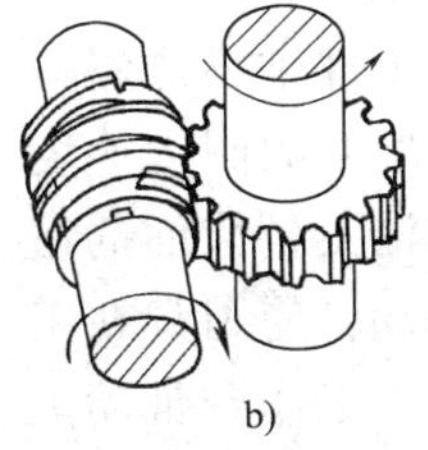
b)

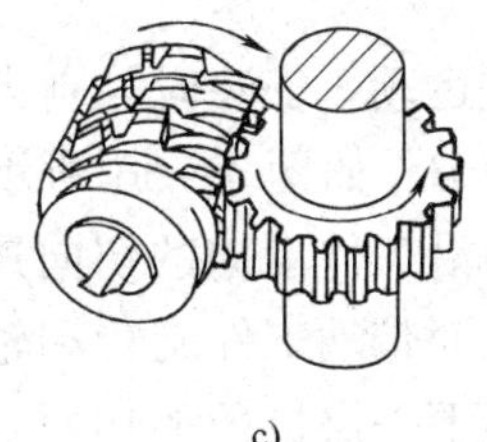
c)

图 4—28 滚齿原理

滚齿加工的特点：

1）加工精度高。与铣齿相比，齿形精度高，精滚可加工出 6 级精度的齿轮。齿形表面粗糙度值可达 $Ra0.8\ \mu m$，但需要专用的齿轮加工机床。

2）滚刀通用性强。可以用同一模数的滚刀加工相同模数、不同齿数的圆柱齿轮。

3）生产率高。滚齿是多刃刀具的连续切削，加工过程平稳，生产率高。

4）实用性较好。滚齿一般用于加工直齿、斜齿圆柱齿轮和蜗轮，但不能加工内齿轮、人字齿轮和多联齿轮。

（2）插齿

齿面的插削是利用一对平行轴齿轮啮合的原理来实现齿形加工的，如图 4—29 所示。插齿刀实质上就是一个磨有前角、后角并具有切削刃的齿轮。插齿的齿形精度比滚齿高，但运动精度比滚齿差。插齿和滚齿一样，也可用于较高精度齿轮的粗加工及半精加工。

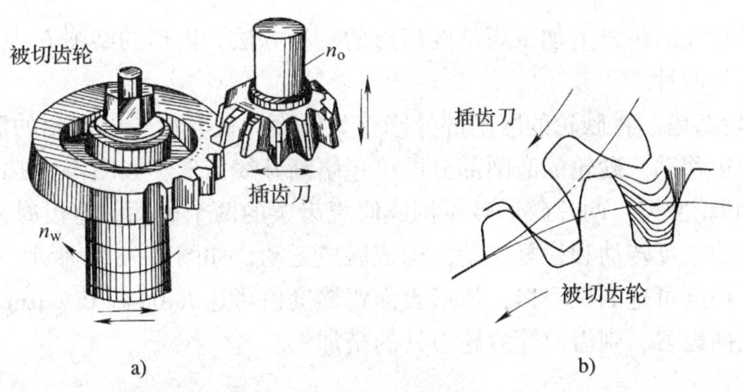

图 4—29 插齿原理

a）插齿运动 b）齿面形成原理

插齿加工的特点：

1）加工精度高。插齿所形成的齿形包络线的切线数量比滚齿多，齿形表面粗糙度值小，齿形精度高于滚齿，但公法线长度变动量比滚齿大。

2）插齿刀通用性强。同一模数的插齿刀可以加工相同模数、不同齿数的圆柱齿轮。

3）实用性好。插齿不但能用于加工外啮合齿轮，还能加工用滚刀难以加工的内齿轮、多联齿轮、扇形齿轮、齿条和人字齿轮。

4）生产率低。插齿刀往复运动有返回行程，即为断续切削，因此，生产率低于滚齿。

（3）剃齿

剃齿是用剃齿刀对齿轮的齿面进行精加工的一种方法。剃齿时，刀具与工件作一种自由啮合的展成运动。安装时，剃齿刀与工件轴线倾斜一个螺旋升角 β，如图 4—30 所示。剃齿刀的圆周速度可以分解为沿工件齿向的切向速度和沿工件齿面的法向速度，从而带动工件旋转和轴向运动，使刀具在工件表面上剃下一层极薄的切屑。同时，工作台带动工件作往复运动，以剃削轮齿的全长。

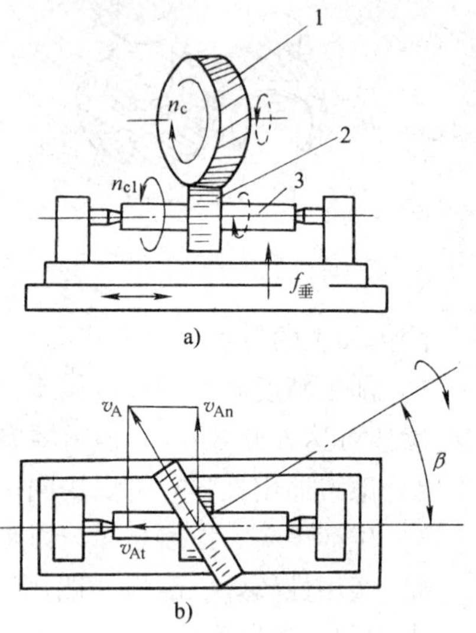

图 4—30 剃齿
a）剃齿运动 b）剃齿原理
1—剃齿刀 2—齿轮 3—心轴

剃齿属于展成法加工。剃齿是在滚齿、插齿的基础上对齿面进行微量切削的一种精加工，适用于加工 35HRC 以下的直齿和斜齿圆柱齿轮。

剃齿的特点：

1）剃齿的加工精度可达 IT7 ~ IT6，表面粗糙度值可达 $Ra0.8 \sim 0.4\ \mu m$。由于剃齿加工只能将齿轮精度提高一级，故剃齿前齿轮的精度应比剃齿后的精度低一级。

2）剃齿主要用于提高齿形精度和降低表面粗糙度值，不能修正公法线长度变动误差。

3）剃齿的生产率高，适用于大批量生产的齿轮精加工。

（4）磨齿

磨齿是用砂轮在磨齿机上加工高精度齿形的一种方法。齿形的磨削方法有锥形砂轮磨齿和双碟形砂轮磨齿两种。

1）锥形砂轮磨齿。将砂轮的磨削部分修整为锥面，被磨齿轮沿假想的固定齿条作往复纯滚动，边转动边移动，砂轮的磨削部分即可包络渐开线齿形，如图 4—31a 所示。

2）双碟形砂轮磨齿。两片碟形砂轮构成假想齿条的两个侧面。磨齿时砂轮只在原位转动，工件作相应的正反转动和往复移动，构成展成运动，如图 4—31b 所示。

磨齿的加工精度可达 IT6 ~ IT4，齿形表面粗糙度值可达 $Ra0.4 \sim 0.2\ \mu m$。常用于硬齿面的高精度齿轮及插齿刀、剃齿刀等齿轮刀具的精加工。

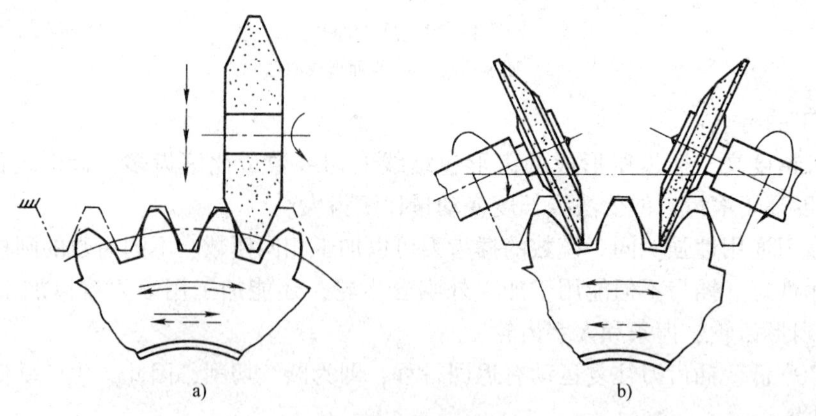

图 4—31 磨齿方法
a）锥形砂轮磨齿 b）双碟形砂轮磨齿

磨齿的特点：磨齿是最重要的一种齿形精加工方法，既可磨削非淬火齿轮，又可磨削淬火齿轮。磨齿对齿轮误差及热处理变形有较强的纠正能力，但生产率低，适用于单件小批量生产。

四、生产实例分析

通过以上分析可知，齿轮的加工方法有铣齿、滚齿、插齿、剃齿、磨齿等，实际生产中要根据齿轮的结构、加工精度和生产规模等因素选择。

分析如图 4—32 所示的直齿圆柱齿轮的加工方案。

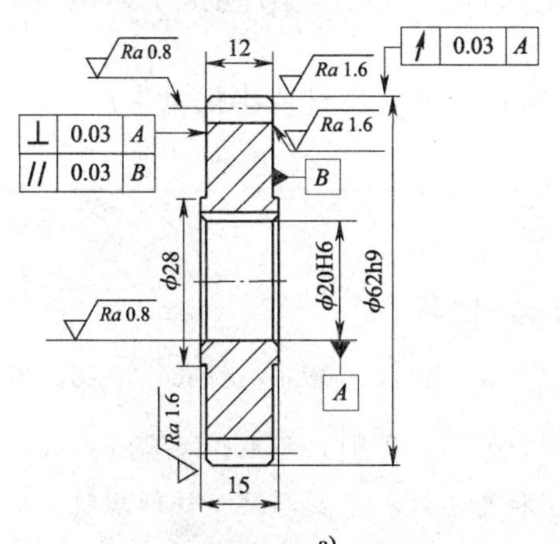

精度等级	7GK
模数(mm)	2
齿数	29
压力角	20°
径向圆跳动(mm)	0.045
跨齿数	4
公法线长度(mm)	21.476

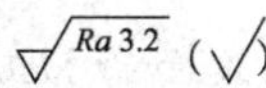

a)

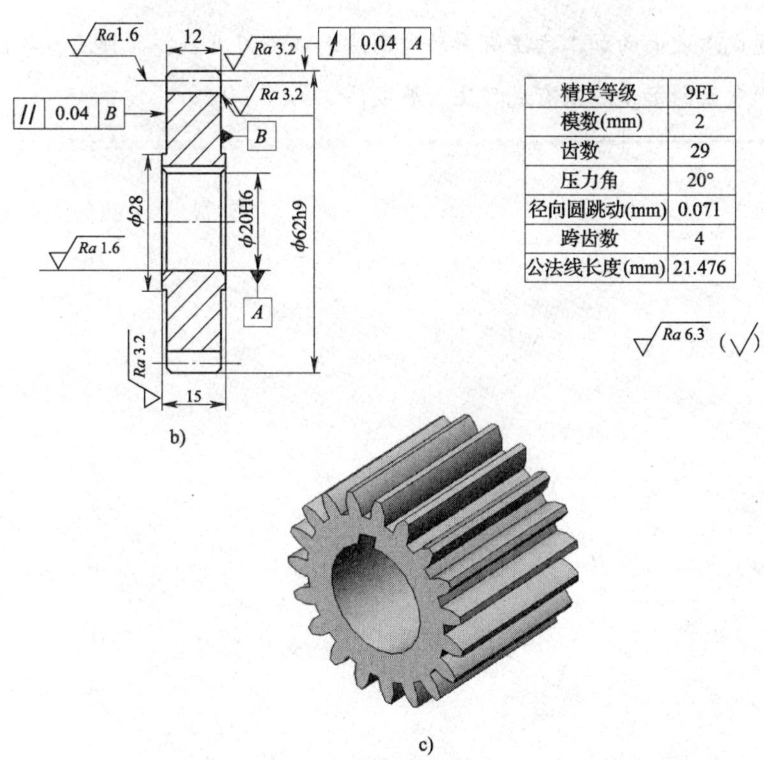

精度等级	9FL
模数(mm)	2
齿数	29
压力角	20°
径向圆跳动(mm)	0.071
跨齿数	4
公法线长度(mm)	21.476

图 4—32　直齿圆柱齿轮

a）直齿圆柱齿轮零件图一　b）直齿圆柱齿轮零件图二　c）立体图

图 4—32a 所示的直齿圆柱齿轮精度为 7GK，齿形表面粗糙度值为 *Ra*0.8 μm，加工精度要求较高，可在插齿或滚齿后，选择剃齿加工来完成该齿轮齿形表面的精加工，达到齿轮的精度要求。也可选择磨齿完成齿形表面的精加工。

图 4—32b 所示的齿轮模数 $m<20$ mm，齿形精度等级为 9FL，齿形表面粗糙度值为 *Ra*1.6 μm，选择铣齿或滚齿可满足齿轮精度要求。

综上所述，可得到图 4—32 所示的直齿圆柱齿轮的齿形表面加工方案。

图 4—32a 所示的齿形表面加工方案：铣齿—插齿（单件生产）或滚齿—剃齿（大批量生产）。

图 4—32b 所示的齿形表面加工方案：铣齿（单件或小批量生产）或滚齿（大批量生产）。

〔本章小结〕

◇ 外圆表面的加工方法有车削和磨削。

◇ 内圆表面的加工方法有钻孔、扩孔、铰孔、镗孔、拉孔、磨孔、珩磨。

◇ 平面的加工方法有刨削、铣削、磨削、刮削、研磨。

◇ 螺纹表面的加工方法有攻螺纹和套螺纹、车削螺纹、铣削螺纹、磨削螺纹、滚压螺纹。

◇ 普通成形表面的加工方法有手动控制法、成形刀具法、靠模法、数控加工法。

◇ 齿形表面的加工方法有成形法、展成法。

第五章　机械加工工艺规程的制定

第一节　机械加工工艺规程的基本知识

机械加工工艺规程的制定是机械制造工艺学的基本内容之一。具有制定机械加工工艺规程的初步能力是学习本课程的主要任务之一。要想制定出合理的机械加工工艺规程，首先要掌握机械加工工艺过程的基本知识。

一、生产过程

生产过程是指把原材料转变为成品的全过程。机械工厂的生产过程一般包括原材料的验收、保管、运输，生产技术准备，毛坯制造，零件加工（含热处理），产品装配，检验以及涂装等。

为了提高产品质量、生产率和降低成本，目前机器生产趋向于专业化分工，一台机器的生产可由若干工厂联合完成，不仅毛坯，而且多种零部件（如汽车发动机上的活塞、活塞环等）均由专业工厂分别制造。专业工厂生产的零部件，对总装厂来说就是“原材料”。因此，这里指的“原材料”有着更为广泛的含义，它可被定义为投入生产过程以创造新产品的物质。

各种机械产品的具体制造方法和生产过程是不相同的，但生产过程大致可分为三个阶段，即毛坯制造、零件加工和产品装配。

二、工艺过程

1. 工艺过程的概念

所谓“工艺”，就是制造产品的方法。生产过程中改变生产对象的形状、尺寸、相对位置和物理、力学性能等，使其成为半成品或成品的过程称为工艺过程。例如，生产过程中的毛坯制造、零件加工、热处理、产品装配等均属于工艺过程。本章主要讨论机械加工工艺过程。

机械加工工艺过程是利用机械加工的方法，直接改变毛坯的形状、尺寸和表面质量，使其转变为半成品或成品的过程。为便于叙述，以下将机械加工工艺过程简称为工艺过程。

2. 工艺过程的组成

工艺过程是生产过程的主要部分。如图 5—1 所示，阶梯轴零件的加工是由毛坯经过车削、铣削和磨削最终变成成品。当该零件生产批量较小时，其工艺过程按表 5—1 进行；当生产批量较大时，其工艺过程按表 5—2 进行。

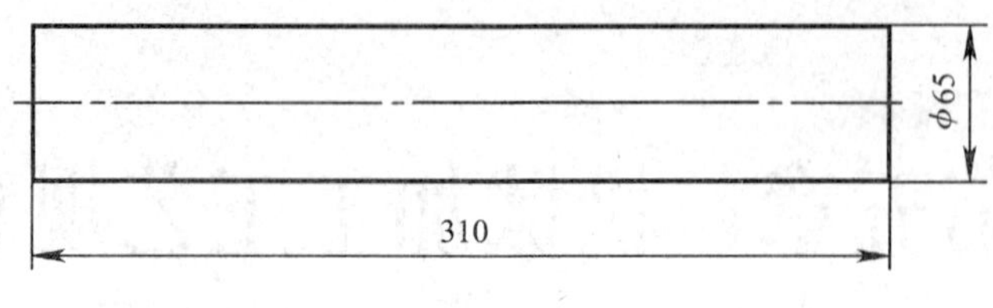

a)

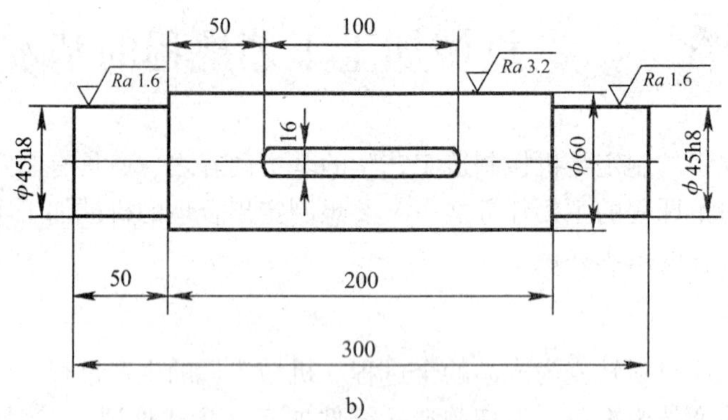

b)

图 5—1 阶梯轴

a）坯料 b）成品

表 5—1 **小批量生产阶梯轴的工艺过程**

工序号	工序名称	工作地点
1	车端面、钻中心孔	卧式车床
2	车外圆	卧式车床
3	铣键槽	立式铣床
4	磨外圆	外圆磨床
5	去毛刺	钳工工作台

表 5—2 **大批量生产阶梯轴的工艺过程**

工序号	工序名称	工作地点
1	车左端面、钻左端面中心孔	卧式车床
2	车右端面、钻右端面中心孔	卧式车床
3	车外圆 ϕ60 和左端 ϕ45h8 表面	卧式车床
4	车右端 ϕ45h8 表面	卧式车床
5	铣键槽	立式铣床
6	磨左端 ϕ45h8 表面	外圆磨床
7	磨右端 ϕ45h8 表面	外圆磨床
8	去毛刺	钳工工作台

工艺过程由若干道工序组成，每道工序又可依次细分为安装、工位、工步、进给等不同层次的单元。

（1）工序

工序是指一个（或一组）工人在一个工作地点对一个（或同时对一组）工件连续加工所完成的那一部分工艺过程。

划分工序的主要依据是工件加工过程中的工作地点、岗位工人、加工对象是否发生变化或是否连续完成，如果其中一个要素发生变化，则成为另一工序。如图5—1所示，当该工件生产批量较小时，其工艺过程按表5—1进行。当加工批量较大时，工序2可分两道工序完成，先将一批工件的ϕ60 mm和一端ϕ45h8表面车至工序尺寸，然后掉头再将这批工件的另一端ϕ45h8表面车至工序尺寸。这时，对每个工件来说，两端的加工已不连续，即使两道工序在同一台车床上加工也应算作两道工序（见表5—2）。显然，同一工件、不同生产类型，其工序划分是不一样的。

（2）安装

工件在机床或夹具中定位并夹紧的过程称为安装。在一个工序内，工件的加工可能只需安装一次（见表5—1中的工序3），也可能需要安装多次（见表5—1中的工序1）。工件在加工过程中应尽可能减少安装次数，这样不仅可以减少安装工件的辅助时间，而且可以减小因安装误差而导致的加工误差。

（3）工位

工件在一次安装后，工件与夹具或设备的可动部分一起相对刀具或设备的固定部分所占据的每一个位置称为工位。

采用多工位加工，可以提高生产率和保证被加工表面间的相互位置精度。如图5—2所示，利用回转工作台，工件在一次安装中具有四个工位，即装卸、钻孔、扩孔和铰孔工位。

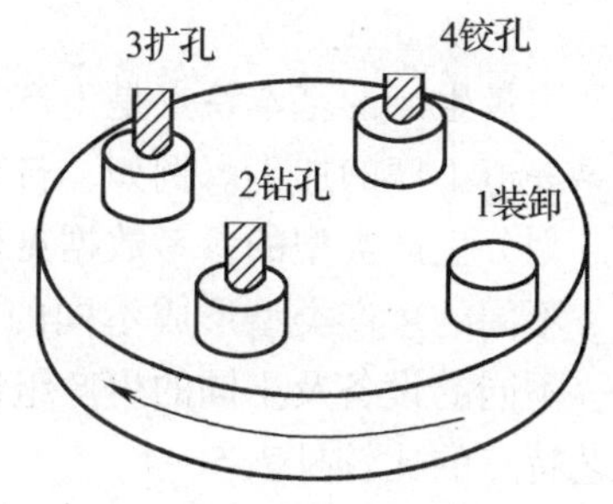

图5—2　多工位加工

（4）工步

工步是工序的组成部分，它是指加工表面、切削刀具和切削用量（指切削速度和进给量）均保持不变的情况下所完成的那部分工序。表5—1中的工序1，需要车削两个端面、钻两个中心孔，共四个工步。

在批量生产中，为了提高生产率，常采用多刀多刃刀具或复合刀具同时加工工件的几个表面，这样的工步称为复合工步。复合工步在文件上写成一个工步。例如，在一个工件上钻六个相同的ϕ10 mm孔，在工艺文件上写成钻$6\times\phi$10 mm孔一个工步。在一个工序中可以只有一个工步，也可以有多个工步。

（5）进给

在一个工步中，被加工的某一表面，由于余量较大或其他原因，在切削用量不变的条件下，用同一把刀具对其进行多次加工，每加工一次，称为一次进给。

三、生产纲领与生产类型

1. 生产纲领

产品的生产量是根据市场需求量与本企业的生产能力而定的。包括备品率和废品率在内，产品的年产量称为产品的生产纲领。当产品的生产纲领确定后，就可以根据零件在产品中的数量、备品率和废品率，按以下公式确定零件的生产纲领。

零件的生产纲领计算公式为

$$N = Qn\ (1+\alpha)\ (1+\beta) \tag{5—1}$$

式中 N——零件的生产纲领，件/年；

Q——产品的生产纲领，台/年；

n——每台产品中该零件的数量，件/台；

α——备品率（%）；

β——废品率（%）。

2. 生产类型

生产类型是指对企业（或车间、工段、班组）生产专业化程度的分类。机械制造业的生产一般分为单件生产、成批生产、大量生产三种类型。

（1）单件生产

单件生产的基本特点是生产的产品品种繁多、数量极少，甚至只有一件或少数几件，且很少重复生产。例如，新产品试制、专用设备制造等。

（2）成批生产

成批生产的基本特点是生产的产品品种较多，每一种产品均有一定的数量，且各种产品是周期性生产的。例如，通用机床制造、电动机制造等。

（3）大量生产

大量生产的基本特点是生产的产品品种少而且数量很多，大多数工作地点长期重复地进行某一道工序的加工。例如，自行车制造、轴承制造、汽车制造等。

划分生产类型的参考数据见表5—3。

不同的生产类型形成不同的工艺特点，由此需要采用不同的加工工艺、不同的工艺装备、不同的设备及不同的生产组织方式，以满足优质、高产、低消耗的要求。各种生产类型工艺特点的比较见表5—4。

表5—3　　划分生产类型的参考数据　　件

生产类型		零件年产量		
		重型零件	中型零件	轻型零件
单件生产		<5	<10	<100
成批生产	小批量	5 ~ 100	10 ~ 200	100 ~ 500
	中批量	100 ~ 300	200 ~ 500	500 ~ 5 000
	大批量	300 ~ 1 000	500 ~ 5 000	5 000 ~ 50 000
大量生产		>1 000	>5 000	>50 000

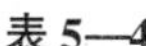

表 5—4　　各种生产类型工艺特点的比较

比较内容	生产类型		
	单件生产	成批生产	大量生产
加工对象	不固定、经常换	周期性地变换	固定不变
机床设备和布置	采用通用设备，按机群式布置	采用通用设备和专用设备，按流水线布置或机群式布置	广泛采用专用设备，全按流水线布置，广泛采用自动线
夹具	一般不使用专用夹具	广泛使用专用夹具	广泛使用高效能的专用夹具
刀具和量具	通用刀具和量具	广泛使用专用刀具和量具	广泛使用高效专用刀具和量具
毛坯情况	用木模手工造型，自由锻，精度低	金属模、模锻，精度中等	金属模机器造型、精密铸造、模锻，精度高
安装方法	广泛采用划线找正等方法	保持一部分划线找正，广泛使用夹具	不需要划线找正，一律用夹具
尺寸获得方法	试切法	调整法	用调整法、自动化加工
零件互换性	一般配对制造，广泛采用调整或修配方法	大部分有互换性，少数用钳工修配	全部有互换性，某些精度较高的配合件用分组装配法
工艺文件形式	过程卡	工序卡	操作卡及调整卡
操作工人平均技术等级	高	中等	低
生产率	低	中等	高
成本	高	中等	低

四、基准

基准的选择直接影响零件加工精度的保证、加工顺序的安排以及夹具结构的复杂程度等，是制定工艺规程的一个十分重要的问题。

1. 基准的分类

用来确定生产对象上几何要素间的几何关系所依据的点、线、面称为基准。基准是几何要素之间位置尺寸标注、计算和测量的起点。根据基准的用途不同，可分为设计基准和工艺基准两大类。

（1）设计基准

设计基准是指在设计零件时，根据零件的功用，为满足零件的设计性能要求，确定零件表面在机器（或部件）中位置的一些点、线或面。如图 5—3 所示的轴套工件，各外圆和孔的设计基准是工件的轴线，左端面Ⅰ是台阶端面Ⅱ和右端面Ⅲ的设计基准，ϕ30 mm 孔的轴线是外圆表面Ⅳ的设计基准。

（2）工艺基准

零件在加工和装配过程中所采用的基准称为工艺基准。工艺基准又可进一步分为工序基准、定位基准、测量基准和装配基准。

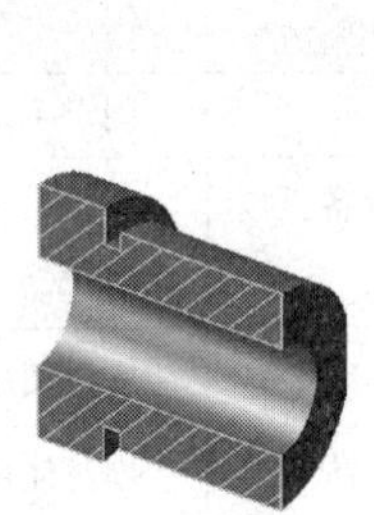

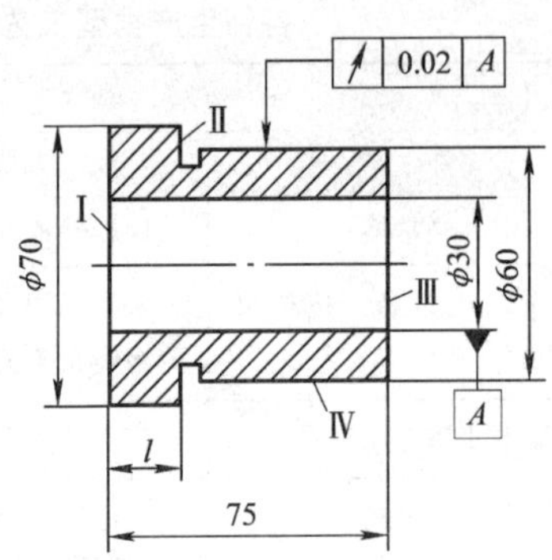

图 5—3 轴套的设计基准

1）工序基准。在工序图上用来确定本工序所加工表面加工后的尺寸、形状、位置的基准，称为工序基准。工序基准与设计基准可以重合，也可以分别选用不同的点、线、面。

2）定位基准。在加工时用于工件定位的基准，称为定位基准。定位基准是获得零件尺寸的直接基准，又可进一步分为粗基准、精基准和辅助基准。

3）测量基准。在加工中或加工后测量工件的形状和尺寸误差所采用的基准，称为测量基准。

4）装配基准。在装配时确定零件或部件在产品中的相对位置所采用的基准，称为装配基准。

2. 定位基准的选择

定位基准选择得正确与否，关系到工艺路线拟定和夹具结构设计是否合理，并影响工件的加工精度、生产率和加工成本。因此，定位基准的选择是制定工艺规程的主要内容之一。

（1）粗基准的选择

当毛坯加工完成后，进入机械加工工艺过程的第一道工序，其定位基准是毛坯表面，即粗基准。选择粗基准时一般应遵循以下基本原则：

1）选择重要表面为粗基准。如图 5—4 所示，在车床床身加工中，导轨面是重要的工作表面，要求加工时切去薄而均匀的一层金属，使其保留铸造时在导轨面所形成的均匀而细密的金相组织，以便增加导轨的耐磨性。因此，在第一道工序中，应选择导轨面作为车床床身的粗基准加工床脚。在第二道工序中，再以已加工的床脚底平面作为精基准加工导轨面，这样导轨面的加工余量可以小而均匀，加工后表层金相组织均匀，力学性能基本相同，在使用过程中表面的磨损就会比较均匀。

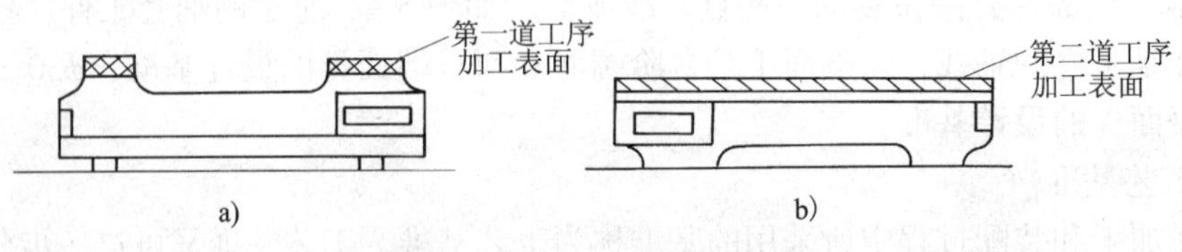

图 5—4 车床床身的粗基准选择

2）选择加工余量小的表面为粗基准。如图 5—5 所示的阶梯轴毛坯，毛坯大小头的同轴度误差为 3 mm，小头的加工余量为5 mm，大头的加工余量为 8 mm，以加工余量最小的小头作为粗基准加工大头，则加工余量足够。如果反过来采用大头作为粗基准加工小头，则小头的加工余量不足，继续加工会导致工件报废。

3）选择不需要加工并且与加工表面有相互位置精度要求的表面为粗基准。如图 5—6 所示的连接盘毛坯，如果采用不加工的 *A* 面作为粗基准加工内孔，则加工后内孔与不加工表面 *A* 的同轴度好；如果采用内孔 *B* 面作为粗基准加工内孔，则加工后内孔与不加工表面 *A* 的同轴度不好。

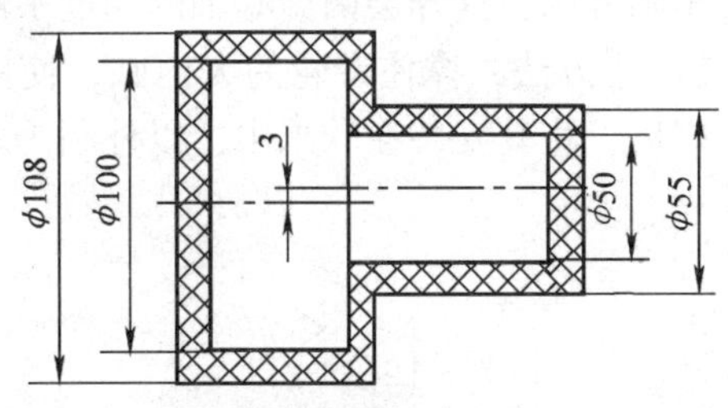

图 5—5　阶梯轴毛坯的粗基准选择

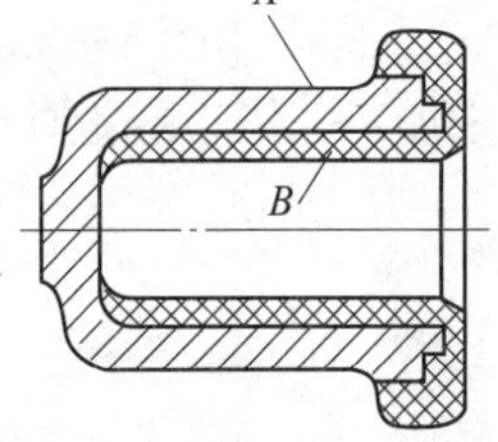

图 5—6　连接盘毛坯的粗基准选择

4）选择比较平整、光滑、有足够大面积的表面为粗基准，不允许有锻造飞边和铸造浇道、冒口或其他缺陷，以确保定位准确、夹紧可靠。

5）粗基准在同一尺寸方向上只允许在第一道工序中使用一次，不得重复使用，以避免产生较大的定位误差。

（2）精基准的选择

选择精基准时，主要考虑如何保证工件的加工精度。选择精基准时应遵循以下原则：

1）基准重合原则。把设计基准作为定位基准的原则称为基准重合原则。在加工过程中应尽可能选用被加工表面的设计基准作为精基准，一般不应违反这一原则，否则会产生基准不重合误差，增大加工难度。

2）基准统一原则。一般来说，零件是由多个表面组成的。如果选择工件某一组表面作为精基准定位，可以方便地加工其余大多数（或全部）表面，则应尽早地将这组基准面加工出来，并达到一定精度，以后大多数（或全部）工序均以它为精基准进行加工。

采用基准统一原则不仅有利于保证各加工面之间的位置精度，还可以简化夹具设计，减少工件搬动和翻转次数，因而在自动化生产中得到广泛应用。

在实际生产中，经常使用的基准统一形式有：

①轴类工件使用两中心孔作为统一基准。

②箱体类工件常使用一面两孔作为统一基准。

③盘类工件常使用止口（一个端面和一个短圆孔）作为统一基准。

④套类工件用一个长孔和一个止推面作为统一基准。

3）互为基准原则。工件上某些位置精度要求很高的表面，常采用互为基准原则，用反复加工的方法来保证其位置精度要求。

4）自为基准原则。在进行一些精度要求较高的表面加工时，常采用磨削加工和光整加工。为了减小加工余量和保证加工余量均匀，常以加工面自身作为精基准进行加工，也就是自为基准原则。例如，床身导轨面的磨削加工，为减小磨削余量，常用导轨面本身作为基准面找正后加工。许多精加工孔的方法，如铰孔、拉孔、用浮动镗刀块镗孔等，都是应用自为基准原则的典型例子。

5）便于装夹原则。所选择的精基准应能保证工件定位准确、可靠，并尽可能使夹具结构简单，操作方便。如在加工图 5—7 所示的 V 带轮时，由于外径较大，内孔直径较小，就不能以内孔作为定位基准，将其安装在心轴上车削外圆，这样会因为心轴的刚度不够引起振动（见图 5—7a）。应采用图 5—7b 所示的安装定位方法，撑住带轮的大内圆，使内孔和外圆在一次安装中加工完毕。或把外圆、端面车好后，将其安装在软爪中，以外圆为基准精加工内孔，如图 5—7c 所示。

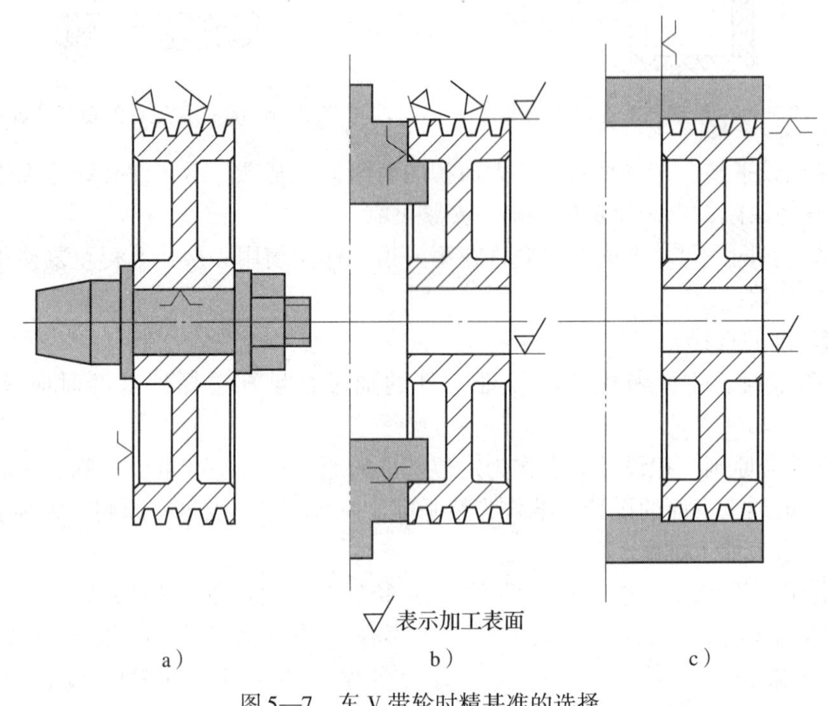

图 5—7　车 V 带轮时精基准的选择

a）不正确　b）正确　c）正确

上述有关粗基准、精基准的选择原则，在实际应用中要根据零件的生产类型及具体的生产条件，并结合整个工艺路线进行全面考虑。要抓住主要矛盾，灵活运用上述原则，正确选择。

(3) 辅助基准的选择

为满足工艺需要而在工件上专门设计的定位基准称为辅助基准。工件定位时，为了保证加工表面的位置精度，大多优先选择设计基准或装配基准作为主要定位基准，这些基准一般为零件上的主要表面。但有些零件在加工中，为了装夹方便或易于实现基准统一，而采用辅助基准。如毛坯上的工艺凸台和轴类零件加工时的中心孔都是辅助基准，加工完毕后有些还应从零件上切除。

五、生产实例分析

例 5—1　试分析如图 5—8 所示的轴套类零件的主要设计基准。

分析：对于一个零件来说，在各个方向上往往只有一个主要的设计基准，通常把零件上标注尺寸最多的点、线、面作为零件的主要设计基准。以设计基准为依据，标出一定的尺寸精度和相互位置精度要求。

如图 5—8a 所示，该零件的径向主要设计基准是外圆 $\phi30_{-0.021}^{\ 0}$ 的轴线，轴向主要设计基准是台阶面 M。

一般来说，轴套类零件的径向主要设计基准是轴线，轴向主要设计基准是标注尺寸最多的端面。

如图 5—8b 所示，各外圆和孔的设计基准是零件的轴线，左端面Ⅰ是台阶端面Ⅱ和右端面Ⅲ的设计基准，孔 D 的轴线是外圆表面Ⅳ径向圆跳动的设计基准。

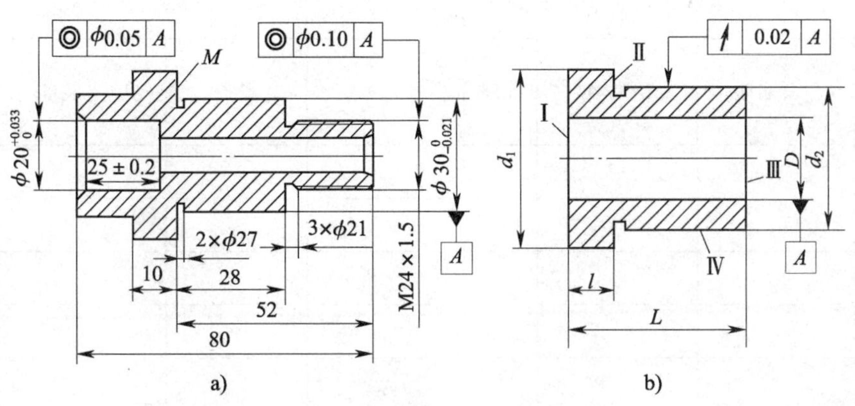

图 5—8　轴套类零件的主要设计基准

例 5—2　试分析如图 5—9 所示的车床主轴箱箱体工序简图中粗基准和精基准的选择。

分析：关于粗基准和精基准的选择原则，在实际应用中，要根据零件的生产类型及具体的生产条件，并结合整个的工艺路线全面考虑。

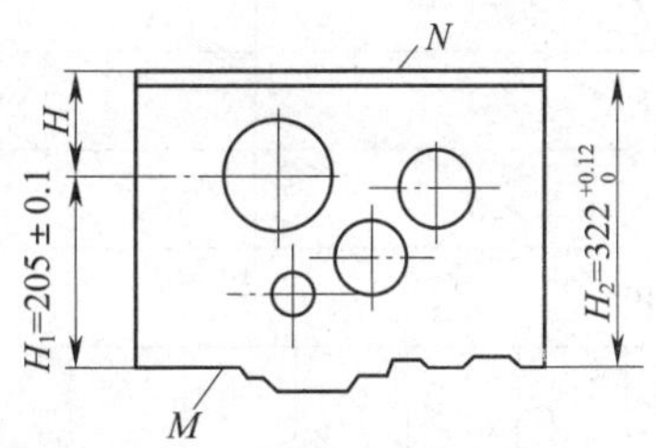

图 5—9　车床主轴箱箱体工序简图

通过分析可知，设计基准是底面 M。镗削主轴支撑孔时，如果以底面 M 为定位基准，则定位基准和设计基准重合，但由于主轴箱底面 M 有凸缘，不平整，批量生产时为方便定位装夹，常以顶面 N 为定位基准镗孔，这时孔中心线与顶面 N 的距离为 H，定位基准与设计基准不重合。

六、机械加工工艺规程的内容

机械加工工艺规程简称为工艺规程，是指导机械加工的主要技术文件。它是把工艺过程的有关内容用文字及表格的形式写成工艺文件，一般应包括下列内容：零件的加

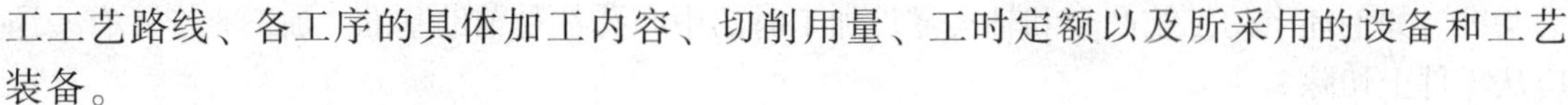

工工艺路线、各工序的具体加工内容、切削用量、工时定额以及所采用的设备和工艺装备。

1. 常用工艺文件的种类

（1）机械加工工艺过程卡

机械加工工艺过程卡简称过程卡或路线卡，见表5—5。它是以工序为单位说明一个零件全部加工过程的工艺文件。这种卡包括零件各个工序的名称、工序内容、经过的车间、工段、所用的设备、工艺装备、工时定额等，主要用于单件小批量生产的生产管理。

表5—5　　　　机械加工工艺过程卡

机械加工工艺过程卡	产品型号		零（部）件图号			
	产品名称		零（部）件名称		共　页	第　页

材料牌号		毛坯种类		毛坯外形尺寸		每毛坯可制件数		每台件数		备注

工序号	工序名称	工序内容	车间	工段	设备	工艺装备	工时	
							准终	单件
1								
2								
3								
4								
5								
6								
7								
8								
9								
10								

										设计（日期）	审核（日期）	标准化（日期）	会签（日期）
标记	处数	更改文件号	签字	日期	标记	处数	更改文件号	签字	日期				

（2）机械加工工艺卡

机械加工工艺卡是以工序为单位，详细说明零件的机械加工工艺过程，其内容介于工艺过程卡和工序卡之间。它是用来指导工人进行生产和帮助车间班组长和技术人员掌握整个零件加工过程的一种主要工艺文件，广泛用于成批生产和单件小批量生产中比较重要的零件或工序，见表5—6。

表5—6　　　　机械加工工艺卡

（工厂）		机械加工工艺卡			产品型号				零（部）件图号				共　页		
					产品名称				零（部）件名称				第　页		
材料牌号			毛坯种类			毛坯外形尺寸		每毛坯件数		每台件数			备注		
工序	装夹	工步	工序内容	同时加工零件数	切削用量				设备名称及编号	工艺装备名称及编号			技术等级	工时	
					背吃刀量（mm）	切削速度（m/min）	每分钟转数或往复次数	进给量（mm或mm/双行程）		夹具	刀具	量具		准终	单件
										编制（日期）	审核（日期）	会签（日期）			
标记	处数	更改文件号	签字	日期	标记	处数	更改文件号	签字	日期						

（3）机械加工工序卡

机械加工工序卡是根据机械加工工艺过程卡中的每一道工序制定的，主要用来具体指导操作工人进行生产的一种工艺文件，多用于大批大量生产或成批生产中比较重要的零件。该卡中附有工序简图，并详细记载了该工序加工所需的资料，如定位基准选择、工序尺寸及公差，以及机床、刀具、夹具、量具、切削用量和工时定额等，见表5—7。

2. 工艺规程的作用

（1）指导生产的主要技术文件

合理的工艺规程是在总结广大工人和技术人员的实践经验的基础上，依据工艺理论和必要的工艺实验而制定的。按照工艺规程进行生产，可以保证稳定的产品质量和较高的生产率。因此，生产中应严格执行既定的工艺规程。实践证明，不按照科学的工艺进行生产，往往会引起产品质量严重下降，生产率显著降低，甚至使生产陷入混乱状态。

表 5—7　　　　　　　　　　　　　　　机械加工工序卡

机械加工工序卡	产品型号		零（部）件图号			
	产品名称		零（部）件名称		共（ ）页	第（ ）页

车间	工序号	工序名称	材料牌号
毛坯种类	毛坯外形尺寸	每个毛坯可制件数	每台件数
设备名称	设备型号	设备编号	同时加工件数
夹具编号	夹具名称	切削液	
工位器具编号	工位器具名称	工序工时	
		准终	单件

工步号	工步内容	工艺装备	主轴转速（r/min）	切削速度（m/min）	进给量（mm/r）	背吃刀量（mm）	进给次数	工步工时	
								机动	辅助

										设计（日期）	审核（日期）	标准化（日期）	会签（日期）
标记	处数	更改文件号	签字	日期	标记	处数	更改文件号	签字	日期				

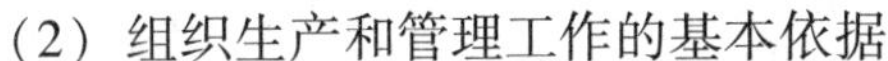

(2) 组织生产和管理工作的基本依据

从工艺规程所涉及的内容可以看出，在生产管理中，产品投产前原材料及毛坯的供应、通用工艺装备的准备、机床负荷的调整、专用工艺装备的设计和制造、作业计划的编排、劳动力的组织以及生产成本的核算等，都是以工艺规程作为基本依据的。

(3) 新建、改建、扩建工厂或车间的基本资料

在新建、改建、扩建工厂或车间时，只有根据工艺规程和生产纲领才能准确地确定生产所需的机床和其他设备的种类、规格和数量，车间的面积，机床的布置，生产工人的工种、等级和数量，以及辅助部门的安排等。

随着科学技术的进步和企业生产条件的变化，工艺规程会出现某些与生产实际不适应的情况，因而工艺规程应定期修改，及时吸收合理化建议、技术革新成果、新技术和新工艺，使工艺规程更加完善和合理。

第二节　机械加工工艺过程卡的编制

编制机械加工工艺过程卡，就是要进行卡片中有关内容的设计。从表 5—5 中可以看出，机械加工工艺过程卡中的内容包括毛坯的选择、表面加工方案的确定、拟定加工路线、设备和工艺装备的选择、各工序的工时计算等。

工艺路线是指零件加工所经过的整个路线，也就是仅列出工序名称的简略工艺过程。工艺路线的拟定是制定工艺规程的重要内容，其主要任务就是根据图样的要求，选择各个表面的加工方法和加工方案，确定各个表面的加工顺序以及整个工艺过程的工序数目和各工序内容，合理安排热处理工序和其他辅助工序。

制定工艺规程需要解决的问题很多，涉及面很广，只有圆满地解决了所有问题以后，才能制定出较合理的工艺规程。下面讨论制定工艺规程时要解决的主要问题。

一、制定机械加工工艺规程的原则

工艺规程制定的原则是优质、高产、低成本，即在保证产品质量的前提下争取最高的经济效益。在具体制定时，应注意以下问题：

1. 技术上的先进性

在制定工艺规程时，要尽可能采用先进实用的工艺和工艺装备。因此，制定工艺规程前要了解国内外本行业工艺技术的发展状况，掌握有关资料，以便结合本单位的具体情况，灵活应用。

2. 经济上的合理性

在一定的生产条件下，可能会出现几种能够保证零件技术要求的工艺方案。因此，需要通过成本核算或相互对比，综合考虑各方面因素，选择经济上最合理的方案，使产品的生产成本较低。

3. 良好的劳动条件及避免环境污染

在制定工艺规程时，要以人为本，为岗位工人工作创造良好而安全的劳动条件。因此，在工艺方案上要尽量采取机械化或自动化措施，以减轻工人繁重的体力劳动。同时，要符合

国家环境保护法的有关规定，避免环境污染。

产品质量、生产率和经济性这三方面有时相互矛盾，因此，合理的工艺规程应该处理好这些矛盾，体现三者的统一。

二、机械加工工艺规程设计的步骤

（1）阅读装配图和零件图，了解产品的用途、性能和工作条件，熟悉零件在产品中的地位和作用。

（2）对零件进行工艺性分析。确定零件的生产纲领和生产类型，审查图样上的尺寸、视图和技术要求是否完整、正确、统一，找出主要技术要求和分析关键的技术问题，审查零件的结构工艺性。

（3）选择毛坯类型及其制造方法。

（4）拟定机械加工工艺路线。选择定位基准，确定加工方法，安排加工顺序，以及安排热处理、检验和其他工序等。

（5）确定满足各工序要求的工艺装备与设备，即确定机床、夹具、刀具和量具等。对需要改装或重新设计的专用工艺装备，应提出具体的设计任务书。

（6）确定各主要工序的技术要求及检验方法。

（7）确定各工序的加工余量，计算工序基本尺寸及其公差。

（8）确定各工序的切削用量。

（9）确定时间定额。

（10）进行技术经济分析，选择最佳方案。

（11）填写工艺文件。

三、编制机械加工工艺规程前的准备工作

1. 收集原始资料

在编制机械加工工艺规程之前，首先要广泛收集有关的原始资料，这些原始资料应包括以下内容：

（1）装配图和零件图

从装配图中了解产品的结构和该零件在装配图中的位置、作用，从零件图中了解该零件的结构特点和技术要求。

（2）零件的生产纲领及投产批量

用以确定其生产类型，选择设备及工艺装备，以便合理编制工艺规程。

（3）本单位现有的生产条件、加工能力、设备及工装资料

以便能最大限度地挖掘生产潜力，确定适应本单位生产的工艺过程。

（4）国内外有关工艺技术发展的相关资料

积极采用先进的工艺技术，以提高工艺水平。

（5）与工艺规程编制相关的工艺手册、图册

以便查找所需资料。

2. 收集实践经验

深入现场调查研究，收集本单位以往机械加工工艺规程方面的资料，并召开岗位工人座

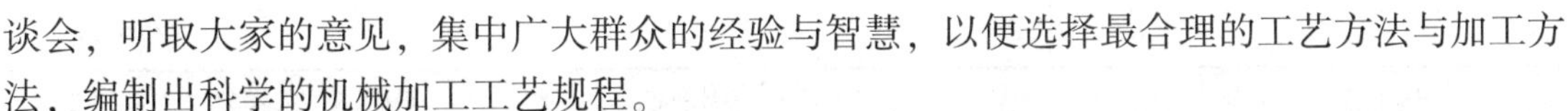

谈会，听取大家的意见，集中广大群众的经验与智慧，以便选择最合理的工艺方法与加工方法，编制出科学的机械加工工艺规程。

3. 工艺试验

如果准备在编制工艺规程时采用新工艺、新技术，则应先做工艺试验，以保证在投入生产后能加工出质量稳定的合格产品。

四、零件的工艺分析

1. 零件的结构分析

零件的结构分析主要包括以下几个方面：

（1）分析零件表面的组成和基本类型

组成零件的结构多种多样，但从形体上分析都是由一些基本表面（外圆表面、内圆表面、平面等）和成形表面（渐开线齿形表面、曲面等）组成的。

（2）确定主要表面与次要表面

根据零件的功用和技术要求，分清零件的主要表面和次要表面。

（3）分析零件的结构工艺性

为了方便加工，减小加工难度，降低加工成本，零件的结构设计必须具有良好的结构工艺性。所谓零件的结构工艺性，是指零件结构在满足使用要求的前提下，制造零件的可行性和经济性。功能相同的零件，结构可以有很大的差异，其结构工艺性有可能出现很大的差异。结构工艺性好的零件，制造方便，容易实现零件的技术要求，加工成本低；反之，结构工艺性不好的零件，制造困难，将增加制造工时和成本。在设计产品和零件时，对零件结构工艺性必须给予充分的重视。在进行零件的结构分析时，应及时发现零件结构的不合理之处并反馈意见，以便设计人员及时修改。表5—8列出了在常规工艺条件下零件结构工艺性对比实例，供设计零件和对零件结构进行分析时参考。

表5—8　　零件结构工艺性对比实例

序号	零件结构			
	结构工艺性不好		结构工艺性好	
1		需用三把不同尺寸的刀具加工三个退刀槽		使用一把刀具即可加工三个退刀槽
2		需要两次调整刀具位置才能加工两个不同高度的平面		加工表面在同一高度上，一次调整刀具即可加工两个平面
3		底平面加工面积大，工作量增大，不利于安装		底平面加工面积减小，节省工时，降低成本，便于安装

续表

序号	零件结构			
	结构工艺性不好		结构工艺性好	
4	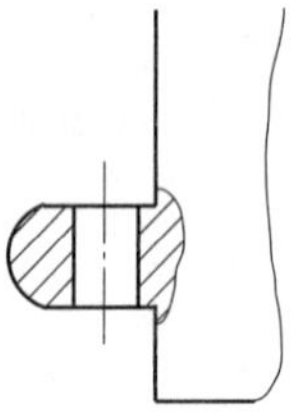	孔离箱壁太近，影响加工，需加长钻头；钻头在圆角处易引偏	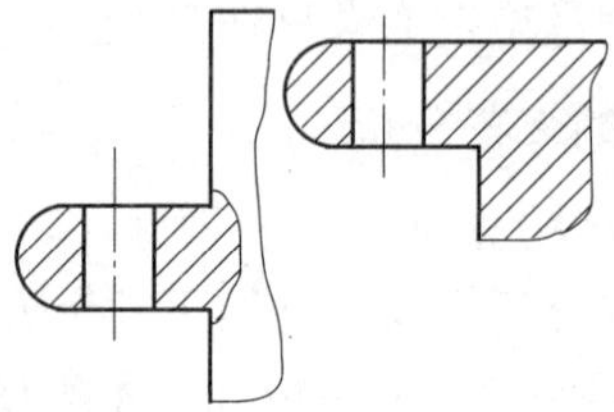	（1）加长箱耳，无须加长钻头 （2）只要使用上允许，将箱耳设计在一端，即可方便加工
5	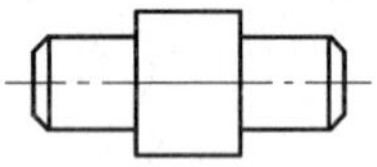	磨削加工两端轴颈时，砂轮圆角不能清根	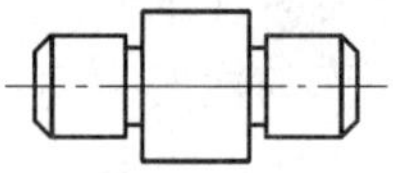	留有退刀槽，磨削时可以清根
6	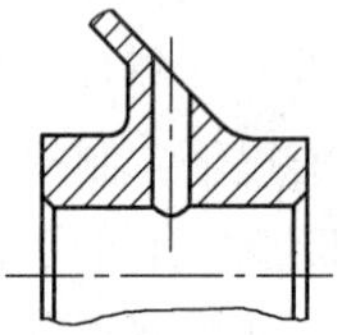	斜面钻孔，钻头易引偏	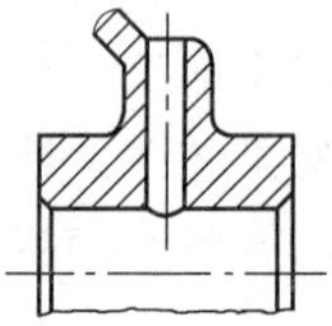	留出平台，方便钻孔
7	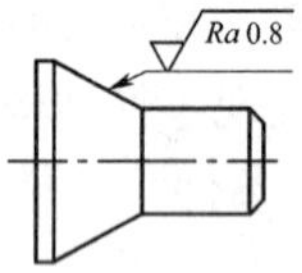	锥面磨削加工时易碰伤圆柱，而且不能清根	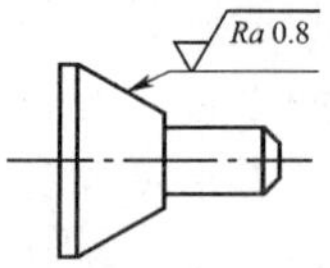	方便磨削加工锥面
8	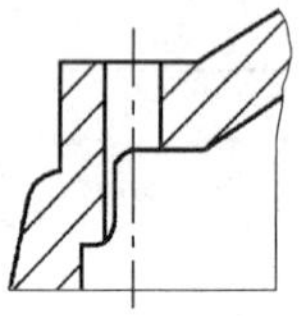	内壁孔出口处有阶梯面，钻孔时孔易钻偏或折断钻头	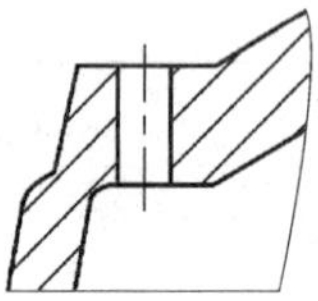	只要结构允许，内壁孔出口处设计成平面，钻孔位置易保证，钻头不会折断
9	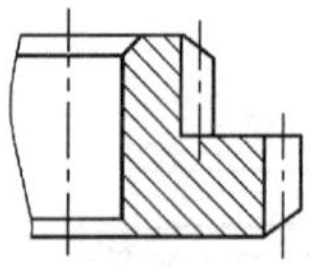	插齿无退刀空间，小齿轮无法加工	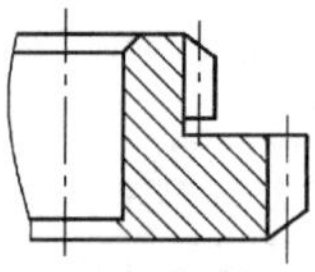	留有退刀空间，小齿轮可以插齿加工
10	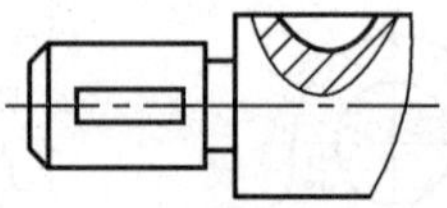	两个键槽设置方向不一致，需要两次装夹工件才能完成加工	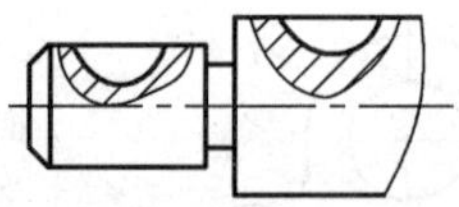	将阶梯轴的两个键槽设置在同一方向上，一次装夹即可加工两个键槽

续表

序号	零件结构			
	结构工艺性不好		结构工艺性好	
11	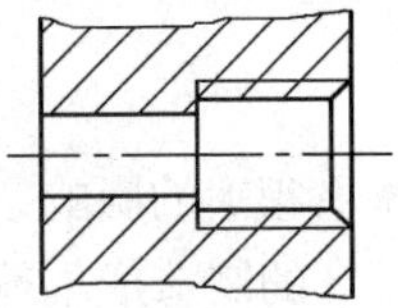	没有退刀槽，加工螺纹根部时易打刀，且不能清根	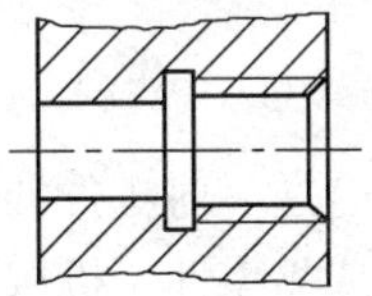	留有退刀槽，加工螺纹时易清根，避免打刀
12	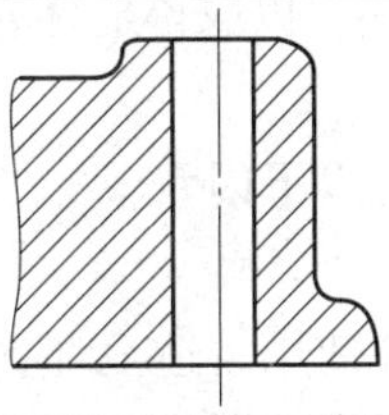	钻孔过深，加工时间长，钻头损耗大，并且钻头易偏斜	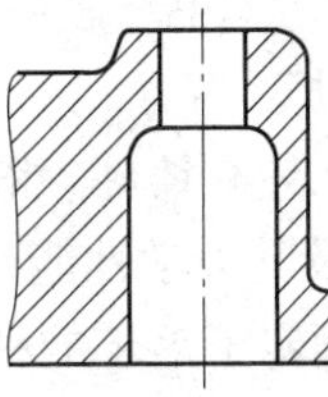	钻孔的一端留空刀，减少钻孔工作量
13	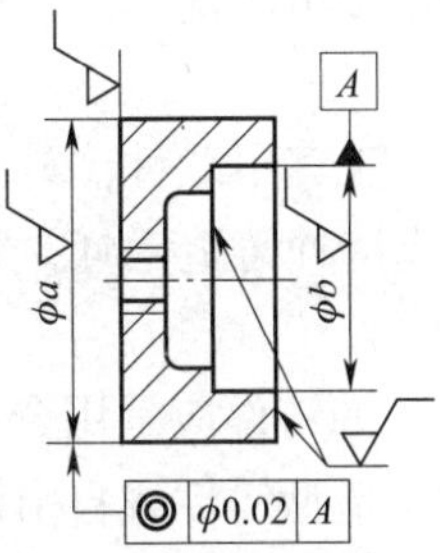 A ϕa　ϕb ◎ $\phi 0.02$ A	外圆和内孔有同轴度要求，由于外圆需要两次装夹加工，难以保证同轴度	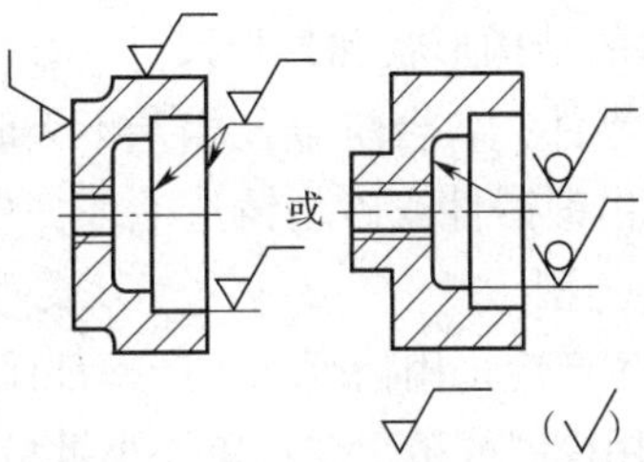 或 (√)	一次装夹完成外圆和内孔的加工，确保同轴度要求
14	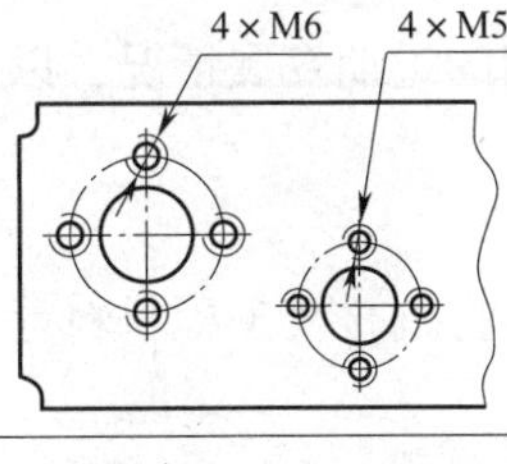 4×M6　4×M5	同一工作面上的螺纹孔规格要求相近，加工需要更换刀具	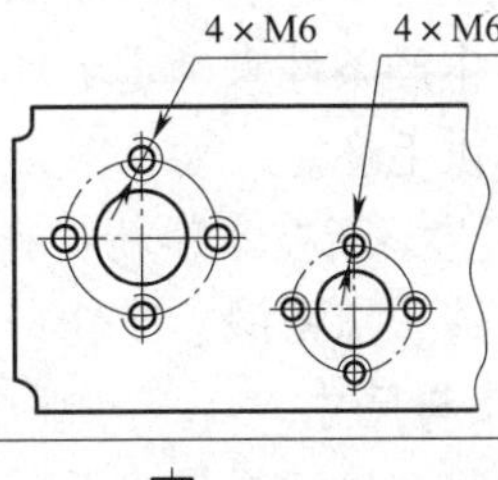 4×M6　4×M6	螺纹孔改为同一规格，方便加工和装配
15	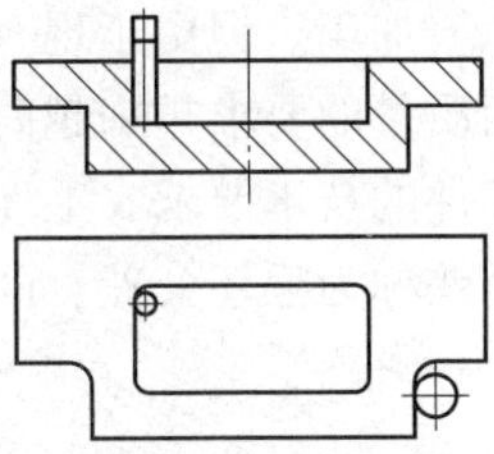	外形和内形圆角半径尺寸不同，加工需换刀；内形圆角半径太小，刀具刚度差	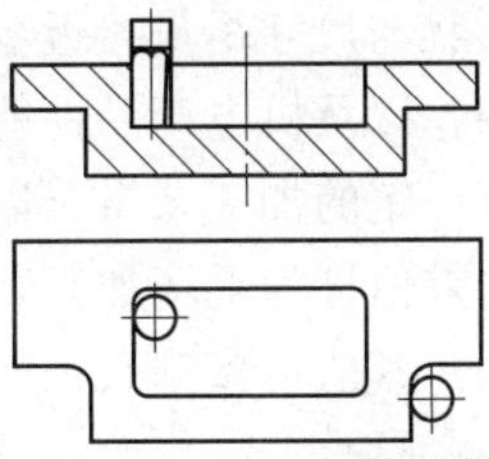	外形和内形圆角半径尺寸相同，加工不用换刀；增大内圆角半径，刀具刚度提高

2．零件的技术要求分析

零件的技术要求主要包括以下几个方面：

（1）加工表面的尺寸精度。

（2）主要加工表面的形状精度。

（3）主要加工表面之间的相互位置精度。

（4）加工表面的表面粗糙度以及表面质量方面的其他要求。

（5）热处理要求。

（6）其他要求（如动平衡、未注圆角或倒角、去毛刺、毛坯要求等）。

通过对零件结构工艺特点、技术要求进行分析，即可根据生产批量、设备条件等编制工艺规程。

五、毛坯的选择

毛坯的选择是否合适，对零件的质量、材料消耗及加工工时都有很大的影响。显然，毛坯的尺寸和形状越接近成品零件，机械加工的工作量就越少，但是毛坯的制造成本就越高。所以应根据生产纲领，综合考虑毛坯制造和机械加工的费用来选择毛坯，以取得最好的经济效益。

1. 毛坯种类的选择

机械加工常用的毛坯有铸件、锻件和型材等，选用时应考虑以下因素：

（1）零件的材料及其力学性能

零件的材料大致确定了毛坯的种类。例如，铸铁和青铜零件使用铸造毛坯；钢质零件当形状不复杂且力学性能要求不高时常用棒料，力学性能要求高时宜用锻件。

（2）零件的结构形状和外形尺寸

如阶梯轴零件，各台阶直径相差不大时可用棒料，相差较大时宜用锻件。外形尺寸大的零件一般用自由锻锻件或砂型铸造毛坯，中小型零件可用模锻或特种铸造毛坯。

（3）生产类型

大批大量生产应采用精度和生产率都比较高的毛坯制造方法，如铸件应采用金属模机械造型，锻件应采用模锻或精密锻；单件小批量生产则应采用木模手工造型铸件或自由锻锻件。

（4）毛坯车间的生产条件

必须结合现有生产条件来确定毛坯，也应考虑到毛坯车间的近期发展情况，以及是否可以由专业化工厂提供毛坯。

（5）利用新工艺、新技术、新材料的可能性

如采用精密铸造、精密锻、冷轧、冷挤压、粉末冶金、异型钢材及工程材料等。

2. 毛坯的形状与尺寸

应使毛坯的形状与尺寸尽量接近零件，从而实现少屑或无屑加工。但由于现有毛坯制造技术及成本的限制，以及机电产品性能对零件加工精度和表面质量的要求越来越高，故毛坯的某些表面需留有一定的加工余量，以便通过机械加工达到零件的技术要求。毛坯制造尺寸与零件图样尺寸的差值称为毛坯加工余量，毛坯制造尺寸的公差称为毛坯公差，两者都与毛坯的制造方法有关，其值可参阅有关工艺手册。

六、拟定工艺路线

在认真分析零件的结构特点和技术要求以后，对零件的加工工艺过程便有了一个初步的规划。工艺路线拟定的主要任务是选择各表面的加工方案，划分加工阶段，确定工序集中与分散的程度，合理安排工序。

1. 零件各表面加工方案的选择

（1）各种加工方案的特点

在通常情况下，零件的加工精度与加工成本、生产率有着密切的关系，零件的加工精度

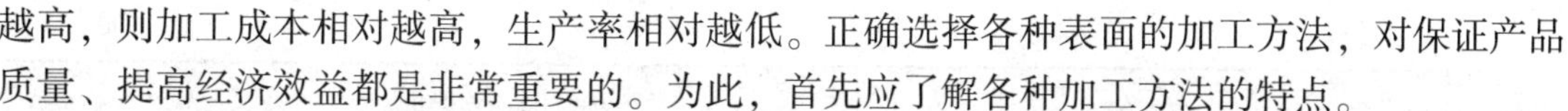

越高，则加工成本相对越高，生产率相对越低。正确选择各种表面的加工方法，对保证产品质量、提高经济效益都是非常重要的。为此，首先应了解各种加工方法的特点。

1）外圆表面、内圆表面（孔）和平面的加工方案。表5—9、表5—10、表5—11中分别摘录了外圆表面、内圆表面（孔）和平面等典型表面的加工方案，以及所能达到的加工精度和表面粗糙度值，供选用时参考。

表5—9　　外圆表面的加工方案

序号	加工方案	加工精度	表面粗糙度值 *Ra*（μm）	适用范围
1	粗车	IT13 ~ IT11	50 ~ 12.5	适用于除淬火钢以外的各种金属
2	粗车—半精车	IT10 ~ IT8	6.3 ~ 3.2	
3	粗车—半精车—精车	IT8 ~ IT7	1.6 ~ 0.8	
4	粗车—半精车—精车—滚压（或抛光）	IT8 ~ IT7	0.2 ~ 0.025	
5	粗车—半精车—磨削	IT8 ~ IT7	0.8 ~ 0.4	主要用于淬火钢，也可用于非淬火钢，但不宜加工有色金属
6	粗车—半精车—粗磨—精磨	IT7 ~ IT6	0.4 ~ 0.1	
7	粗车—半精车—粗磨—精磨—精密磨	IT6 ~ IT5	0.1 ~ 0.012	
8	粗车—半精车—精车—精磨（金刚车）	IT7 ~ IT6	0.4 ~ 0.025	主要用于精度要求较高的有色金属加工
9	粗车—半精车—粗磨—精磨—超精密磨（或镜面磨）	IT5以上	小于0.025	主要用于精度要求极高的钢和铸铁加工
10	粗车—半精车—粗磨—精磨—研磨	IT5以上	小于0.1	

表5—10　　内圆表面（孔）的加工方案

序号	加工方案	加工精度	表面粗糙度值 *Ra*（μm）	适用范围
1	钻	IT13 ~ IT11	12.5	加工非淬火钢及铸铁的实心毛坯，也可以用于加工有色金属。孔径小于20 mm
2	钻—铰	IT10 ~ IT8	6.3 ~ 1.6	
3	钻—粗铰—精铰	IT8 ~ IT7	1.6 ~ 0.8	
4	钻—扩	IT11 ~ IT10	12.5 ~ 6.3	
5	钻—扩—铰	IT9 ~ IT8	3.2 ~ 1.6	
6	钻—扩—粗铰—精铰	IT7	1.6 ~ 0.8	
7	钻—扩—机铰—手铰	IT7 ~ IT6	0.4 ~ 0.2	
8	钻—扩—拉	IT9 ~ IT7	1.6 ~ 0.1	大批大量生产
9	粗镗（或扩）	IT13 ~ IT11	12.5 ~ 6.3	除淬火钢外的各种材料，毛坯有铸出孔或锻出孔
10	粗镗（粗扩）—半精镗（精扩）	IT10 ~ IT9	3.2 ~ 1.6	
11	粗镗（粗扩）—半精镗（精扩）—精镗（精铰）	IT8 ~ IT7	1.6 ~ 0.8	
12	粗镗（粗扩）—半精镗（精扩）—精镗—浮动镗	IT7 ~ IT6	0.8 ~ 0.4	

续表

序号	加工方案	加工精度	表面粗糙度值 Ra（μm）	适用范围
13	粗镗（扩）—半精镗—磨	IT8 ~ IT7	0.8 ~ 0.2	主要用于淬火钢，也可用于非淬火钢，但不宜加工有色金属
14	粗镗（扩）—半精镗—粗磨—精磨	IT7 ~ IT6	0.2 ~ 0.1	
15	粗镗—半精镗—精镗—精细镗（金刚镗）	IT7 ~ IT6	0.4 ~ 0.05	主要用于精度要求较高的有色金属
16	钻—（扩）—粗铰—精铰—珩磨 钻—（扩）—拉—珩磨 粗镗—半精镗—精镗—珩磨	IT7 ~ IT6	0.2 ~ 0.025	精度要求很高的孔
17	以研磨代替上一方案中的珩磨	IT6 ~ IT5	小于 0.1	

表 5—11　平面的加工方案

序号	加工方案	加工精度	表面粗糙度值 Ra（μm）	适用范围
1	粗车	IT13 ~ IT11	50 ~ 12.5	端面
2	粗车—半精车	IT10 ~ IT8	6.3 ~ 3.2	
3	粗车—半精车—精车	IT8 ~ IT7	1.6 ~ 0.8	
4	粗车—半精车—磨削	IT7 ~ IT6	0.8 ~ 0.2	
5	粗刨（或粗铣）	IT13 ~ IT11	25 ~ 6.3	一般非淬硬平面
6	粗刨（或粗铣）—精刨（或精铣）	IT10 ~ IT8	6.3 ~ 1.6	
7	粗刨（或粗铣）—精刨（或精铣）—刮研	IT7 ~ IT6	0.8 ~ 0. 1	精度要求较高的非淬硬平面，批量较大时宜采用宽刃精刨方案
8	以宽刃精刨代替上一方案中的刮研	IT7	0.8 ~ 0.2	
9	粗刨（或粗铣）—精刨（或精铣）—磨削	IT7	0.8 ~ 0.2	精度要求高的淬硬平面或非淬硬平面
10	粗刨（或粗铣）—精刨（或精铣）—粗磨—精磨	IT7 ~ IT6	0.4 ~ 0.025	
11	粗铣—拉削	IT9 ~ IT7	0.8 ~ 0.2	大量生产的较小平面（精度视拉刀精度而定）
12	粗铣—精铣—磨削—研磨	IT5 以上	0.1 ~ 0.006	高精度平面

2）一般圆柱齿轮的加工方案。

①只需调质热处理的齿轮加工方案：毛坯制造—毛坯热处理—齿坯粗加工—调质热处理—齿坯精加工—齿面粗加工—齿面精加工（剃齿、珩齿）。

②齿面需经表面淬火的中碳结构钢、合金结构钢齿轮加工方案：毛坯制造—毛坯热处理（正火）—齿坯粗加工—调质热处理—齿坯半精加工—齿面半精加工—齿面淬火—齿坯精加工（磨削）—齿面精加工（磨齿、珩齿）。

③齿面需经渗碳或渗氮的齿轮加工方案：毛坯制造—毛坯热处理（正火）—齿坯粗加工—调质热处理—齿坯半精加工—齿面粗加工—齿面热处理（渗氮、渗碳和淬火）—齿坯精加工（磨削）—齿面精加工（磨齿、珩齿）。

（2）选择表面加工方案时应考虑的因素

表面加工方案的选择，应同时满足加工质量、生产率和经济性等方面的要求，具体选择时应考虑以下几方面的因素：

1）选择能获得相应经济精度的加工方法。例如，加工精度为IT7，表面粗糙度值为$Ra0.4\ \mu m$的外圆柱面，通过精细车削可以达到要求，但不如磨削经济。

2）零件材料的加工性能。例如，淬火钢的精加工要用磨削，而有色金属圆柱面精加工时，为避免磨削时磨屑堵塞砂轮，则应采用高速精车或精镗（金刚镗）。

3）工件的结构形状和尺寸大小。例如，对于加工精度要求为IT7的孔，采用镗削、铰削、拉削和磨削均可达到要求。但箱体上的孔，一般不宜选用拉孔或磨孔，而宜选择镗孔（大孔时）或铰孔（小孔时）。

4）生产类型。大批量生产时，应采用高效率的先进工艺。

5）生产条件。充分利用现有的生产条件。

2. 加工阶段的划分

（1）加工阶段的类别及其主要任务

1）粗加工阶段。粗加工阶段的主要任务是切除毛坯各加工表面上的大部分加工余量，使毛坯在形状和尺寸上接近于零件成品。因此，应采取措施尽可能提高生产率。同时，要为半精加工阶段提供精基准，并留有充分、均匀的加工余量，为后续工序创造有利条件。

2）半精加工阶段。半精加工阶段的主要任务是达到一定的精度要求，并保证留有一定的加工余量，为主要表面的精加工做准备。同时，完成一些次要表面的加工。

3）精加工阶段。精加工阶段的主要任务是保证工件各主要表面达到图样规定的技术要求。

如果工件要求的加工精度特别高、表面粗糙度值很小，还应增加光整加工和超精密加工阶段。

4）光整加工阶段。对加工精度要求很高（IT6以上）、表面粗糙度值很小（小于$Ra0.2\ \mu m$）的工件，需安排光整加工，其主要任务是减小表面粗糙度值和进一步提高加工精度。

（2）划分加工阶段的作用

1）保证加工质量的需要。工件在粗加工时，由于要切除掉大量金属，因而会产生较大的切削力和切削热，同时也需要较大的夹紧力，在这些力和热的作用下，工件会产生较大的变形。此外，经过粗加工后，工件的内应力重新分布，也会使工件发生变形。如果不划分加工阶段而连续加工，就无法避免和修正上述原因所引起的加工误差。加工阶段划分后，粗加工造成的误差，通过半精加工和精加工可以得到修正，并逐步提高工件的加工精度和表面质量，保证满足工件的加工要求。

2）合理使用机床设备的需要。粗加工一般要求使用功率大、刚度高、生产率高、普通精度的机床设备，而精加工需使用高精度的机床设备。划分加工阶段后，就可以充分发挥粗加工、精加工设备各自性能上的特点，避免以粗干精或以精干粗的情况，做到合理使用设备。这样不但提高了粗加工的生产率，而且也有利于保持精加工设备的精度，延长使用寿命。

3）及时发现毛坯缺陷。毛坯上的各种缺陷（如气孔、砂眼、夹渣或加工余量不足等），在粗加工后即可被发现，便于及时修补或决定报废，以免继续加工后造成工时和加工费用的浪费。

4）便于安排热处理工序。热处理工序使加工过程划分成几个阶段，如精密主轴在粗加工后需要进行去除应力的人工时效处理，半精加工后进行淬火处理，精加工后进行低温回火和水冷处理，最后再进行光整加工。这几次热处理就把整个加工过程划分为粗加工—半精加工—精加工—光整加工阶段。

3. 工序集中与分散的程度确定

（1）工序集中

工序集中就是零件的加工集中在少数工序内完成，而每一道工序的加工内容却比较多。其主要特点有：

1）有利于采用高生产率的专用设备和工艺装备，如采用多刀多刃刀具、多轴机床、数控机床和加工中心等，从而大大提高生产率。

2）减少工序数量，缩短工艺路线，从而简化生产计划和生产组织工作。

3）减少设备数量，相应减少操作工人和生产场地面积。

4）减少工件安装次数，不仅缩短辅助时间，而且在一次安装下能加工较多的表面，也易于保证这些表面的相对位置精度。

5）专用设备、工艺装置复杂，生产准备的工作量比较大，转换新产品比较困难。

（2）工序分散

工序分散就是零件整个工艺过程中工序数量多，而每一道工序的加工内容则比较少。其主要特点有：

1）设备和工艺装备结构都比较简单，调整方便，对工人的技术水平要求不高。

2）可采用最合理的切削用量，减少机动时间。

3）容易适应生产产品的变换。

4）设备数量多，操作工人多，占用生产场地面积大。

工序集中和工序分散各有特点，在拟定工艺路线时，是选择工序集中还是工序分散，即工序数量多还是少，主要取决于生产规模和零件的结构特点及技术要求。在一般情况下，单件小批量生产时，多使工序集中；大批量生产时，既可采用多刀、多轴等高效率机床使工序集中，也可使工序分散后组织流水线生产。随着计算机数控技术的不断发展和应用，目前的发展趋势倾向于工序集中。

4. 工序的安排

（1）机械加工工序的安排原则

1）基准先行。零件加工一般多从精基准的加工开始，再以精基准定位加工其他表面。因此，选作精基准的表面应安排在工艺过程起始工序先进行加工，以便为后续工序提供精基准。例如，精度要求较高的轴类零件（机床主轴、丝杠等），其第一道机械加工工序就是车端面、打中心孔，然后以中心孔加工其他表面。

2）先粗后精。精基准加工好后，整个零件的加工工序应是粗加工工序在前，相继进行半精加工、精加工及光整加工，即按先粗后精的原则进行加工。在对重要表面精加工之前，有时需对精基准进行修正，以利于保证重要表面的加工精度。

3）先主后次。主要表面是指设计基准面和主要工作面，而次要表面是指键槽、螺孔等其他表面。主次表面往往有相互位置要求，在安排加工工序时，首先安排主要表面的加工，再把次要表面的加工工序插入其中。次要表面的加工一般放在主要表面的半精加工之后、精加工之前一次加工完成。

4）先面后孔。对于箱体、底座、支架等零件，平面的轮廓尺寸较大，用它作为精基准加工孔，比较稳定可靠，也容易加工，有利于保证孔的精度。如果先加工孔，再以孔为基准加工平面，则比较困难，加工质量也受到影响。

（2）热处理方法的选用及工序安排原则

为了消除毛坯内应力和改善切削性能而进行的热处理，应安排在切削加工之前，如正火，应安排在毛坯加工之后、切削加工之前；调质，应安排在粗加工之后、半精加工之前。

为了改善材料的力学性能，在半精加工后、精加工之前往往安排淬火、淬火—回火、渗碳淬火等热处理工序。

为了提高零件表面耐磨性等安排的热处理工序、以装饰为目的安排的热处理工序和表面处理工序（如镀铬、发蓝等）一般都放在最后。

（3）其他工序的安排

1）检验工序的安排。检验工序是保证产品质量合格的关键，每个操作者在操作过程中和加工完成后都必须自检。检验工序一般安排在工序交接环节，送往外车间之前，重要工序和工时长的工序前后，零件加工结束之后、入库之前。

2）表面强化工序。表面强化工序如滚压、喷丸处理等，一般安排在工艺过程的最后。

3）探伤工序。探伤工序如 X 射线检查、超声波探伤等多用于零件内部质量的检查，一般安排在工艺过程的开始。

4）平衡工序。平衡工序包括动平衡、静平衡，一般安排在精加工之后。

5）去毛刺工序。去毛刺工序通常安排在切削加工之后。

6）清洗工序。清洗工序一般安排在零件加工结束之后、装配之前。

5. 零件加工工艺路线的确定

零件加工工艺路线：毛坯加工—热处理—粗加工—热处理—半精加工或精加工—去毛刺—检验。

七、选择机床和工艺装备

拟定了零件的加工工艺路线之后，便明确了各工序的任务，然后就可以确定各工序所使用的机床和工艺装备。

1. 机床的选择

选择机床其实就是选择机床的类型、规格和精度。

（1）机床的类型

常用机床有车床、铣床、插床、滚齿机、平面磨床、内圆磨床、磨齿机、钻床等。

（2）机床的主要规格

机床的主要规格应与加工零件的外轮廓尺寸相适应，加工小零件选小机床，加工大零件选大机床，做到设备合理使用。

（3）机床精度

机床精度应与工序要求的加工精度相适应。

2. 工艺装备的选择

（1）夹具的选择

单件小批量生产应尽量选用通用夹具，例如各种卡盘、平口钳和回转工作台等。为提高生产率，应积极推广使用组合夹具或拼装夹具。大批量生产应采用高生产率的气动、液压传动的专用夹具。夹具的精度应与加工精度相适应。

（2）刀具的选择

一般采用标准刀具，必要时也可采用高生产率的复合刀具及专用刀具。刀具的类型、规格及精度应符合加工要求。

（3）量具的选择

单件小批量生产采用通用量具，如游标卡尺、千分尺等。大批量生产应采用各种量规和一些高效的专用检具。量具的精度必须与加工精度相适应。

八、计算工时定额

工时定额是机械加工工艺过程卡的主要内容之一，是工艺规程的重要组成部分，是安排生产计划，进行成本核算，确定设备数量、人员编制及规划生产场地面积的重要依据。合理地确定工时定额，能调动工人的积极性，促进工人技术水平的提高，对保证产品质量、提高生产率、降低生产成本都是十分重要的。一般情况下，应根据各工序余量和工序加工精度要求确定工时定额。

工时定额是指在一定生产条件下，所规定的生产一件产品或完成某一工序所需消耗的时间。工时定额由以下几部分组成。

1. 基本时间（T_j）

基本时间是指直接用于改变生产对象的尺寸、形状、相互位置、表面状态或材料性质等的工艺过程所消耗的时间。对于切削加工而言，基本时间是指切除材料所消耗的机动时间，包括真正用于切削加工的时间以及切入与切出时间。

2. 辅助时间（T_f）

辅助时间是指为实现工艺过程所必须进行的各种辅助动作所消耗的时间。辅助动作包括装卸工件、开停机床、改变切削用量、测量工件、引进和退出刀具等。确定辅助时间的方法主要有：

（1）在大批量生产中，将各辅助动作分解，然后采用实测的方法确定各分解动作所需消耗的时间，最后予以综合。

（2）在中批量生产中，可根据以往统计资料来确定。

（3）在小批量生产中，按基本时间的一定比例估算，并在实际生产中修改，使之趋于合理。

基本时间和辅助时间的总和称为作业时间，它是直接用于制造产品或零部件所消耗的时间。

3. 布置工作地时间（T_b）

布置工作地时间是指为使加工正常进行，工人照管工作地（如更换刀具、润滑机床、清理切屑、收拾工具等）所消耗的时间。它不是直接消耗在每个工件上的，而是消耗在一个工作班内的时间，再折算到每个工件上。一般按作业时间的2%～7%估算。

4. 休息和生理需要时间（T_x）

休息和生理需要时间是指工人在工作班内恢复体力和满足生理需要所消耗的时间。T_x是按一个工作班为计算单位，再折算到每个工件上。对普通机床操作工人，一般按作业时间的2%估算。

5. 准备和终结时间（T_e）

准备和终结时间是指工人为了生产一批产品或零部件，进行准备和结束工作所消耗的时间，包括加工一批工件前熟悉工艺文件、准备毛坯和工艺装备、安装刀具和夹具、调整机床等准备工作，加工一批工件后拆下和归还工艺装备、发送成品等结束工作所消耗的时间。T_e是消耗在一批工件上的时间，因而，分解到每个工件上的时间为T_e/n，其中n为批量。

九、生产实例分析

试以图5—10所示的传动齿轮为例，说明编制机械加工工艺过程卡的方法和步骤，并填写机械加工工艺过程卡。

分析：

1. 传动齿轮的结构分析

（1）确定主要表面和次要表面

传动齿轮的表面有：

1）基本表面。外圆表面$\phi 110^{+0.063}_{0}$ mm、$\phi 227.5^{0}_{-0.029}$ mm，内圆表面$\phi 85^{+0.022}_{0}$ mm。

2）平面。齿轮两端面B、C和内孔键槽（由三个平面组成）。

3）成形表面。即渐开线齿形表面。

所以，主要表面有渐开线齿形表面、内圆表面、外圆表面、齿轮端面，其余为次要表面。

（2）确定结构工艺性是否合理

图示传动齿轮的结构工艺性合理，不需修改。

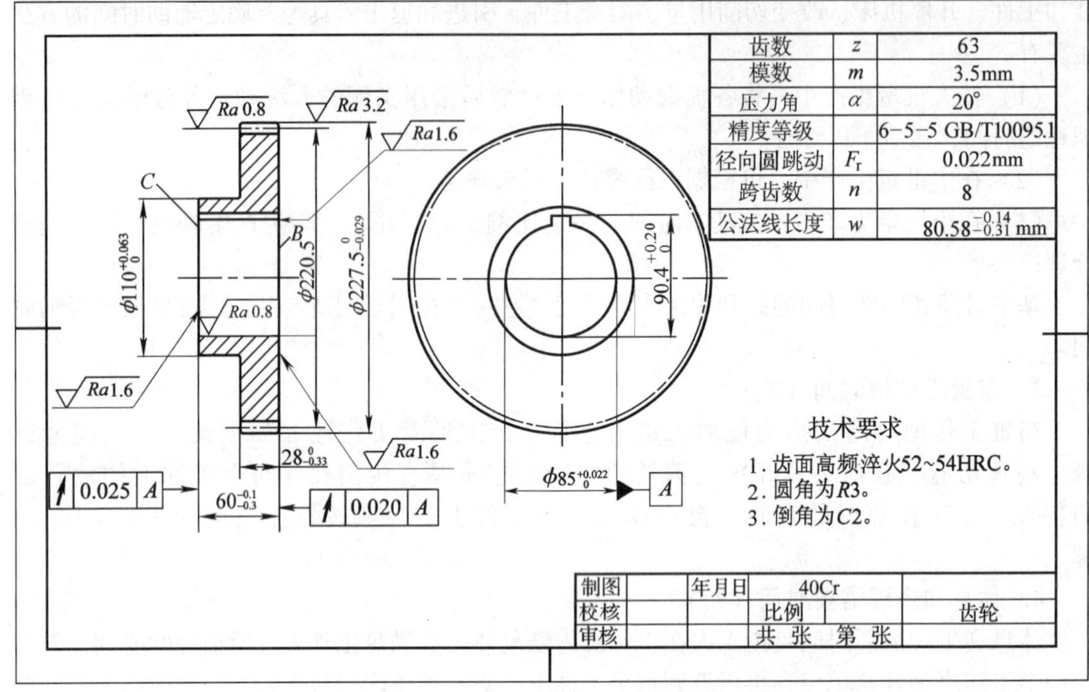

a)

b)

图 5—10　传动齿轮

a）零件图　b）立体图

2. 技术要求分析

该传动齿轮模数 $m = 3.5$ mm，齿数 $z = 63$，压力角 $\alpha = 20°$，技术要求有以下几个方面：

（1）精度要求

1）加工表面的尺寸精度。外圆表面、内圆表面有尺寸精度要求。

2）渐开线圆柱齿轮精度。第Ⅰ组为6级，第Ⅱ组为5级，第Ⅲ组为5级。

3）各加工表面之间的相互位置精度。*B* 端面相对于内孔轴线的端面圆跳动公差为

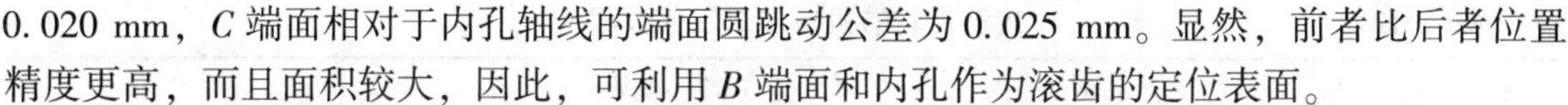

0.020 mm，C 端面相对于内孔轴线的端面圆跳动公差为 0.025 mm。显然，前者比后者位置精度更高，而且面积较大，因此，可利用 B 端面和内孔作为滚齿的定位表面。

(2) 表面粗糙度

包括齿面和内孔表面粗糙度，B、C 两端面表面粗糙度，齿顶圆柱表面粗糙度。

(3) 其他要求

齿面高频淬火 52～54HRC。

(4) 毛坯要求

此传动齿轮材料为 40Cr，塑性好。零件的直径较大。该齿轮主要用于传递动力和运动，对力学性能要求较高，因此，选择锻件毛坯。

3. 零件表面加工方案选择

根据选择原则，此传动齿轮的各主要表面加工方案如下：

(1) 齿轮内孔基准表面（IT6 级，$Ra0.8\ \mu m$）

齿轮表面进行淬火热处理，内孔最终加工方法选磨削。加工方案：粗车—调质—半精车—磨孔。

(2) 齿顶圆（$\phi 227.5_{-0.029}^{\ 0}$ mm，IT6 级，$Ra3.2\ \mu m$）

加工方案：粗车—调质—半精车—精车。

(3) 齿坯 $\phi 110_{\ 0}^{+0.063}$ mm 外圆

加工方案：粗车—调质—半精车。

(4) 齿轮两端面（$Ra1.6\ \mu m$）

加工方案：粗车—调质—半精车—磨削。

(5) 齿轮的渐开线齿形表面（5 级，$Ra0.8\ \mu m$）

齿面进行高频淬火热处理，加工方案：滚齿—齿面高频淬火—磨齿。

4. 工序方案的选用

该传动齿轮宜采用工序分散方案进行加工。机械加工工序的安排：

(1) 以齿顶圆为粗基准加工内孔及右端面，再以内孔及右端面作为精基准加工 $\phi 110_{\ 0}^{+0.063}$ mm 外圆、齿顶圆和齿形表面。

(2) 在磨齿前安排磨削内孔加工，提高精基准精度，之后再进行磨齿加工。

(3) 键槽加工安排在内孔半精加工和精加工之间一次完成。

综合以上分析，传动齿轮的工艺路线确定为：毛坯加工（锻造）—正火热处理—粗车内孔、端面—粗车外圆—调质热处理—半精车内孔、端面—半精车外圆—滚齿—齿轮端面倒角、去毛刺—齿面淬火热处理—磨齿轮两端面—插键槽—磨内孔—磨齿面—去毛刺—检验。

5. 加工设备

加工该传动齿轮所需用到的机床有 CA6140 型车床、B5030 型插床、滚齿机、M7130 型平面磨床、M2110 型内圆磨床和磨齿机等。

6. 填写机械加工工艺过程卡

传动齿轮的机械加工工艺过程卡见表 5—12。

表 5—12　　传动齿轮的机械加工工艺过程卡

机械加工工艺过程卡	产品型号		零（部）件图号			
	产品名称		零（部）件名称	传动齿轮	共　页	第　页

材料牌号	40Cr	毛坯种类	锻件	毛坯外形尺寸		每毛坯可制件数	1	每台件数		备注

工序号	工序名称	工序内容	车间	工段	设备	工艺装备	工时	
							准终	单件
1	锻	锻造毛坯	锻		150 kg 空气锤	胎模		
2	热处理	正火	热					
3	车	粗车端面和内孔、粗车外圆	机		CA6140 型车床	外圆车刀、内孔镗刀、量具		
4	热处理	调质	热					
5	车	半精车内孔和端面、半精车外圆	机		CA6140 型车床	外圆车刀、内孔镗刀、端面车刀、量具		
6	滚齿	滚制齿面	机		滚齿机	滚刀		
7	钳	端面倒角并去毛刺	钳					
8	热处理	齿面高频淬火	热					
9	磨	磨端面	机		M7130 型平面磨床	量具		
10	插	插键槽	机		B5030 型插床	插刀、量具		
11	磨	磨内孔	机		M2110 型内圆磨床	量具		
12	磨	磨齿面	机		磨齿机	量具		
13	钳	去毛刺	钳					
14	检验	按图样要求检查						

										设计（日期）	审核（日期）	标准化（日期）	会签（日期）
标记	处数	更改文件号	签字	日期	标记	处数	更改文件号	签字	日期				

第三节　机械加工工序卡的编制

在完成机械加工工艺过程卡的编制后，接下来的工作就是要针对机械加工工艺过程卡中的每一道工序编制机械加工工序卡。

根据机械加工工序卡中的内容要求，在编制之前，必须做好以下工作：计算工序尺寸、确定工步内容和切削用量、绘制工序简图等。

一、计算工序尺寸

1. 确定加工余量

加工余量是指加工过程中所切除的金属层厚度。加工过程包括若干个工序，工件某一表面在一道工序中被切除的金属层厚度，即相邻工序的工序尺寸之差，称为该表面的工序余量。加工余量等于各工序余量总和。

机械加工时，应保证在切除上道工序留下的缺陷的前提下，尽量减小加工余量。

（1）工序余量的内容

1）上道工序的尺寸公差。工序余量必须大于上道工序的尺寸公差，才能保证消除上道工序的形状误差。

2）上道工序加工后各表面相互位置偏差和工件热处理所产生的变形及尺寸变化。当加工表面本身为定位基准时，由于不能校正位置误差，故其余量中不应考虑位置误差。

3）上道工序的表面变质层厚度和表面粗糙度。这一项是光整加工时确定加工余量的主要因素。

4）本道工序的安装误差。以加工表面为定位基准时不考虑这项误差。

（2）确定加工余量的方法

确定加工余量的方法有分析计算法、经验估计法和查表修正法三种。

1）分析计算法。分析计算法是根据计算公式和一定的试验资料，对影响加工余量的因素逐项分析计算。此方法确定的加工余量比较科学和精确，但计算时需要很多原始资料，且计算过程复杂，所以，目前仅在大批量生产中应用。

2）经验估计法。经验估计法是由生产经验丰富的工人和技术人员根据工厂生产的实际情况，依靠实际经验估计工件各表面的毛坯余量和各工序的工序余量。这种方法容易操作，但有时也会受经验的限制，使确定的余量不够精确。为了防止余量不够而产生废品，估计余量一般偏大。此方法适用于单件和小批量生产。

3）查表修正法。查表修正法是以机械加工工艺手册中推荐的加工余量数据为基础，结合本厂长期生产实践与试验研究积累的有关加工余量数据进行修正，然后确定加工余量数值。这种方法确定的加工余量比较可靠，所以，目前在工厂中应用较广泛。

常用的各种加工方法的加工余量参考附表1～附表9。

2. 确定工序基本尺寸

工件上的设计尺寸及其公差是经过各工序加工后得到的，每道工序的工序尺寸都不相同，它们是逐步向设计尺寸接近的。为了保证工件的设计要求，需要规定各工序基本尺寸及其公差。

工序尺寸是指在加工过程中各工序所要达到的尺寸，也就是在工序图上所标注的尺寸。在编制机械加工工序卡时，需要画出工序简图，并在工序简图中标注本道工序的尺寸，因此，需要先进行工序基本尺寸计算。

工序余量确定之后，就可以计算工序基本尺寸。工序基本尺寸的确定，需要依据工序基准或定位基准与设计基准是否重合，采取不同的计算方法。

（1）基准重合时工序基本尺寸的计算

当工序基准或定位基准与设计基准重合时，被加工表面的最终工序的基本尺寸一般可直接按零件图样规定的尺寸确定，中间各工序的基本尺寸则根据零件图样规定的尺寸依次加上（对于外表面）或减去（对于内表面）各工序的加工余量求得，计算的顺序是由后向前推算（逆推法），直至毛坯尺寸。

（2）基准不重合时工序基本尺寸的计算

当工序基准或定位基准与设计基准不重合时，工序基本尺寸的计算比较复杂，需用工艺尺寸链来分析计算。

3. 确定工序尺寸的公差

当工序基本尺寸确定之后，需要确定工序尺寸的公差。工序尺寸的公差等级可按各种加工方法的经济精度和各工序对加工过程的质量控制要求选定，然后查阅有关标准公差数值表，确定工序尺寸的公差。毛坯尺寸公差按照毛坯制造方法或根据所选型材的品种、规格确定。

在确定各工序尺寸的公差时，既要参考各工序采用的加工方法获得的经济精度，又要保证下一道工序有足够的余量。

经过长期的生产实践，总结出工序尺寸公差的标注规则：工序尺寸公差规定按“入体原则”标注，即对于外尺寸（轴），其尺寸偏差按 h 配置，如图 5—11 所示；对于内尺寸（孔），其尺寸偏差按 H 配置，如图 5—12 所示。毛坯尺寸的公差一般为双向对称标注。

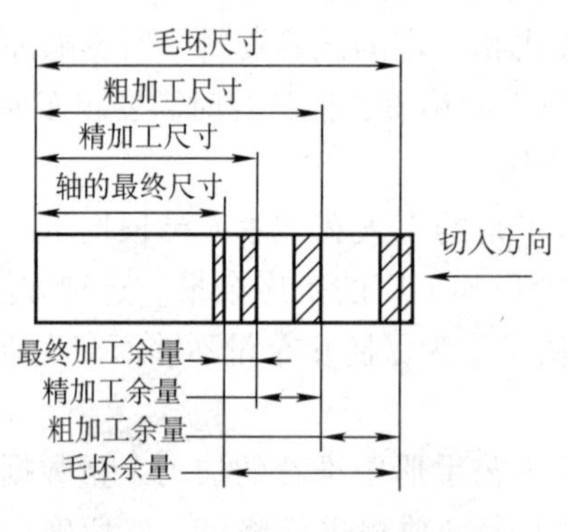

图 5—11　轴的公差带位置

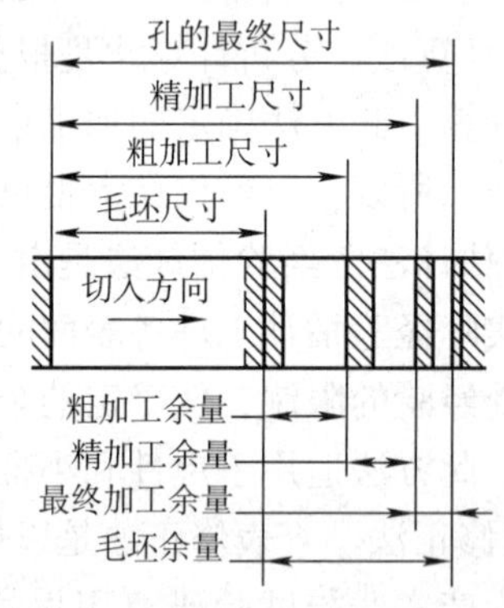

图 5—12　孔的公差带位置

4. 工序尺寸计算实例分析

例 5—3　如图 5—13 所示，零件的毛坯为一般精度的热轧圆钢，ϕ42g6 外圆的加工工艺路线为粗车—精车—粗磨—精磨，试确定各工序余量及加工余量。

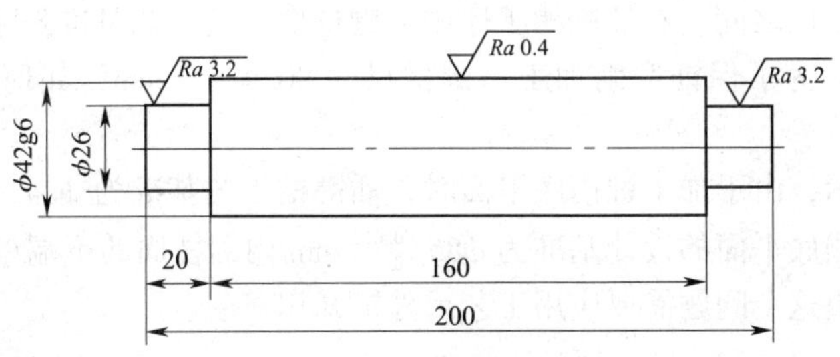

图 5—13　轴

分析：经查表，基本尺寸为 ϕ42 mm，长度为 160 mm 的轴的粗车余量 $z_4=2.0$ mm，精车余量 $z_3=1.4$ mm，粗磨余量 $z_2=0.25$ mm，精磨余量 $z_1=0.1$ mm，则加工余量 z 为：

$$z=z_1+z_2+z_3+z_4=0.1\text{ mm}+0.25\text{ mm}+1.4\text{ mm}+2.0\text{ mm}=3.75\text{ mm}$$

例 5—4　确定如图 5—13 所示的轴各工序尺寸及其公差。

分析：

（1）按逆推法计算各工序基本尺寸。

精磨后（最终工序尺寸）：$d_1=42$ mm

粗磨后：$d_2=d_1+z_1=42\text{ mm}+0.1\text{ mm}=42.1\text{ mm}$

精车后：$d_3=d_2+z_2=d_1+z_1+z_2=42\text{ mm}+0.1\text{ mm}+0.25\text{ mm}=42.35\text{ mm}$

粗车后：$d_4=d_3+z_3=d_1+z_1+z_2+z_3=42\text{ mm}+0.1\text{ mm}+0.25\text{ mm}+1.4\text{ mm}=44.2\text{ mm}$

毛坯：$d_5=d_4+z_4=d_1+z_1+z_2+z_3+z_4=42\text{ mm}+0.1\text{ mm}+0.25\text{ mm}+1.4\text{ mm}+2.0\text{ mm}=45.75\text{ mm}$

（2）根据各加工工序所能达到的经济精度，查阅标准公差数值表，按“入体原则”确定公差。

1）各加工工序所能达到的经济精度。

精磨后（由图 5—13 知）：IT6

粗磨后：IT9

精车后：IT10

粗车后：IT13

2）查阅标准公差数值表。

IT6 = 0.016 mm，IT9 = 0.062 mm，IT10 = 0.1 mm，IT13 = 0.39 mm。

3）由各工序所采用的加工方法的经济精度，按“入体原则”确定其基本偏差及表面粗糙度值。

精磨：$\phi42^{-0.009}_{-0.025}$ mm，表面粗糙度值为 *Ra*0.4 μm。

粗磨：$\phi42.1^{0}_{-0.062}$ mm，表面粗糙度值为 *Ra*1.25 μm。

精车：$\phi42.35^{0}_{-0.1}$ mm，表面粗糙度值为 *Ra*3.2 μm。

粗车：$\phi44.2^{0}_{-0.390}$ mm，表面粗糙度值为 *Ra*12.5 μm。

5. 工艺尺寸链计算

从传动齿轮的机械加工工艺过程卡（见表 5—12）中可以看出，插键槽工序是安排在内孔的半精车与磨削工序之间。在插键槽工序中，键槽底面的工艺基准是哪一个要素？设计基准又是哪一个要素？为了保证磨削加工后键槽尺寸 $90.4^{+0.20}_{0}$ mm，如何确定插键槽工序尺寸？

如图 5—14 所示，由于加工键槽底平面时，插键槽工艺基准为 $\phi84.7^{+0.087}_{0}$ mm 内圆柱面的下端母线，而键槽底平面的设计基准为 $\phi85^{+0.022}_{0}$ mm 内圆柱面的下端母线，工艺基准与设计基准不重合，解决这个问题需要应用工艺尺寸链知识。

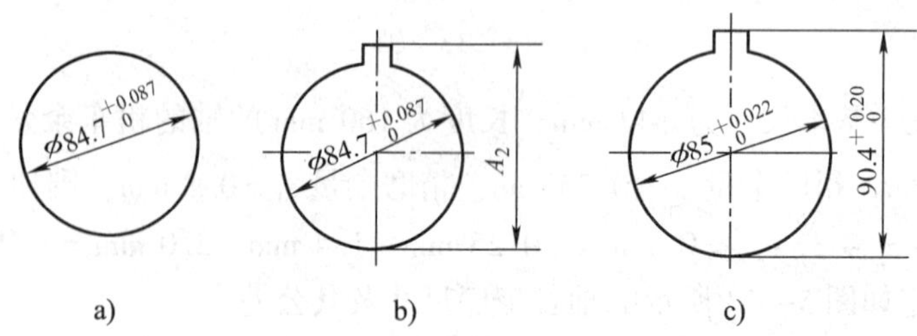

图 5—14　齿轮内孔键槽加工

a）半精车　b）插键槽　c）磨削内孔

（1）工艺尺寸链的概念

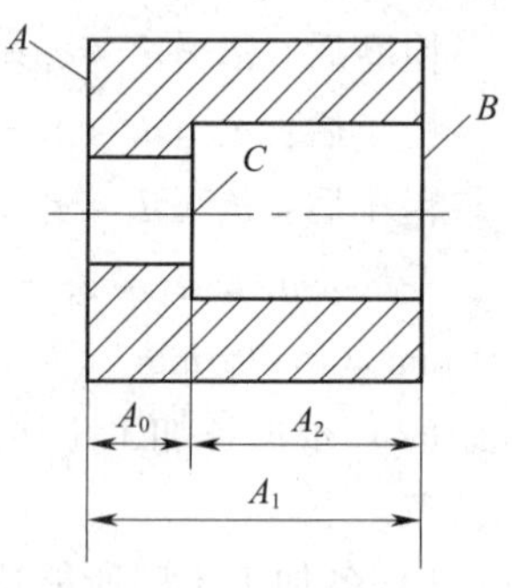

图 5—15　尺寸链的概念

如图 5—15 所示，由于 A_0 尺寸不便测量，一般通过控制 B、C 面间的距离 A_2 尺寸来保证 A_0 尺寸。A_0、A_1、A_2 之间存在一定的内在联系，这三个尺寸正好首尾相连，形成封闭尺寸组。

在零件加工或机器装配过程中，由相互连接的尺寸形成的封闭尺寸组，称为尺寸链。在零件加工过程中，由同一零件有关工序尺寸形成的尺寸链称为工艺尺寸链。工艺尺寸链具有关联性和封闭性两个方面的特征。关联性就是组成工艺尺寸链的各尺寸之间必然存在着一定的关系；封闭性就是工艺尺寸链必须是一组首尾相连并构成一个封闭图形的尺寸组合，其中应包含一个间接尺寸。

（2）工艺尺寸链的组成

1）环。组成工艺尺寸链的各个尺寸称为工艺尺寸链的环。

2）封闭环。工艺尺寸链中间接得到的环称为封闭环。封闭环一般以下角标“0”表示，如 A_0、B_0。

3）组成环。除封闭环以外的其他环（即加工过程中的各工序尺寸）都称为组成环。组成环分增环和减环两种。

①增环。当其余各组成环保持不变，某一组成环增大，封闭环也随之增大，则该环即增环。一般在该尺寸的代表符号上加一向右的箭头表示，记为 $\vec{A}_1$。

②减环。当其余各组成环保持不变，某一组成环增大，封闭环反而减小，则该环即减环。一般在该尺寸的代表符号上加一向左的箭头表示，记为 $\overleftarrow{A}_2$。

（3）建立工艺尺寸链（画工艺尺寸链图）的步骤

1）标出组成环。按照零件的加工顺序（工艺路线）标出组成环，每道工序的尺寸均从工艺基准起标（不管工艺基准与设计基准是否重合），要求工艺尺寸的起止线必须与零件的相关要素对齐。一般用字母加下标表示工序尺寸，如 A_1、A_2、A_3，不管这些工艺尺寸是否已知。要注意工序尺寸之间要首尾相连，最后连同封闭环一起形成封闭的尺寸组。一般情况下，工艺基准首选设计基准。工艺基准与设计基准重合，可以减小加工误差。只有选用设计基准作为工艺基准在加工过程中无法实现时，才考虑采用其他要素作为工艺基准。

2）确定封闭环。当组成环标完后，剩下的一个环即各工序加工后间接得到的尺寸，就是封闭环。此尺寸加上去后与组成环一起形成封闭状态的尺寸链。

3）判断组成环的性质。按照各组成环对封闭环的影响，确定其为增环或减环。确定增环或减环也可使用如图 5—16 所示的方法，先给封闭环任意规定一个方向，然后沿此方向，绕工艺尺寸链依次给各组成环画出箭头（一般用虚线画出），凡是与封闭环方向相同的就是减环，相反的就是增环。

在图 5—16 中，A_0为封闭环，A_2、A_4与 A_0的箭头方向相同，为减环；而 A_1、A_3与 A_0的箭头方向相反，为增环。

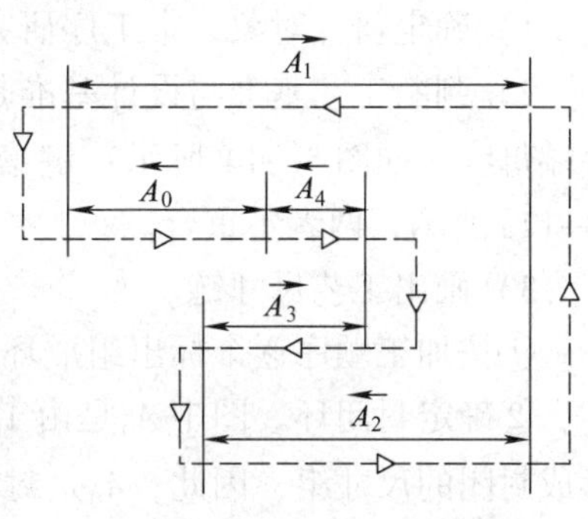

图 5—16　增环、减环的判断

（4）工艺尺寸链的计算方法——极值法

1）封闭环的基本尺寸（A_0）等于所有增环的基本尺寸（A_i）之和减去所有减环的基本尺寸（A_j）之和，即

$$A_0 = \sum_{i=1}^{m} \overrightarrow{A}_i - \sum_{j=m+1}^{n-1} \overleftarrow{A}_j \tag{5—2}$$

2）封闭环的最大极限尺寸（$A_{0\max}$）等于所有增环的最大极限尺寸之和减去所有减环的最小极限尺寸之和，即

$$A_{0\max} = \sum_{i=1}^{m} \overrightarrow{A}_{i\max} - \sum_{j=m+1}^{n-1} \overleftarrow{A}_{j\min} \tag{5—3}$$

3）封闭环的最小极限尺寸（$A_{0\min}$）等于所有增环的最小极限尺寸之和减去所有减环的最大极限尺寸之和，即

$$A_{0\min} = \sum_{i=1}^{m} \overrightarrow{A}_{i\min} - \sum_{j=m+1}^{n-1} \overleftarrow{A}_{j\max} \tag{5—4}$$

4）封闭环的上偏差（ES_{A_0}）等于所有增环的上偏差之和减去所有减环的下偏差之和，即

$$ES_{A_0} = \sum_{i=1}^{m} ES_{\overrightarrow{A}_i} - \sum_{j=m+1}^{n-1} EI_{\overleftarrow{A}_j} \tag{5—5}$$

5）封闭环的下偏差（EI_{A_0}）等于所有增环的下偏差之和减去所有减环的上偏差之和，即

$$EI_{A_0} = \sum_{i=1}^{m} EI_{\overrightarrow{A}_i} - \sum_{j=m+1}^{n-1} ES_{\overleftarrow{A}_j} \tag{5—6}$$

6）封闭环的尺寸公差（T_{A_0}）等于所有组成环的尺寸公差之和，即

$$T_{A_0} = \sum_{i=1}^{n-1} T_{A_i} \tag{5—7}$$

（5）工艺尺寸链计算实例分析

例 5—5 计算如图 5—14 所示的齿轮内孔插键槽工序尺寸 A_2。将图 5—14 中三道工序整合为图 5—17a。从图中可知，内孔设计尺寸为 $\phi85^{+0.022}_{0}$ mm，表面粗糙度值为 $Ra0.8$ μm，键槽设计深度为 $90.4^{+0.20}_{0}$ mm。内孔及键槽加工顺序为：半精车内孔至 $\phi84.7^{+0.087}_{0}$ mm—插键槽至尺寸 A_2—磨内孔至设计尺寸 $\phi85^{+0.022}_{0}$ mm，同时保证键槽深度为 $90.4^{+0.20}_{0}$ mm。试问：如何确定插键槽深度 A_2，才能保证最终得到合格零件？

分析：

1）确定研究对象。本工序研究对象是键槽底面。

2）判断工艺基准与设计基准是否重合。键槽底面工艺基准为 $\phi84.7^{+0.087}_{0}$ mm 内圆柱面底端母线，如图 5—14 所示；键槽底面设计基准为 $\phi85^{+0.022}_{0}$ mm 内圆柱面底端母线，如图 5—17a 所示，两者不重合。

3）画出工艺尺寸链。

①按加工顺序逐个标出组成环，每道工序从工艺基准起标，如图 5—17b 中 A_1、A_2、A_3。

②确定封闭环。图中 A_0是由工艺尺寸 A_1、A_2、A_3加工后间接获得的，该环标上后才能形成封闭的尺寸组，因此，A_0是封闭环，$A_0=90.4^{+0.20}_{0}$ mm。

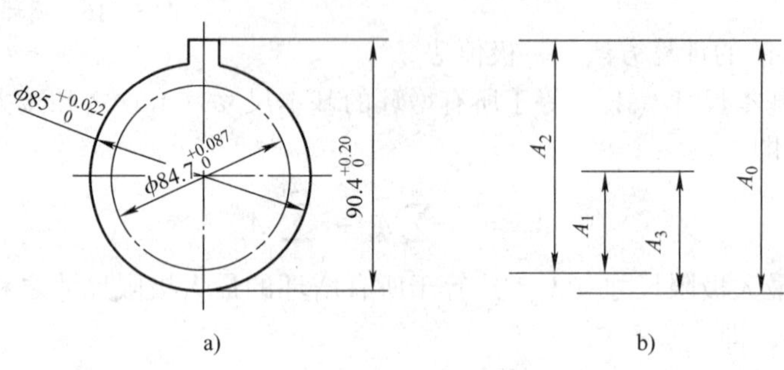

图 5—17 中间工序尺寸的换算

4）判断组成环的性质

①增环。

$$\overrightarrow{A}_2 = ?$$

$\overrightarrow{A}_3=42.5^{+0.011}_{0}$ mm（从工序基准起标，以半径表示）

②减环。

$\overleftarrow{A}_1=42.35^{+0.044}_{0}$ mm（从工序基准起标，以半径表示）

5）利用极值法求解。

根据式（5—3）、式（5—4）得

$$A_{0\max} = \sum_{i=1}^{m} \overrightarrow{A}_{i\max} - \sum_{j=m+1}^{n-1} \overleftarrow{A}_{j\min} = \overrightarrow{A}_{2\max} + \overrightarrow{A}_{3\max} - \overleftarrow{A}_{1\min}$$

$$A_{0\min}=\sum_{i=1}^{m}\overrightarrow{A}_{i\min}-\sum_{j=m+1}^{n-1}\overleftarrow{A}_{j\max}=\overrightarrow{A}_{2\min}+\overrightarrow{A}_{3\min}-\overleftarrow{A}_{1\max}$$

所以

$$\overrightarrow{A}_{2\max}=A_{0\max}+\overleftarrow{A}_{1\min}-\overrightarrow{A}_{3\max}$$
$$=(90.4+0.20)\ \text{mm}+42.35\ \text{mm}-(42.5+0.011)\ \text{mm}$$
$$=90.25\ \text{mm}+0.189\ \text{mm}$$

$$\overrightarrow{A}_{2\min}=A_{0\min}+\overleftarrow{A}_{1\max}-\overrightarrow{A}_{3\min}$$
$$=90.4\ \text{mm}+(42.35+0.044)\ \text{mm}-42.5\ \text{mm}$$
$$=90.25\ \text{mm}+0.044\ \text{mm}$$

所以

$$\overrightarrow{A}_{2}=90.25_{+0.044}^{+0.189}\text{mm}$$

6）验算。利用式（5—7）进行验算，有

$$\sum_{i=1}^{n-1}T_{A_i}=T_{A_1}+T_{A_2}+T_{A_3}=0.044\ \text{mm}+0.145\ \text{mm}+0.011\ \text{mm}=0.2\ \text{mm}=T_0$$

计算正确。

二、确定工步内容和切削用量

1. 确定工步内容

工步内容包括加工表面（加工到什么程度）、工艺装备（夹具、量具、刀具）、切削用量和进给次数等内容。

2. 确定切削用量

（1）背吃刀量 a_p 的选择

粗加工时应选取尽可能大的背吃刀量，一般表面粗糙度值在 Ra80～10 μm 范围时，一次进给应尽可能切除全部余量，在中等功率机床上，背吃刀量可达 8～10 mm；半精加工（Ra10～1.25 μm）时，背吃刀量取 0.5～2 mm；精加工（Ra1.25～0.32 μm）时，背吃刀量取 0.1～0.4 mm。

（2）进给量 f 的选择

粗加工时，应根据机床功率和刚度的限制条件，选取尽可能大的进给量；半精加工和精加工时，则应按表面粗糙度，根据工件材料、刀尖圆弧半径、切削速度选择。

（3）切削速度 v_c 的选择

根据已经选定的背吃刀量 a_p、进给量 f 及刀具寿命选择，相关内容参考机械加工工艺手册。

三、绘制工序简图

工序简图是岗位工人的加工依据，用于明确本工序的主要加工任务和要求，并指导岗位工人合理选用定位基准。在绘制工序简图时，要注意以下几个方面的问题：

（1）工序简图不必严格按比例绘制，只需按一定比例绘出工序简图，图的大小可根据工序卡内的位置确定。

（2）只绘出本工序半成品（或成品）轮廓，可略去图中的次要结构线条，本工序的加工表面用粗实线表示，零件的结构、尺寸要与本工序加工后的情况相符合。

（3）主视图方向应与工件在机床上的安装方向一致。

(4) 工序简图中应标注工序尺寸精度、形位精度、表面粗糙度要求，以及工件定位及夹紧等内容。

四、编制机械加工工序卡实例分析

例 5—6 以表 5—12 的机械加工工艺过程卡中第 5 道工序（其中的齿轮内孔半精车工序）为例编制机械加工工序卡。

分析：

1. 工艺分析

齿轮内孔半精车工序位于磨孔工序之前，是为滚齿做准备。本道工序的工艺基准是孔的轴线，与设计基准重合，齿轮内孔的加工方案在机械加工工艺过程卡中已经确定为：粗车—半精车—磨削，如图 5—18 所示，并在半精车与磨削之间安排插键槽工序。

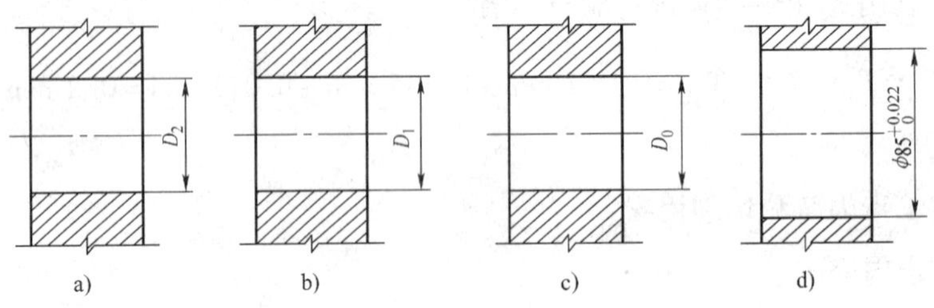

图 5—18 齿轮内孔加工方案

a）毛坯 b）粗车 c）半精车 d）磨削

2. 工序基本尺寸及公差计算

零件工艺基准与设计基准重合，工序基本尺寸是由成品的基本尺寸逆着加工顺序逐步往前推算而得。为了便于分析，将图 5—18c、d 两图（基本尺寸部分）整合为图 5—19。

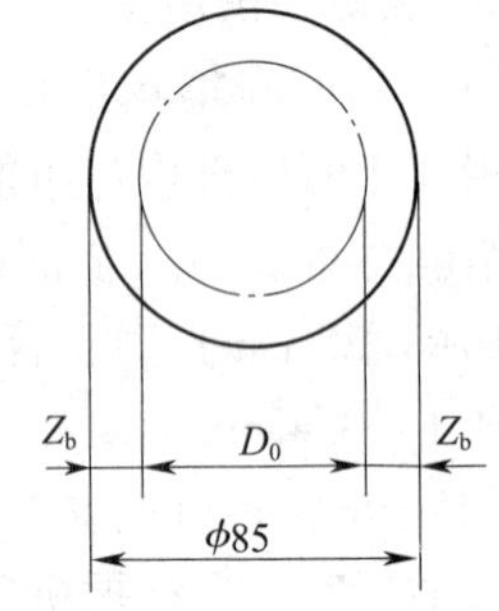

图 5—19 内孔磨削工序余量

从图中可以看出，内孔半精车工序的基本尺寸为

$$D_0 = 85 - 2Z_b$$

式中 $2Z_b$——直径方向的加工余量。

如果能够确定本道工序的加工余量，就不难算出内孔半精车工序的基本尺寸 D_0。

本任务采用查表修正法确定加工余量。由附表 5 查得磨削内孔工序直径方向的加工余量 $2Z_b = 0.3$ mm，结合本厂实际情况最后确定磨削余量为

$$2Z_b = 0.3\ \text{mm}$$

计算工序基本尺寸，由最后一道工序开始逐个逆向推算。磨削后尺寸由零件图给出，即

$$D = 85^{+0.022}_{0}\ \text{mm}$$

半精车工序基本尺寸为

$$D_0 = 85\ \text{mm} - 0.3\ \text{mm} = 84.7\ \text{mm}$$

取内孔半精加工公差等级为 IT9，其基本尺寸 $D_0 = 84.7$ mm，查表得其公差值 $T_0 = 0.087$ mm。

根据“入体原则”确定公差带位置后，便得出内孔半精车的工序尺寸为

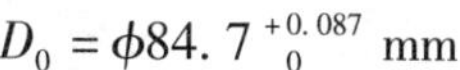

$$D_0 = \phi 84.7^{+0.087}_{\ 0}\ \text{mm}$$

至此便完成了确定内孔半精车工序基本尺寸及公差的任务。

3. 填写传动齿轮的机械加工工序卡

将以上确定的有关内容填写到机械加工工序卡中（见表5—13），便完成编制机械加工工序卡的任务。

表5—13　　　　机械加工工序卡

机械加工工序卡	产品型号		零（部）件图号			
	产品名称		零（部）件名称	传动齿轮	共　页	第　页

车间	工序号	工序名称	材料牌号
机加工	5	半精加工	40Cr
毛坯种类	毛坯外形尺寸	每个毛坯可制件数	每台件数
锻件		1	1
设备名称	设备型号	设备编号	同时加工件数
车床	CA6140		1
夹具编号	夹具名称	切削液	
工位器具编号	工位器具名称	工序工时 准终	工序工时 单件

A

$\phi 110^{+0.063}_{\ 0}$

$\phi 84.7^{+0.087}_{\ 0}$

$\phi 227.5^{\ 0}_{-0.029}$

0.025 A

$28.3^{\ 0}_{-0.33}$

$60.4^{\ 0}_{-0.46}$

0.02 A

技术要求

倒角均为C2。

Ra 3.2

工步号	工步内容	工艺装备	主轴转速（r/min）	切削速度（m/min）	进给量（mm/r）	背吃刀量（mm）	进给次数	工步工时 机动	工步工时 辅助
1	车右端面至平整	端面车刀、游标卡尺	500		0.20	0.5	1		
2	镗内孔至尺寸 $\phi 84.7^{+0.087}_{\ 0}$ mm	镗孔刀、内径百分表	500		0.20		3		
3	车外圆至尺寸 $\phi 227.5^{\ 0}_{-0.029}$ mm	外圆车刀、千分尺	500		0.20		3		
4	车外圆至尺寸 $\phi 110^{+0.063}_{\ 0}$ mm	外圆车刀、游标卡尺	500		0.20		2		
5	车28.3 mm左端面至尺寸	端面车刀、游标卡尺	500		0.20		2		
6	车60.4 mm左端面至尺寸	外圆车刀、游标卡尺	500		0.20		2		

										设计（日期）	审核（日期）	标准化（日期）	会签（日期）
标记	处数	更改文件号	签字	日期	标记	处数	更改文件号	签字	日期				

第四节 计算机辅助工艺过程设计

计算机辅助工艺过程设计（Computer Aided Process Planning，CAPP）是指借助计算机软硬件技术和支持环境，利用计算机的数值计算、逻辑判断和推理等功能来制定零件机械加工工艺过程。

一、传统工艺过程设计存在的问题

1. 人工设计工艺规程一致性差，质量不稳定，难以优化和标准化。

2. 效率低，有大量重复劳动，表现在：产品更新换代，工艺重新设计；不能利用成组技术的优势；工艺设计重复，导致工装设计、制造重复；手工编写工艺，30%左右的时间花费在书写上。

3. 不便于用计算机对工艺文件进行统一管理和维护。

4. 不便于将工艺专家的知识和经验集中，充分利用。

5. 不能适应多品种、小批量的生产形式。

借助CAPP系统，可以解决手工工艺设计效率低、一致性差、质量不稳定、不易达到优化等问题。CAPP是将产品设计信息转换为各种加工制造、管理信息的关键环节，是企业信息化建设中联系设计和生产的纽带，同时也为企业的管理部门提供相关的数据，是企业信息交换的中间环节。

二、计算机辅助工艺过程设计（CAPP）系统的基本类型

CAPP系统的应用比较多，原理上大体可分为三种类型：派生式、创成式和综合式。

1. 派生式

根据成组技术的原理将零件划分为相似零件组，按零件组编制出标准工艺规程以及相应的检索方法与逻辑，并以文件的形式储存在计算机中。当要为新零件设计工艺规程时，输入该零件的成组技术代码，由计算机判别零件属于哪一个零件组，检索出该零件组的标准设计工艺规程。对标准工艺规程进行增删、修改以及编辑后，形成该零件具体的工艺规程，如图5—20所示。

派生式的特点：

（1）派生式程序设计简单，易于实现，特别适用于回转类零件的工艺规程设计，目前仍是回转类零件计算机辅助工艺规程设计的主要方式。

（2）由于通常以企业自身现有工艺规程为基础，因而有一定的局限性。

2. 创成式

不以原有的工艺规程为基础，在计算机软件系统中，收集了大量的工艺数据和加工知识，并在此基础上建立了一系列的决策逻辑，形成了工艺数据库和加工知识库。当输入新零件的有关信息后，系统可以模仿工艺人员，应用各种工艺决策逻辑规则，在没有人工干预的条件下，自动地生成零件的工艺规程，如图5—21所示。

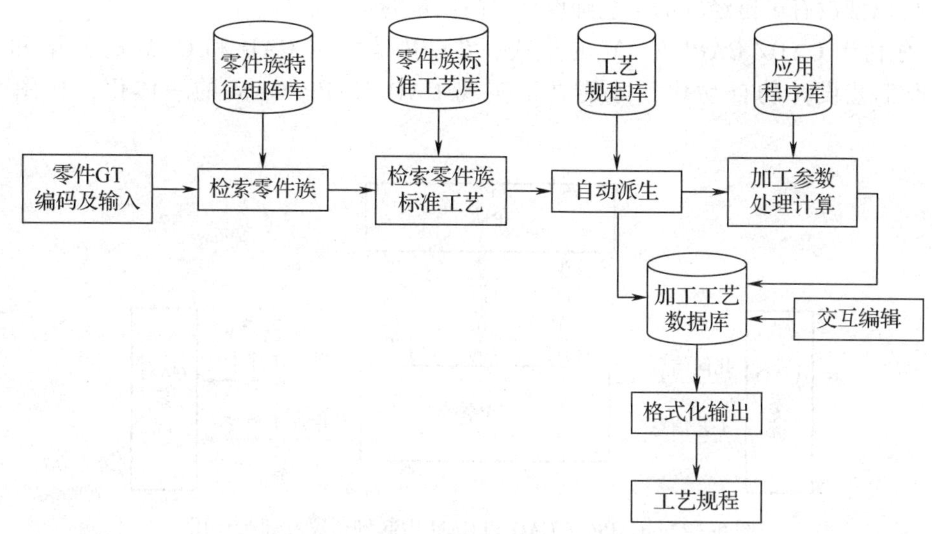

图 5—20 派生式 CAPP 系统工作原理

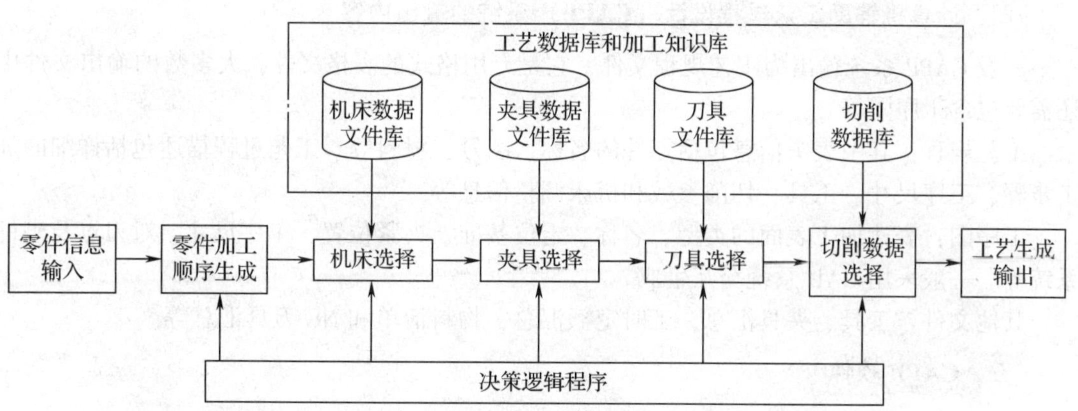

图 5—21 创成式 CAPP 系统工作原理

创成式特点：

（1）通过逻辑推理，自动决策生成零件工艺规程，无须人为干预。

（2）便于与 CAD 和 CAM 系统集成，具有较高的柔性，适应范围广。

（3）目前只能处理特定环境下的特定零件，通用系统实现较为困难。

3. 综合式

将派生式与创成式相结合，工艺路线设计采用派生式，工序设计采用创成式，兼取二者之长，发展前景好。

三、计算机辅助工艺过程设计（CAPP）系统的优点

1. 使工艺人员摆脱大量、烦琐的重复劳动，将主要精力转向新产品、新工艺、新装备和新技术的研究与开发。

2. 可以提高工艺的继承性，最大限度地利用现有资源，降低生产成本。

3. 有利于工艺规程的合理化、标准化和最优化，提高工艺规程的设计效率。

4. 可以使没有丰富经验的工艺师设计出高质量的工艺规程。

5. 有利于 CAD/ CAPP/CAM 的集成，CAPP 是联结 CAD 和 CAM 的桥梁和纽带，只有实现工艺设计的自动化，才能真正实现 CAD/CAPP/CAM 的一体化，如图 5—22 所示。

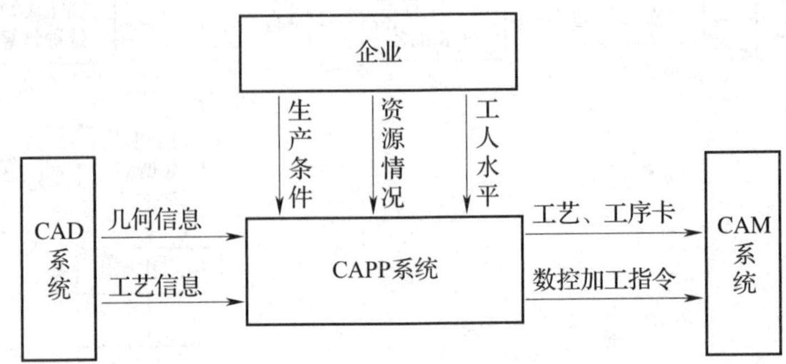

图 5—22 CAPP 在 CAD 和 CAM 中起到桥梁和纽带作用

四、计算机辅助工艺过程设计（CAPP）系统的输出内容

一般 CAPP 系统输出为工艺规程文件，它是专用格式的表格文件，大多数的输出文件中还需要包含工序图等。

工艺规程：其中表头信息包括零件的名称、图号、材料等。工艺过程描述包括详细的加工步骤、工序尺寸、工具、切削参数和机床调整信息等。

工序图：表达加工表面的类型、名称、定位基准、夹紧位置、工序尺寸、对刀点及坐标系统等。一般采用 CAD 系统交互生成。

其他文件：工具、夹具汇总，工时定额汇总，物料清单和 NC 刀具汇总等。

五、CAPP 软件

目前常用的 CAPP 软件主要有以下几种：

1. 开目 CAPP

开目 CAPP 软件是中国市场占有率第一的工艺设计管理软件。

开目 CAPP 系统由表格定义、工艺规程类型管理、工艺规程内容编制、工序简图绘制、图形文件数据转换、工艺文件浏览器、企业资源管理器、公式管理器、打印中心等部分组成。可以任意创建工艺表格，制定工艺规程，扩充企业的工艺资源库和公式库。

2. Extech CAPP

Extech CAPP 面向产品生产技术准备的全过程，以产品制造过程的数据为中心，覆盖工艺各个层次的管理及整个业务流程，为企业的设计和生产架起坚实的桥梁。

3. CAXA CAPP 工艺图表

CAXA CAPP 工艺图表是高效快捷有效的工艺卡片编制软件，可以方便地引用设计的图形和数据，同时为生产制造准备各种需要的管理信息。

其他 CAPP 软件还有金叶 CAPP、天河 CAPP、机械加工工艺手册（软件版）、众望 CAPP 等。

〔本章小结〕

◇ 制定机械加工工艺规程应遵循的原则：粗基准的选择原则、精基准的选择原则、机加工工序的安排原则、热处理工序的安排原则、入体原则。

◇ 机械加工工艺规程设计的步骤：

(1) 阅读装配图和零件图。

(2) 对零件进行工艺性分析。

(3) 选择毛坯类型及其制造方法。

(4) 拟定机械加工工艺路线。

(5) 确定满足各工序要求的工艺装备与设备。

(6) 确定各主要工序的技术要求及检验方法。

(7) 确定各工序的加工余量，计算工序基本尺寸及其公差。

(8) 确定各工序的切削用量。

(9) 确定时间定额。

(10) 进行技术经济分析，选择最佳方案。

(11) 填写工艺文件。

◇ 工艺路线的拟定：表面加工方案的选择、加工阶段的划分、工序的分散与集中、工序的安排。

◇ 计算机辅助工艺过程设计（CAPP）系统具有一定的先进性，从原理上大体可分为派生式、创成式和综合式三种类型。

第六章　典型零件加工工艺分析

第一节　轴类零件加工工艺

轴类零件是机械设备中最主要和最基本的零件，在加工前应对轴类零件的功用、结构、技术要求、毛坯的选择、定位基准和热处理要求等进行分析，确定其合理的加工工艺，最终达到有关的技术要求。

一、轴类零件的功用、结构及技术要求

1. 功用

轴类零件是机械加工中常见的典型零件之一。在机械设备中，它主要用于支撑传动件和传递转矩，并保证安装在其上的零件的回转精度。

2. 结构

轴类零件是旋转体零件，其长度大于直径，加工表面通常有内外圆柱面、圆锥面，以及螺纹、花键、键槽、横向孔、沟槽等。一般的轴类零件根据结构形式的不同，可分为光轴、阶梯轴、空心轴、异形轴、花键轴、曲轴、凸轮轴等。

3. 技术要求

轴类零件的技术要求是设计者根据轴的主要功用以及使用条件确定的，通常有以下几方面。

（1）加工精度

轴的加工精度主要包括结构要素的尺寸精度、形状精度和位置精度。

1）尺寸精度。主要指结构要素的直径和长度的精度。直径的精度由使用要求和配合性质确定，对于主要起支撑作用的轴颈，通常为 IT9 ~ IT6；特别重要的轴颈，可为 IT5。轴的长度精度要求一般不严格，常按未注公差等级加工；要求较高时，其公差为 0.05 ~ 0.2 mm。

2）形状精度。主要指轴颈的圆度、圆柱度等，由于轴的形状误差直接影响与之相配合的零件的接触质量和回转精度，因此一般限制在直径公差范围内；要求较高时，可取直径公差的 1/4 ~ 1/2，或另外规定公差。

3）位置精度。包括装配传动件的配合轴颈对装配轴承的支撑轴颈的同轴度。

4）跳动精度。普通精度的轴，其配合轴颈对支撑轴颈的径向圆跳动一般为 0.01 ~ 0.03 mm，高精度的轴为 0.005 ~ 0.010 mm。

（2）表面粗糙度

轴类零件主要表面的表面粗糙度是根据其运转速度和尺寸精度决定的。支撑轴颈的表面

粗糙度值一般为 $Ra0.8 \sim 0.2$ μm，配合轴颈的表面粗糙度值一般为 $Ra3.2 \sim 0.8$ μm。

（3）其他要求

为改善轴类零件的切削加工性能和综合力学性能，提高使用寿命，还必须根据轴的材料和使用条件，规定相应的热处理要求。常用的热处理工艺有正火、调质和表面淬火等。

二、轴类零件的材料及毛坯

1. 材料

对于不重要的轴，可采用普通碳素结构钢，如 Q235A、Q255A 等，不经热处理直接加工使用。一般的轴，可采用优质碳素结构钢，如 35、45、50 等。对于重要的轴，当精度、转速要求较高时，采用合金结构钢 20CrMnTi、40Cr，滚动轴承钢 GCr15，弹簧钢 65Mn 等。

2. 毛坯

对于光轴和直径相差不大的阶梯轴，一般采用圆棒型材作为毛坯。直径相差较大的阶梯轴和比较重要的轴，应采用锻件作为毛坯，其中，大批量生产采用模锻，单件小批量生产采用自由锻。对于结构复杂的轴，可采用球墨铸铁件或锻件作为毛坯。

三、轴类零件的加工工艺分析

1. 划分加工阶段

按照先粗后精的原则，将粗加工、精加工分开进行。先完成各表面的粗加工，再完成半精加工和精加工，而主要表面的精加工则放在最后进行。轴是回转体，其各外圆表面的粗加工、半精加工一般采用车削，精加工采用磨削，有些精密轴类零件的轴颈表面还需要进行光整加工。

粗加工外圆表面时，应先加工大直径外圆，再加工小直径外圆，以免因直径差增大而使小直径处的刚度下降，成为引起弯曲变形和振动的薄弱环节。

轴上的花键、键槽、螺纹等表面的加工，一般都安排在外圆半精加工之后、精加工之前进行。

通过划分加工阶段有利于保证工件的加工质量。

2. 选择定位基准

在轴类零件的加工过程中，常用两中心孔作为定位基准。因为轴类零件各外圆表面的同轴度、端面对轴线的垂直度，以及端面和外圆对轴线的圆跳动是轴类零件几何精度的主要项目，而这些表面的设计基准一般都是轴的中心线，因此采用两中心孔定位符合基准重合原则。由于轴的加工工序较多，每道工序都采用两中心孔为基准，也符合基准统一原则。但在选择时要考虑工件加工的实际情况，粗加工、精加工采用的基准应有所不同。

3. 热处理工序的安排

热处理工艺一般可分为两大类：预备热处理和最终热处理。

（1）预备热处理

为改善金属组织和切削性能而进行的热处理称为预备热处理，包括正火、退火、调质和时效处理。通常，正火、退火安排在毛坯制造之后、粗加工之前，时效处理安排在粗加工、半精加工之间，调质可安排在粗加工、精加工之间。

（2）最终热处理

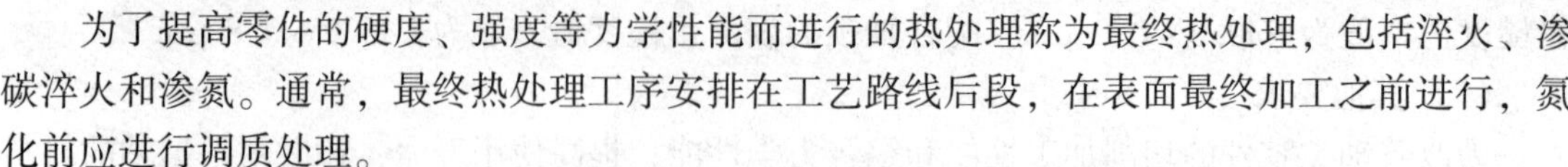

为了提高零件的硬度、强度等力学性能而进行的热处理称为最终热处理，包括淬火、渗碳淬火和渗氮。通常，最终热处理工序安排在工艺路线后段，在表面最终加工之前进行，氮化前应进行调质处理。

四、生产实例分析

传动轴是轴类零件中使用最多、结构最典型的一类阶梯轴，如图 6—1 所示。该轴为小批量生产，材料选择 45 钢，淬火硬度 40 ~ 45HRC。试分析其加工工艺过程。

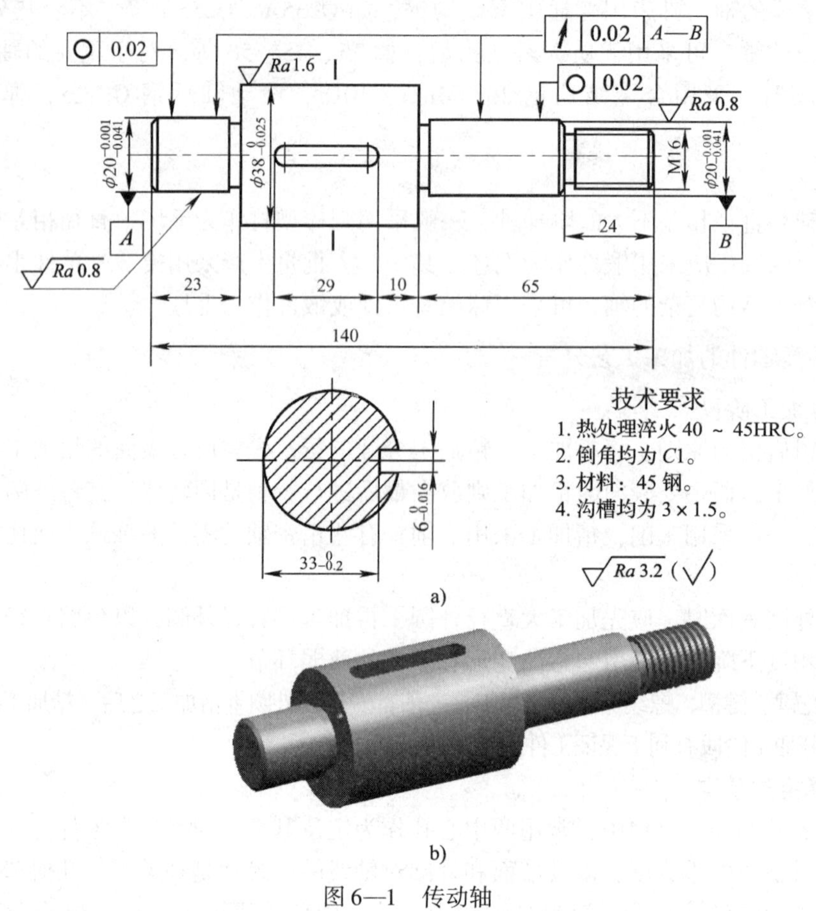

a)

b)

图 6—1　传动轴

分析：

1. 结构分析

如图 6—1 所示的传动轴的主要结构要素有内外圆柱面、螺纹、键槽等，该轴为典型的阶梯轴结构，有两个支撑轴颈。

2. 技术要求

如图 6—1 所示的传动轴中，支撑轴颈是轴的装配基准，其加工精度和表面质量一般要求较高。两端轴颈的尺寸精度为 IT7，表面粗糙度值为 Ra0. 8 μm；用于安装齿轮的轴颈的尺寸精度为 IT7，表面粗糙度值为 Ra1. 6 μm；右端轴颈外圆的圆度公差为 0. 02 mm；左端轴颈外圆的圆度公差为 0. 02 mm；两轴颈表面对公共轴线的径向圆跳动公差为 0. 02 mm，可保证齿轮平稳传动。

3. 材料选取

由于此传动轴材料为45钢，轴的形状简单，精度要求中等，各段轴颈直径尺寸相差较大，故选用锻件作毛坯。

4. 划分加工阶段

此传动轴在加工时划分为以下三个加工阶段：

（1）粗加工阶段

钻中心孔，粗车各处外圆。

（2）半精加工阶段

半精车各处外圆，车螺纹，铣键槽等。

（3）精加工阶段

修研中心孔，粗、精磨各处外圆。

5. 定位基准选择

如图6—1所示的传动轴，粗加工时以外圆表面为定位基准；半精车加工时，采用外圆表面和中心孔作为定位基准（即一夹一顶），如图6—2所示；精加工时，采用两个中心孔作为定位基准（即双顶尖），如图6—3所示。

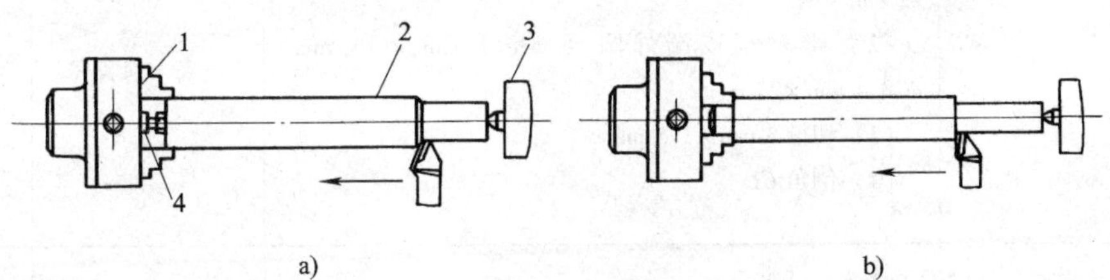

图6—2　一夹一顶装夹工件

a）采用限位支撑　b）利用工件台阶限位

1—三爪自定心卡盘　2—零件　3—顶尖　4—限位支承

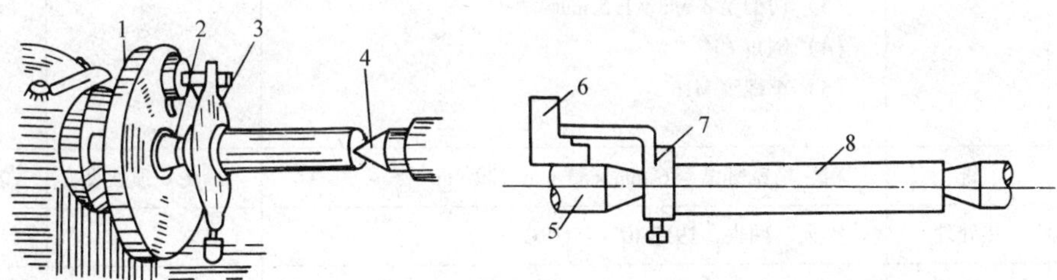

图6—3　双顶尖装夹工件

1—拨盘　2、5—前顶尖　3、7—鸡心夹头

4—后顶尖　6—卡爪　8—工件

6. 热处理工序

由于该轴采用的是锻件毛坯，加工前应安排退火处理，以消除毛坯的内应力和改善材料的切削性能。传动轴最终热处理是调质处理，该工序应放在半精加工之后、车削螺纹之前进

行。为了保证磨削精度，在淬火加高温回火处理之后应安排修研中心孔工序。

7. 传动轴加工工艺

综上所述，传动轴的加工工艺为：

锻造毛坯—热处理（退火）—粗车—半精车—热处理（调质处理）—车螺纹—铣键槽—粗磨—精磨。

8. 传动轴的加工工艺过程

如图 6—1 所示的传动轴的加工工艺过程见表 6—1。

表 6—1　　传动轴的加工工艺过程

工序号	工序名称	工序内容	工件装夹	加工设备
1	锻	锻造毛坯		
2	热处理	退火		
3	车	车端面，钻中心孔；车另一端面并取总长 140 mm，钻中心孔	三爪自定心卡盘	卧式车床
4	车	（1）粗车一端外圆至 $\phi40$ mm × 77 mm、$\phi22$ mm × 22 mm （2）半精车该端外圆至 $\phi38.4$ mm × 76 mm、$\phi20.4$ mm × 23 mm （3）切槽 3 mm × 1.5 mm （4）倒角 $C1$	一夹一顶装夹	卧式车床
5	车	掉头 （1）粗车外圆至 $\phi22$ mm × 64 mm、$\phi17$ mm × 23 mm （2）半精车该端外圆至 $\phi20.4$ mm × 65 mm、$\phi16$ mm × 24 mm （3）切槽至 3 mm × 1.5 mm （4）倒角 $C1$ （5）车螺纹 M16	一夹一顶装夹	卧式车床
6	铣	粗、精铣键槽至 6 mm × 33 mm × 29 mm	一夹一顶装夹	立式铣床
7	热处理	淬火、回火，达到 40 ~ 45HRC		
8	钳	修研中心孔		钻床
9	粗磨	（1）粗磨一端外圆至 $\phi38.06_{-0.04}^{0}$ mm 和 $\phi20.06_{-0.04}^{0}$ mm （2）粗磨另一端外圆至 $\phi20.06_{-0.01}^{0}$ mm	双顶尖装夹	外圆磨床
10	精磨	精磨两端外圆至尺寸	双顶尖装夹	外圆磨床
11	检验	检验		

第二节　套类零件加工工艺

套类零件是机械设备中常见的一种零件，在加工前应对套类零件的功用、结构、技术要求、定位基准和加工变形等进行分析，确定合理的加工工艺，以保证工件的加工质量。

一、套类零件的功用、结构及技术要求

1. 功用

套类零件大多起支撑或导向作用，其内、外表面的形状精度和位置精度要求较高。

2. 结构

套类零件一般由孔、外圆、端面和沟槽组成，如夹具中的导向套、发动机的气缸套等。轴承套工作时主要承受径向载荷和轴向载荷。由于功用不同，零件的结构和尺寸有着很大的差别，但它们的共同特点是主要工作表面为内圆表面、外圆表面，形状精度和位置精度要求较高，表面粗糙度值较小，孔壁较薄且易变形，零件的长度一般大于孔的直径。

3. 技术要求

套类零件的技术要求主要是根据其基本功用以及使用条件确定的，通常有以下几方面。

（1）加工精度

加工精度主要包括结构要素的尺寸精度、形状精度和位置精度。

1）尺寸精度。滑动轴承孔和需要与其他零件精确配合的孔精度要求较高，一般为IT8 ~ IT7，精密轴承甚至为IT6。液压系统中的滑阀孔，精度要求为IT6甚至更高；由于配合的活塞上有密封圈过渡，液压缸孔尺寸精度要求较低，一般为IT9。套类零件的外圆大多是支撑表面，通常与箱体或机架上的孔为过盈配合或过渡配合，其尺寸精度通常为IT7 ~ IT6。

2）形状精度。一般套类零件内孔的形状误差要求控制在孔的形状公差以内，精密轴套则要求控制在孔径公差的1/3 ~ 1/2；对于长套筒的内孔，除有圆度要求外，还有圆柱度要求。套类零件外圆的形状误差要求控制在外径公差以内，其端面大多有一定的平面度要求。

3）位置精度。套类零件内外圆的同轴度要求较高，通常取0.01 ~ 0.05 mm；对于装配到箱体或机架上再加工内孔的套筒零件，内外圆的同轴度要求可大幅降低。

4）方向精度。工作时承受轴向载荷的套类零件端面大多是加工和装配时的定位基准，故与孔的轴线有较高的垂直度要求，一般为0.02 ~ 0.05 mm。

（2）表面粗糙度

一般套类零件内孔的表面粗糙度值为 *Ra*1.6 ~ 0.1 μm；液压缸内孔的表面粗糙度值一般为 *Ra*0.4 ~ 0.2 μm；外圆的表面粗糙度值较小，通常取 *Ra*6.3 ~ 0.8 μm。

（3）其他要求

由于工作条件的需要和使用材料的因素，不少套类零件有不同的热处理要求。常用的热处理工艺有退火、表面淬火和渗碳淬火等。

二、套类零件的材料及毛坯

套类零件一般用钢、铸铁、青铜、黄铜等材料制成，材料的选择主要取决于工作条件。套类零件的毛坯类型与所用材料、结构形状和尺寸有关，常采用型材、锻件或铸件。毛坯内孔直径小于 20 mm 时大多选用棒料，孔径较大、长度较长的零件常用无缝钢管或带孔的铸件、锻件。

三、套类零件的加工工艺分析

套类零件的结构特点是壁厚较薄，刚度差，内孔与外圆有较高的相互位置精度要求。所以，加工工艺上要解决如何保证位置精度和防止加工变形的问题。

1．保证相互位置精度的工艺措施

为保证位置精度要求，加工套类零件时应遵循基准统一原则和互为基准原则，即在一次安装中完成内孔、外圆及端面的全部加工，如图 6—4 所示。由于这种方法工序比较集中，当工件结构尺寸较大时不易实现，故多用于尺寸较小的套类零件加工。

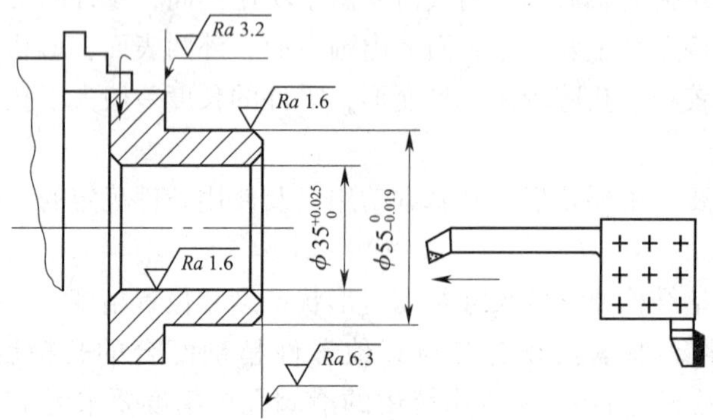

图 6—4　在一次装夹中尽可能完成各主要表面的加工

当一次安装不能同时完成内孔、外圆表面加工时，内孔、外圆的加工采用互为基准、反复加工的原则。

如图 6—5 所示的轴承套毛坯，采用“四件合一”（指棒料按四个轴承套零件尺寸下料，四件同时加工）的方式加工。首先用外圆和中心孔定位，用加工轴的方法来粗加工和半精加工轴承套的外圆。切断、钻孔后，以外圆定位，粗加工、精加工内孔。精加工时，以内孔为定位基准，采用心轴装夹来精加工外圆和端面。采用这种方法装夹，能较好地保证内孔与外圆的同轴度和端面对内孔轴线的垂直度。

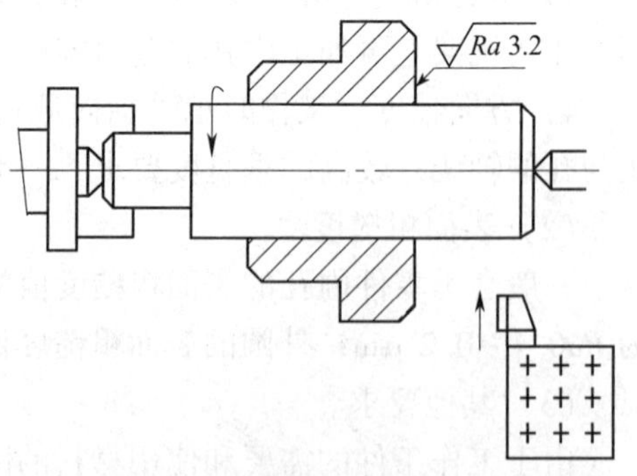

图 6—5　套类零件的装夹

2．防止套类零件变形的工艺措施

套类零件在加工过程中，往往由于受夹紧力、切削力和切削热等诸多因素的影响而引起变形，致使加工精度降低。因此，在分析套类零件的变形时，可以从导致变形的因素开始分析，针对产生变形的原因采取有效措施。套类零件变形的原因及工艺措施见表 6—2。

表 6—2　　　　套类零件变形的原因及工艺措施

<table>
<tr><th colspan="3">导致变形的因素</th><th>工艺措施</th></tr>
<tr><td rowspan="4">外力</td><td colspan="2">夹紧力</td><td>(1) 使夹紧力均匀分布，如图 6—6 所示
(2) 变径向夹紧为轴向夹紧，如图 6—7 所示
(3) 增大套筒毛坯的刚度，如图 6—8 所示</td></tr>
<tr><td colspan="2">切削力</td><td>(1) 增大刀具的主偏角
(2) 内、外表面同时加工，如图 6—8 所示
(3) 粗、精加工分开进行</td></tr>
<tr><td colspan="2">重力</td><td>增加辅助支撑</td></tr>
<tr><td colspan="2">惯性力</td><td>配重</td></tr>
<tr><td rowspan="3">内力</td><td colspan="2">内应力重新分布</td><td>(1) 退火、时效处理
(2) 划分加工阶段</td></tr>
<tr><td rowspan="2">热效应</td><td>切削热</td><td>(1) 选择合理的刀具角度和切削用量
(2) 浇注充分的切削液
(3) 留有充分的冷却时间</td></tr>
<tr><td>热处理</td><td>(1) 改变热处理方法
(2) 将热处理工序安排在精加工之前</td></tr>
</table>

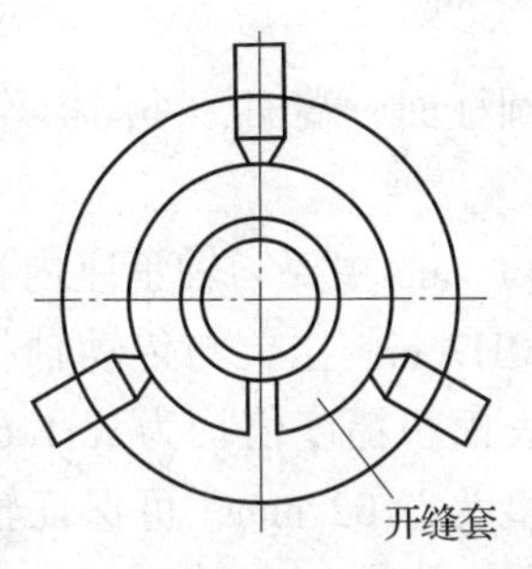

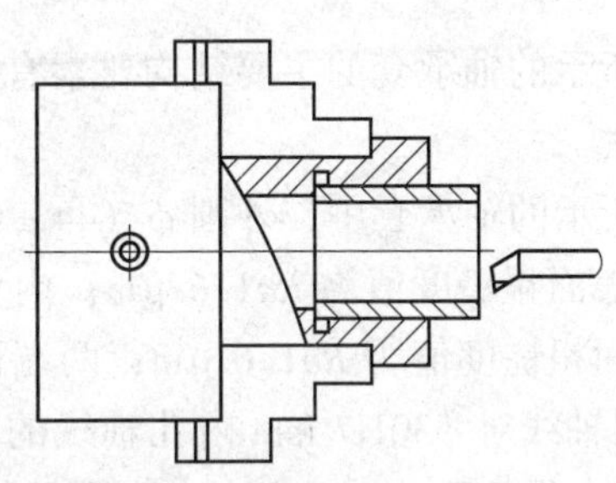

图 6—6　装夹工件夹紧力均匀

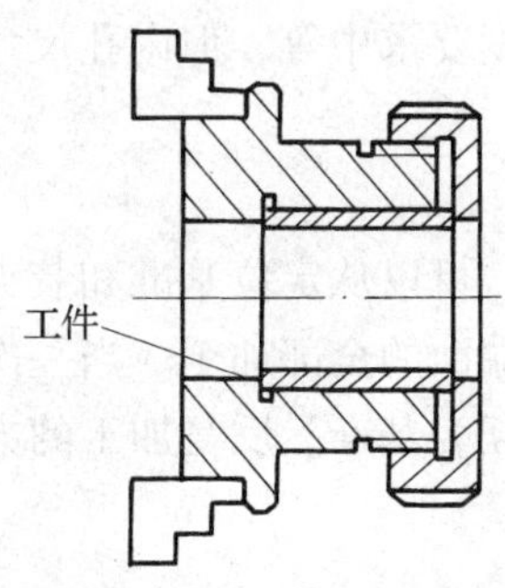

图 6—7　轴向夹紧工件

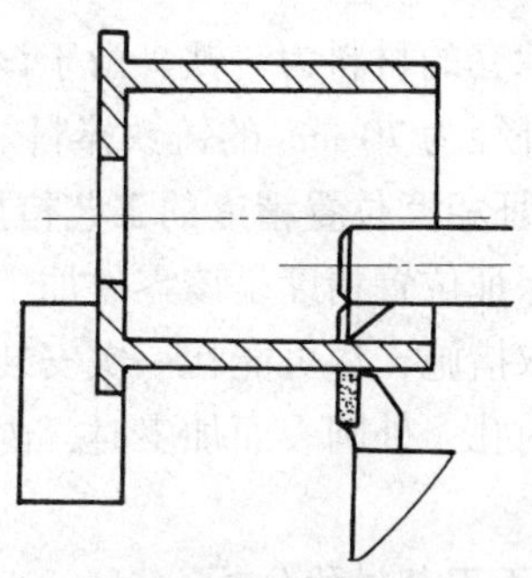

图 6—8　辅助凸边提高刚度

四、生产实例分析

如图 6—9 所示的轴承套是结构较为典型的一种套类零件，该轴承套材料为 HT200，批量生产。现分析该零件的加工工艺过程。

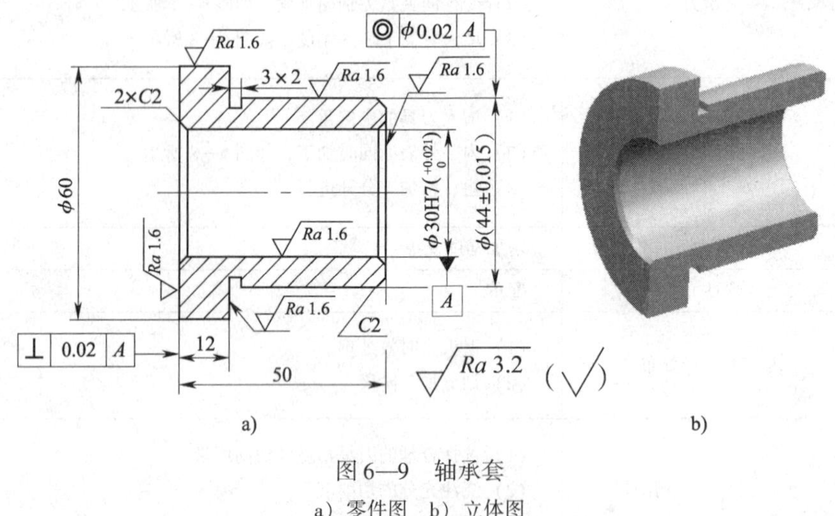

图 6—9　轴承套

a）零件图　b）立体图

分析：

1. 功用

如图 6—9 所示的轴承套主要起支撑或导向作用。

2. 结构

如图 6—9 所示的轴承套的主要结构要素有内外圆柱面、端面、外沟槽等。

3. 技术要求

如图 6—9 所示的轴承套中，外圆 ϕ（44 ±0.015） mm 主要与轴承座内孔相配合，其尺寸精度为 IT7，表面粗糙度值为 Ra1.6 μm；内孔 ϕ30H7 mm 主要与传动轴相配合，其尺寸精度为 IT7，表面粗糙度值为 Ra1.6 μm；两端面的表面粗糙度值均为 Ra1.6 μm；ϕ（44 ±0.015） mm 外圆轴线对 ϕ30H7 mm 内孔轴线的同轴度为 0.02 mm，可保证轴承在传动中的平稳性；轴承套的左端面对 ϕ30H7 mm 内孔轴线的垂直度为 0.02 mm。

4. 材料及毛坯

此轴承套的材料为铸铁。由于该工件的形状简单，精度要求中等，但内孔尺寸较大，故毛坯选用外径为 70 mm 的铸铁棒料。

5. 保证相互位置精度的工艺措施

如何保证位置精度是该零件加工的主要工艺问题之一，可以从定位基准和装夹方法选择等方面采取措施，尽可能在一次安装中完成内孔、外圆及端面的全部加工。当一次安装不能同时完成内孔、外圆表面加工时，内孔、外圆的加工采用互为基准、反复加工的方法进行加工。

6. 加工工艺过程分析

如图 6—9 所示，轴承套外圆的精度为 IT7，采用精车可以满足要求。内孔精度为 IT7，采用铰孔可以满足要求。内孔加工方案为钻孔—车孔—铰孔。铰孔时应与左端面一同加工，保证端面与孔轴线的垂直度，而后以内孔为基准，利用小锥度心轴装夹加工外圆和另一端面。

7. 轴承套的加工工艺过程

表6—3所示为轴承套的加工工艺过程。粗车外圆时，可采用“四件合一”的方法来提高生产率。

表6—3 轴承套的加工工艺过程

序号	工序名称	工序内容	定位与夹紧
1	备料	铸铁棒料，按“四件合一”加工下料	
2	车、钻	（1）车端面，钻中心孔 （2）掉头，车另一端面，钻中心孔	三爪自定心卡盘装夹外圆
3	粗车	车 $\phi60$ mm 外圆，长度为 12.5 mm，车 $\phi44$ mm 外圆至 $\phi45$ mm，车退刀槽 3 mm × 2 mm，取总长 50.5 mm，车分割槽 $\phi29$ mm × 3 mm，两端面倒角 $C1.5$。四件同加工，尺寸均相等	一夹一顶
4	钻孔	钻 $\phi30H7$ mm 孔至 $\phi29$ mm，切断	三爪自定心卡盘装夹 $\phi60$ mm 外圆
5	车、铰	（1）车端面，取总长 50 mm 至尺寸 （2）车 $\phi30H7$ mm 内孔至 $\phi30_{-0.10}^{-0.05}$ mm （3）铰 $\phi30H7$ mm 孔至尺寸 （4）孔两端倒角	开缝套筒装夹 $\phi44$ mm 外圆
6	精车	车 $\phi44$ mm 外圆至尺寸，右端面倒角 $C2$	用小锥度心轴装夹
7	检验	检验	

第三节 箱体类零件加工工艺

一、箱体类零件的功用、结构及技术要求

1. 功用、结构

箱体是各类机器的重要基础件，它将机器中有关部件的轴、套、齿轮等相关零件连接成一个整体，使这些零件保持正确的相对位置，并按一定的传动关系协调工作。箱体的制造精度将直接影响机器的性能和使用寿命。

由于机器的种类很多，组成部件差别很大，所用箱体的功用和结构各不相同。如图6—10所示为典型箱体结构。箱体的结构形式虽然多种多样，但其仍有共同之处：形状复杂，壁薄且不均匀，内部呈腔形，既有精度要求较高的孔系和平面，也有许多精度要求较低的紧固孔。箱体类零件的加工部位较多，加工难度也较大。

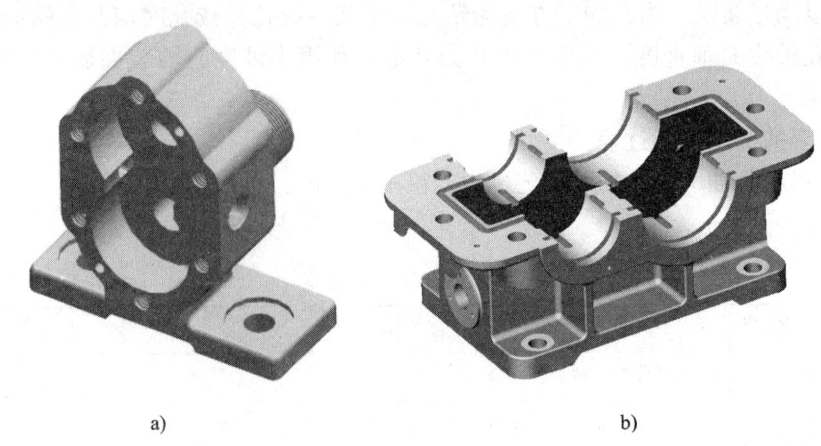

a)　　b)

图 6—10　典型箱体结构

a）齿轮油泵箱体　b）齿轮减速箱箱体

2. 技术要求

箱体类零件对毛坯铸造质量要求较严格，不允许有气孔、砂眼、疏松、裂纹等铸造缺陷。为了便于切削加工，多数铸铁材料箱体需要经过退火处理以消除内应力。对箱体重要加工面的要求主要有以下几个方面：

（1）主要平面的形状精度和表面粗糙度

箱体的主要平面是装配基准，并且往往是加工时的定位基准，所以应有要求较高的平面度和较小的表面粗糙度值，否则，将直接影响箱体加工时的定位精度，以及箱体与机座总装配时的接触刚度和相互位置精度。

一般箱体主要平面的平面度为 0.03 ~0.1 mm，表面粗糙度值为 *Ra*2.5 ~0.63 μm，各主要平面对装配基准面的垂直度为 0.1 mm/300 mm。

（2）孔的尺寸精度、形状精度和表面粗糙度

箱体上轴承孔本身的尺寸精度、形状精度和表面粗糙度都有较高的要求，否则，将影响轴承与箱体孔的配合精度，使轴的回转精度下降，也易使传动件产生振动和噪声。一般机床主轴箱的主轴支撑孔的尺寸精度为 IT6，圆度、圆柱度公差不超过孔径公差的一半，表面粗糙度值为 *Ra*0.32 ~0.16 μm。其余支撑孔尺寸精度为 IT7 ~IT6，表面粗糙度值为 *Ra*1.25 ~0.32 μm。

（3）主要孔和平面的相互位置精度

同轴线的孔系应有一定的同轴度要求，各支撑孔之间也应有一定的孔距尺寸精度及平行度要求，否则，不仅装配有困难，而且会使轴的运转情况恶化，温度升高，轴承磨损加剧，齿轮啮合精度下降，引起振动和噪声，降低齿轮使用寿命。支撑孔之间的孔距公差为 0.05 ~0.12 mm，平行度应小于孔距公差，一般取 0.04 ~0.1 mm。

二、箱体零件的材料和毛坯

1. 材料

箱体组合件的材料为普通灰铸铁 HT150 ~HT350，可根据实际需要选用，用得较多的是 HT200。灰铸铁的铸造性能和切削加工性能好，价格低廉，具有较好的吸振性和耐磨性。精度要求较高的坐标镗床主轴箱则选用耐磨铸铁，轿车发动机箱体常用铝合金等有色金属制造。

2. 毛坯

毛坯应进行退火处理，以便消除铸造时的内应力，改善切削加工性能。

毛坯的加工余量与生产批量、毛坯尺寸、结构、精度和铸造方法等因素有关。单件小批量生产的铸铁箱体，常用木模手工砂型铸造，毛坯精度低，加工余量大；大批量生产中大多用金属模机器造型铸造，毛坯精度高，加工余量小。铸铁箱体毛坯上直径大于 30 mm 的孔大多预先铸出，以减小孔的加工余量。毛坯铸造时，应防止砂眼和气孔的产生。为了减小毛坯制造时产生的残余应力，应尽量使箱体壁厚均匀，并在浇铸后安排时效或退火工序。

三、箱体零件的加工工艺分析

1. 选择定位基准

箱体类零件定位基准一般分为粗基准和精基准两部分。粗基准的作用是保证各个加工面和孔的加工余量均匀，而精基准的作用则是保证尺寸精度和相互位置精度。因此，应根据箱体类零件的加工工艺特点选择不同的定位基准。

（1）粗基准的选择

大多数箱体上都有一个或一组主要孔，为保证主要孔的加工余量均匀，应该以主要孔作为粗基准。箱体内壁一般都不加工，它和安装在箱体中的齿轮等传动件之间只有不大的间隙。如果加工出的轴承孔与内壁之间的距离误差太大，有可能导致轴上齿轮与箱体内壁相撞。为防止出现这种情况，加工箱体时又应以内壁为粗基准。为此，实际生产中，常以箱体上的主要孔为粗基准，限制四个自由度，辅以内壁或其他毛坯孔为辅助基准，以达到完全定位的目的。

根据生产类型不同，箱体类零件的粗基准选择与安装方式也不一样。大批量生产时，由于毛坯精度较高，可以直接用箱体上的重要孔在专用夹具上定位，工件安装迅速，生产率高。在单件、小批量及中批量生产时，一般毛坯精度较低，按上述方法选择粗基准往往会造成箱体外形偏斜，甚至局部加工余量不够，因此，通常采用划线找正的方法进行第一道工序的加工，如加工机床主轴箱时，即以主轴孔为粗基准对毛坯划线和检查，对偏斜予以纠正，纠正后可保证孔的余量足够，但不一定均匀。

（2）精基准的选择

为了保证箱体类零件的孔与孔、孔与平面、平面与平面之间距离的尺寸精度和相互位置精度，箱体类零件精基准选择时应遵循基准统一原则和基准重合原则。

1）基准统一原则（一面双孔）。在大多数工序中，箱体利用底面（或顶面）及两孔作为定位基准加工其他平面和孔系，以避免由于基准转换而带来累积误差。

2）基准重合原则（三面定位）。箱体上的装配基准一般为平面，而它们又往往是箱体上其他要素的设计基准，因此，以这些装配基准平面作为定位基准，避免了基准不重合误差，有利于提高箱体各主要表面的相互位置精度。例如，机床主轴箱小批量生产过程中即采用基准重合原则。

以上两种定位方式各有优缺点，应根据实际生产条件合理确定。在中、小批量生产时，尽可能使定位基准与设计基准重合，以设计基准作为统一的定位基准。而在大批量生产时，优先考虑的是如何稳定加工质量和提高生产率，而由此产生的基准不重合误差则通过工艺措施解决，如提高工件定位精度和夹具精度等。

2. 加工顺序的安排

箱体类零件主要由平面和孔系组成，它的加工要求比较高，需要多次装夹，所以，必须有统一的基准和加工顺序来保证满足它的精度要求。

箱体类零件的加工顺序安排原则：

(1) 先面后孔的原则

由于箱体的加工和装配大多以平面为基准，先加工平面，不仅为加工精度较高的支撑孔提供了稳定可靠的精基准，而且还符合基准重合原则，有利于提高加工精度。另外，先以孔为粗基准加工平面，再以平面为精基准加工孔，这样可为孔的加工提供稳定可靠的定位基准，而且加工平面时切去了铸件上的硬皮和凹凸不平的粗糙面，有利于后续加工，可减少钻孔时钻头引偏和刀具崩刃等现象，对刀和调整也比较方便。

(2) 先主后次的原则

加工平面或孔系时，应贯彻先主后次原则，即先加工主要平面或主要孔。这是因为加工其他平面或孔时，以先加工好的主要平面或主要孔作为精基准，装夹可靠，调整各表面的加工余量比较方便，有利于提高各表面的加工精度。同时，由于主要平面或主要孔精度要求高，加工难度大，先加工时如果出现废品，不至于浪费其他表面的加工工时。

(3) 粗加工、精加工分开的原则

对于刚度差、批量较大、要求精度较高的箱体，一般要将粗加工、精加工分开进行，即在主要平面和各支撑孔的粗加工之后再进行精加工。这样，可以消除由粗加工所造成的内应力、切削力、切削热、夹紧力等对加工精度的影响，并且有利于合理地选用设备。

粗加工、精加工分开进行，会使机床、夹具的数量及工件安装次数增加，成本提高，所以对于单件、小批量生产、精度要求不高的箱体，常常将粗加工、精加工合并在一道工序进行，但必须采取相应措施以减小加工过程中的变形。例如，粗加工后松开工件，让工件充分冷却，然后用较小的夹紧力、较小的切削用量、多次进给进行精加工。

3. 热处理工序的安排

箱体类零件结构一般较复杂，壁厚不均匀，铸造残留内应力大。为消除内应力，减小箱体在使用过程中的变形，保持精度稳定，铸造后一般均需进行时效处理。自然时效的效果较好，但生产周期长，目前仅用于精密机床的箱体铸件。对普通机床和设备的箱体，一般都采用人工时效。箱体经粗加工后，应存放一段时间再精加工，以消除粗加工积聚的内应力。精密机床的箱体或形状特别复杂的箱体，应在粗加工后再进行一次人工时效，以促进铸造和粗加工造成的内应力释放。

四、箱体类零件的加工工艺过程

箱体类零件的加工工艺过程一般分单件小批量生产和大批量生产两种。

单件小批量生产时，箱体类零件的基本工艺过程为：铸造毛坯—时效—划线—粗加工主要平面及其他平面—划线—粗加工支撑孔—二次时效—精加工主要平面和其他平面—精加工支撑孔—划线—钻各小孔—攻螺纹。

大批量生产时，箱体类零件的基本工艺过程为：铸造毛坯—时效—加工主要平面和工艺定位孔—二次时效—粗加工各平面上的孔—攻螺纹—精加工各平面上的孔。

五、生产实例分析

分析如图 6—11 所示的方箱体组合件的加工工艺。

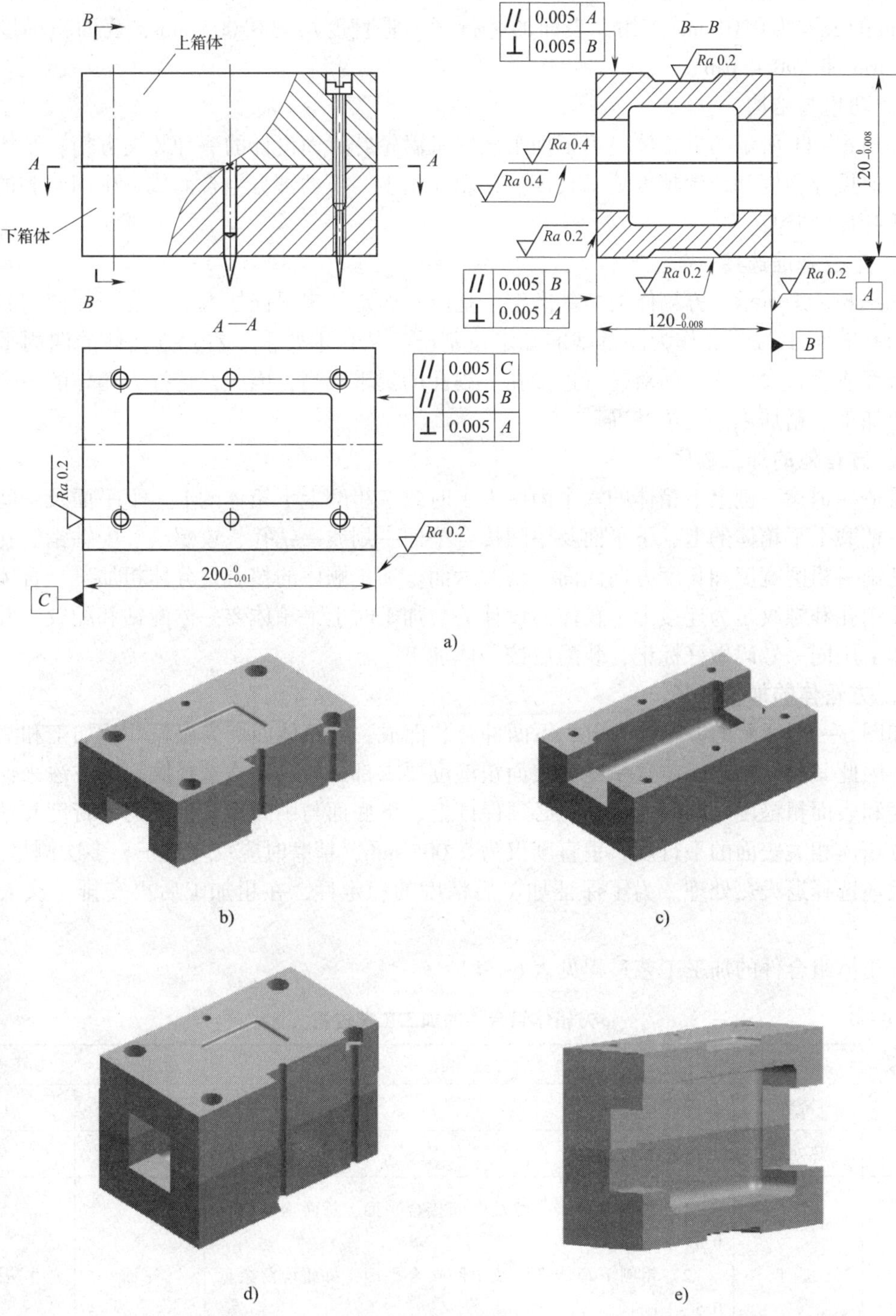

图 6—11　方箱体组合件

a）零件图　b）上箱体　c）下箱体　d）合箱图　e）合箱全剖图

1. 技术要求

由图6—11可知，使用时，方箱体上的基准面*A*、*B*、*C*作为测量基准和定位基准，其尺寸精度与位置精度要求都比较高，高度与宽度120 mm的尺寸公差仅为0.008 mm，长度200 mm的公差为0.01 mm，相关表面的平行度、垂直度均为0.005 mm，表面粗糙度值为*Ra*0.2 μm和*Ra*0.4 μm。

2. 功用与结构

如图6—11所示的方箱体是为了加工燃气机涡轮叶片而设计的一种装夹方箱，结构比较简单，但尺寸精度和位置精度要求较高。该箱体由上、下两部分组合而成，中间空腔的作用是放置叶片的叶身。

3. 定位基准选择

如图6—11所示，方箱体的精基准定位是以三面定位来保证技术要求的。在使用时方箱体上的基准面*A*、*B*、*C*作为测量基准和定位基准。从技术要求上看，方箱体的四周平面都有平行度或垂直度要求，而对螺纹连接孔、销孔的要求不高，因此，选择方箱体的各个表面作为粗加工、精加工的定位基准。

4. 方箱体的加工顺序

铸造—退火—刨上下箱体的六个面—人工时效—粗磨上下箱体的上、下平面及中间接合平面—精磨上下箱体的上、下平面及中间接合平面—划线—钻孔、攻螺纹、配钻销钉孔并装入圆柱销—粗磨宽度和长度方向四面—精磨六面。加工顺序的核心是分体粗加工，合体精加工。而销孔和螺纹是为连接上下箱体而设计的，加工时上下箱体要一体配钻和配铰，并在上下箱体上用同一号码做好标记，装配后按一体加工。

5. 方箱体的加工工艺

如图6—11所示的方箱体为上、下两件合装而成，方箱体四周为涡轮叶片加工和测量的基准，因此其尺寸精度、位置精度和表面粗糙度要求都比较高，应选择磨削的方法来保证尺寸精度和表面粗糙度。同时，粗磨时必须保证上、下底面与中间接合平面的平行度和精磨余量。方箱体相关表面的平行度、垂直度仅为0.005 mm，精磨时应反复找正、多次测量。

毛坯选择退火热处理。为了保证加工后精度的稳定性，在粗加工后再安排一次人工时效。

方箱体组合件的加工工艺过程见表6—4。

表6—4　　方箱体组合件的加工工艺过程

工序号	工序名称	工序内容	装夹基准	加工设备
1	铸造	铸造毛坯		
2	热处理	退火处理		
3	刨削	（1）粗刨上箱体平面及中间接合平面，每面均留余量0.5～1 mm （2）粗刨下箱体平面及中间接合平面，每面均留余量0.5～1 mm （3）粗刨其他各面，留余量0.3～0.4 mm	平面	牛头刨床

续表

工序号	工序名称	工序内容	装夹基准	加工设备
4	热处理	人工时效		
5	粗磨	磨上、下箱体平面及中间接合平面，每面留余量 0.2 ~ 0.3 mm	上、下底平面	平面磨床
6	精磨	精磨上、下箱体中间接合平面，保证上、下平面的磨削余量	上、下底平面	平面磨床
7	钳	划孔及螺纹孔线	四周平面	划线平板、游标高度尺
8	钳	(1) 钻孔、攻螺纹，装入螺钉 (2) 配钻销孔，装入圆柱销 (3) 打标记，合箱	底平面	钻床
9	粗磨	粗磨宽度方向和长度方向四面，每面留余量 0.1 ~ 0.15 mm，平行度及对上、下底平面的垂直度误差不大于 0.005 mm	四周平面	平面磨床
10	精磨	精磨六面，保证尺寸精度、位置精度与表面粗糙度	合箱后的六面	平面磨床
11	检验	检验		

第四节　齿轮加工工艺

齿轮传动广泛应用于机床、汽车、飞机、船舶及精密仪器等行业中，在机械制造中齿轮生产占有极其重要的位置。齿轮的种类较多，本节以圆柱齿轮为例介绍其加工工艺。

一、齿轮的功用、结构及技术要求

1. 功用

齿轮在机械中用以传递运动和转矩。齿轮传动的传动比恒定，传递运动准确平稳，传递功率大，传动效率高，可实现较大的传动比，而且结构紧凑，工作可靠，使用寿命长。

2. 结构

圆柱齿轮的结构因其使用要求不同而有所差异。从工艺角度可将其组成分成齿圈和轮体两部分，两者可为一体，也可为装配式结构。按照轮齿的分布形式，可以分为直齿轮、斜齿轮、人字齿轮等；按照轮体的结构形式，齿轮可分为单联齿轮、多联齿轮、轴套类齿轮、齿条等，如图 6—12 所示。

圆柱齿轮的结构形式直接影响齿轮加工工艺的制定。普通单齿圈齿轮的工艺性最好，可以采用任何一种加工齿形的方法加工。双联或三联等多齿圈齿轮的小齿圈的加工受其轮缘间轴向距离的限制，其齿形加工方法的选择会受到限制，加工工艺性较差。

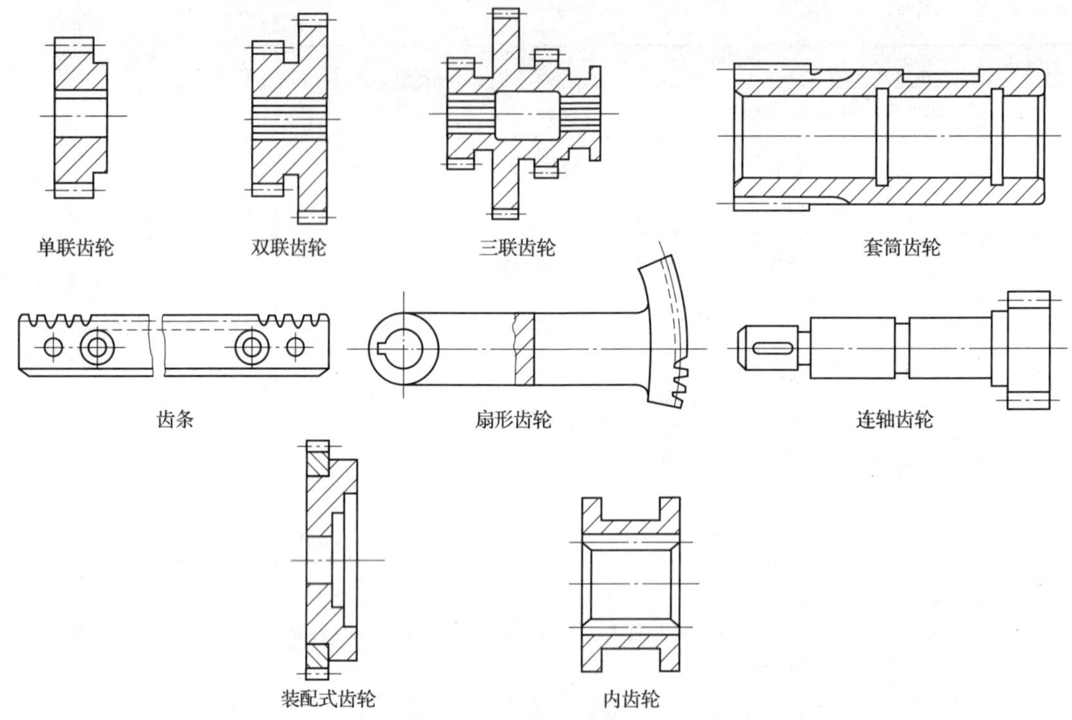

图 6—12　圆柱齿轮的结构形状

3. 技术要求

齿轮制造精度对机器的工作性能、承载能力及使用寿命都有很大影响。齿轮制造应满足以下要求：

（1）传递运动要有一定的准确性和平稳性。

（2）在齿面上载荷分布要均匀。

（3）要保持适当的齿侧间隙，以便储存润滑油及补偿弹性变形和热变形以及齿轮的制造和安装误差。

（4）要有一定的表面结构要求和热处理要求。

二、齿轮的材料和毛坯

1. 材料

作为机械中重要传动组件的齿轮，工作条件复杂，有的传动速度高，有的传递转矩大，传动时齿面间存在较大滑动摩擦，因此对齿轮轮齿所用材料有如下要求：

（1）具有一定的接触疲劳强度和弯曲疲劳强度。

（2）有足够的硬度和耐磨性。

（3）具有一定的冲击韧性。

（4）从工艺角度要求热处理变形要小，切削性能要好。

2. 毛坯

齿轮毛坯的选择取决于齿轮的材料、结构形状、尺寸规格、使用条件及生产批量等因素。常用的齿轮毛坯见表 6—5。

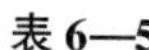

表 6—5　常用的齿轮毛坯

序号	毛坯种类	用途
1	棒料	用于一些不重要、受力不大且尺寸较小、结构简单的齿轮
2	锻造毛坯	用于重要且受力较大的齿轮
3	铸钢毛坯	用于直径很大或结构形状复杂的齿轮
4	铸铁毛坯	用于受力小、无冲击、低速的齿轮

三、齿轮的加工工艺分析

加工圆柱齿轮时，要保证齿坯加工精度和齿面加工精度。

1. 齿坯加工精度

因为齿坯的内孔和基准端面常常是齿轮加工、检查和装配的基准。齿坯加工主要包括带孔齿轮的孔与端面、连轴齿轮的轴及齿坯外圆和端面的加工。齿坯孔加工的主要方案有以下三种：

（1）钻孔—扩孔—铰孔—插键槽。

（2）钻孔—扩孔—拉键槽—磨孔。

（3）车孔或镗孔—拉或插键槽—磨孔。

齿坯外圆和端面主要采用车削。加工时要特别注意必须在一次安装内完成，并在基准端面上做好标记。

2. 齿面加工精度

它是整个齿轮加工的核心，齿面加工精度会直接影响齿轮啮合传动的准确性、平稳性等。应根据齿轮的精度等级、生产批量、生产条件和热处理要求等，选择以下加工方案：

7 ~ 8 级精度、不需淬硬的齿轮，可用铣齿、滚齿或插齿达到要求。

6 ~ 7 级精度、不需淬硬的齿轮，可用滚齿—剃齿达到要求。

6 ~ 7 级精度、需淬硬的齿轮，生产批量较小时可用滚齿（或插齿）—齿面热处理—磨齿的方案，生产批量大时可采用滚齿—剃齿—齿面热处理—珩齿的加工方案。

3. 圆柱齿轮的加工模式

根据齿轮的材料、精度等级、生产批量及生产条件，可采用三种模式加工齿轮，见表 6—6。

表 6—6　圆柱齿轮的工艺路线

序号	齿轮要求	加工工艺路线
1	需调质的整体齿轮	毛坯制造—正火—齿坯粗加工—调质—齿坯精加工—齿面粗加工—齿面精加工
2	需齿面强化的整体齿轮	毛坯制造—正火—齿坯粗加工—调质—齿坯半精加工—齿面粗加工—齿面高频淬火—渗碳或渗氮处理—齿坯精加工—齿面精加工（磨齿或珩齿）
3	需渗碳或渗氮的齿轮	毛坯制造—正火—齿坯粗加工—调质或正火—齿坯半精加工—齿面粗加工—齿面半精加工（剃齿）—渗碳淬火或渗氮—齿坯精加工—齿面精加工（磨齿、研齿或行齿）

四、生产实例分析

齿轮的零件图如图 6—13 所示，下面分析单件小批量生产和大批量生产的加工工艺过程。

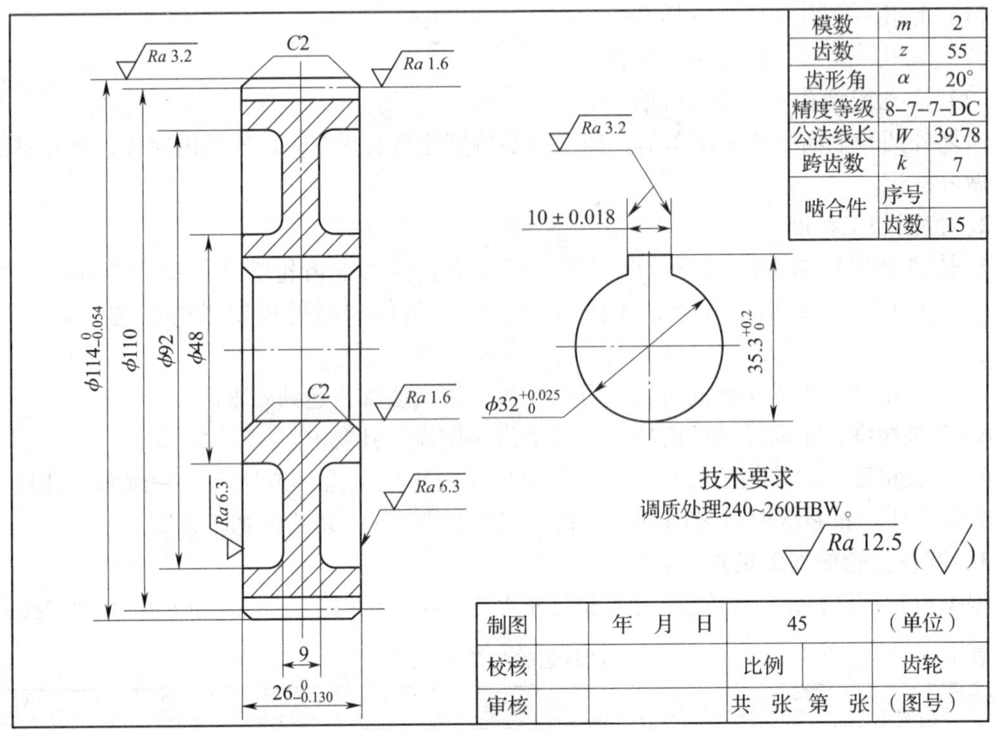

图 6—13　齿轮

1. 零件分析

该齿轮为模数 $m=2$ mm，齿数 $z=55$，齿形角 $\alpha=20°$的标准直齿圆柱齿轮。精度等级为 8—7—7—DC，公法线长度 $W=39.78$ mm，跨齿数 $k=7$。基准内孔直径为 $32^{+0.025}_{0}$ mm，两端面对基准轴线无位置精度要求。基准孔的表面粗糙度值为 $Ra1.6$ μm。

毛坯采用锻造，以改善材料的力学性能。单件小批量生产时采用自由锻，大批大量生产时采用模锻。

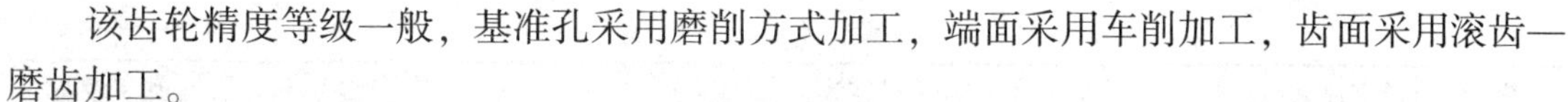

该齿轮精度等级一般，基准孔采用磨削方式加工，端面采用车削加工，齿面采用滚齿—磨齿加工。

2. 加工工艺过程

(1) 单件小批量生产（100 件）时，加工工艺过程见表 6—7。

表 6—7　　齿轮加工工艺过程（单件小批量生产）

序号	工序名称	工序内容	定位基准	加工设备
1	锻	自由锻，毛坯尺寸 $\phi120$ mm×30 mm		空气锤
2	热处理	正火		回火炉
3	粗车	车外圆、两端面、内孔，各加工表面留余量 2 mm	外圆、两端面	车床
4	热处理	调质 240～260HBW		淬火、回火炉
5	车	车 $\phi92$ mm 孔和 $\phi48$ mm 外圆至图样要求	外圆	车床
6	车	车 $\phi32^{+0.025}_{0}$ mm 内孔至 $\phi31.8^{+0.033}_{0}$ mm，$\phi114^{0}_{-0.054}$ mm 外圆、$26^{0}_{-0.130}$ mm 厚度至图样尺寸要求	$\phi92$ mm 孔、端面	数车
7	滚齿	滚制齿面，留磨齿余量 0.2～0.3 mm，表面粗糙度值达 $Ra3.2$ μm	内孔、端面	滚齿机
8	钳	齿端面倒角、去毛刺		
9	拉	拉键槽（10±0.018）mm 至图样尺寸要求	端面、内孔	拉床
10	磨	找正内孔及端面（允许 0.02 mm），磨内孔 $\phi32^{+0.025}_{0}$ mm 至图样尺寸要求	内孔、端面	磨床
11	磨齿	磨齿达图样要求	内孔、端面	磨齿机
12	钳	去全部毛刺		
13	检验	按图样要求检测		

(2) 大批量生产（2 000 件）时，加工工艺过程见表 6—8。

表 6—8　　齿轮加工工艺过程（大批量生产）

序号	工序名称	工序内容	定位基准	加工设备
1	锻	模锻，毛坯尺寸 $\phi118$ mm×28 mm		空气锤
2	热处理	正火		回火炉
3	粗车	某一端面	外圆	车床
4	粗车	车另一端面至长度尺寸为 27 mm	外圆	车床
5	粗车	用 $\phi30$ mm 钻头钻孔	外圆	车床
6	粗车	用心轴装夹 10 件，车外圆至 $\phi116$ mm	内孔	车床
7	热处理	调质 240～260HBW		淬火、回火炉
8	车	车 $\phi92$ mm 和 $\phi48$ mm 至图样要求	外圆	数车
9	车	车某一端面至表面粗糙度值为 $Ra6.3$ μm	$\phi92$ mm 孔、端面	数车

续表

序号	工序名称	工序内容	定位基准	加工设备
10	车	车另一端面至长度尺寸和表面粗糙度至图样要求	ϕ92 mm 孔、端面	数车
11	精车	镗 $\phi 32^{+0.025}_{0}$ mm 孔至尺寸 $\phi 31.8^{+0.033}_{0}$ mm	ϕ92 mm 孔、端面	数车
12	精车	用心轴装夹 10 件，车外圆至图样尺寸要求	ϕ31.8 mm 内孔	数车
13	滚齿	滚制齿面，留 0.2 ~ 0.3 mm 磨齿量，表面粗糙度值为 *Ra*3.2 μm	内孔、端面	滚齿机
14	钳	齿端面倒角、去毛刺		
15	拉	拉键槽（10 ± 0.018）mm 至图样要求	端面、内孔	拉床
16	磨	找正内孔及端面（允许 0.02 mm），磨内孔 $\phi 32^{+0.025}_{0}$ mm 至图样要求	内孔、端面	磨床
17	磨齿	磨齿达图样规定要求	内孔、端面	磨齿机
18	钳	去全部毛刺		
19	检验	按图样要求检测		

〔本章小结〕

本章主要分析了轴类、套类、箱体类、齿轮四种典型零件的加工工艺。

◇ 轴类零件加工工艺制定的依据是轴类零件的功用、结构、技术要求、毛坯的选择、定位基准和热处理要求等。加工工艺分析内容主要有划分加工阶段、选择定位基准、热处理工序的安排等。

◇ 套类零件加工工艺制定的依据是套类零件的功用、结构、技术要求、定位基准和防止加工变形等。加工工艺分析内容主要有保证相互位置精度的工艺措施、防止套类零件变形的工艺措施等。

◇ 箱体类零件的制造精度将直接影响机器的性能和使用寿命。加工工艺分析内容主要有选择定位基准、加工顺序的安排和热处理工序的安排。加工顺序的安排原则有先面后孔，先主后次，粗加工、精加工分开。

◇ 齿轮零件加工工艺制定的依据是齿轮的结构、功能、技术要求、毛坯的选择、材料等。圆柱齿轮加工工艺分析内容主要是根据齿轮的材料、精度等级、生产批量及生产条件，选择适用的加工方法。

第七章　复杂零件加工工艺分析

第一节　曲轴零件加工工艺

曲轴结构如图7—1所示。它具有一般轴类零件的主要特征，其加工也符合轴类零件的加工规律，如铣两端面后钻中心孔、车削加工、磨削加工和抛光等。但是曲轴结构又与一般轴类零件不同，有其独特之处，如曲轴有主轴颈、连杆轴颈（曲柄轴颈），以及主轴颈与连杆轴颈间的连接板等。

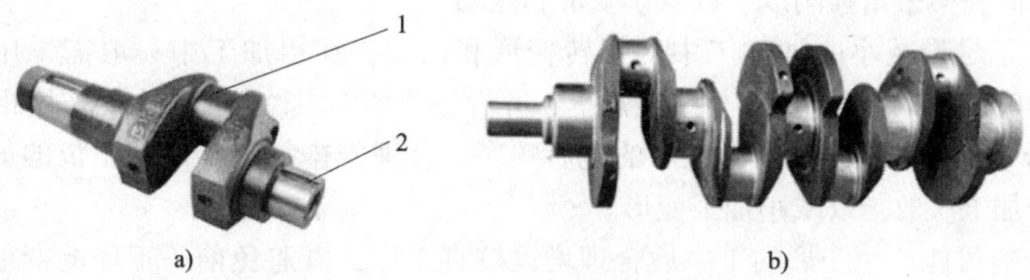

图7—1　曲轴

a）单拐曲轴　b）多拐曲轴

1—连杆轴颈　2—主轴颈

由于曲轴具有曲柄结构，刚度较差，结构复杂，技术要求高，所以是比较难加工的零件。

一、曲轴的功用

曲轴是活塞式发动机的主要零件之一，用来将活塞的往复运动转变为旋转运动，如图7—2所示为曲轴工作示意图。

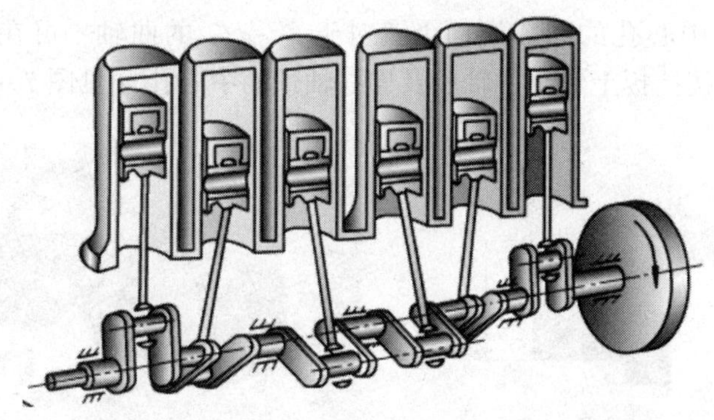

图7—2　曲轴工作示意图

曲轴工作时受到很大的转矩以及大小和方向都不断变化的弯曲应力。由于受力情况复杂，一般内燃机曲轴的材料采用45、45Mn2、50Mn、40Cr、35CrMo等锻造毛坯或QT600—3铸造毛坯。

二、曲轴加工的特点

曲轴的结构比较特别，主轴颈和连杆轴颈不在同一轴线上，加工工艺过程复杂，其加工有以下几个特点。

1. 刚度差

曲轴的长径比较大（一般曲轴的长径比 L/d 为8～13），并具有连杆轴颈，因此曲轴的刚度很差。加工中，曲轴在其自重和切削力的作用下会产生严重的扭转变形和弯曲变形，特别是在单边传动的机床上，加工时的扭转变形更为严重。另外，精加工之前的热处理和加工后的内应力重新分布都会造成曲轴变形。因此，在加工过程中应该采取一些有效措施。

（1）在整个加工过程中，特别是在粗加工工序中，由于切除的余量大，所用的机床、刀具及夹具等都要具有较高的刚度，并在用中心孔定位时要控制机床顶尖对曲轴的压力，必要时应用中间托架来增强刚度，以减小变形和振动。

（2）为了尽量减小曲轴加工中的扭转变形和振动，在粗加工中一般需采用两边传动（主要消除扭转变形）的高刚度机床来加工，并设法使加工中径向切削力的作用相互抵消。

（3）合理划分加工阶段及各工序的先后顺序，合理安排每个工序中工位的加工顺序及每个表面的加工次数，以减小加工变形。

（4）在有可能产生变形的工序后合理增设校直工序，以避免前一工序的变形影响后续工序的正常进行。例如，有的钢曲轴在加工过程中安排了3～4次校直工序。

2. 结构复杂

（1）连杆轴颈的加工。曲轴的主轴颈和连杆轴颈的轴线平行而不重合，这一现象称为偏心，两轴线之间的距离称为偏心距，用字母 e 表示，如图7—3所示。

连杆轴颈的轴线应与主轴颈的轴线平行并保持要求的中心距，因此加工连杆轴颈前应先加工出曲轴端面和中心孔，以确定各轴颈轴线的正确位置。对于大型或单件小批量生产的曲轴，因毛坯大多是自由锻造的，所以中心孔一般均按划线加工。

如图7—4所示，当曲轴连杆轴颈偏心距 $e \leq d/2$（d 为主轴颈直径）时，可将连杆轴颈的中心孔钻在主轴颈中心孔的同一端面上；对于 $e > d/2$ 的曲轴，可在两端预留工艺端部（见图7—5）或在焊接挡板上钻出主轴颈及连杆轴颈的中心孔（见图7—6）。

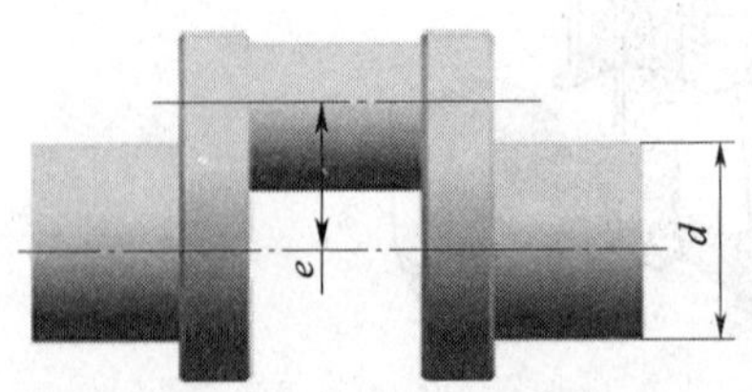

图7—3　曲轴连杆轴颈的偏心距 e

图7—4　曲轴连杆轴颈偏心距 $e \leq d/2$

图 7—5 两端预留工艺端部

图 7—6 焊接挡板上钻出中心孔

（2）防止变形及平衡的方法。由于曲轴质量大，形状特殊，重心和几何中心不重合，车削时容易引起变形和振动，因此应采取必要措施改善加工条件。为了提高曲轴刚度以减小变形，车削主轴颈时，可在两曲柄之间用螺栓螺母支撑，如图 7—7 所示；当 $e > d/2$ 并使用挡板或夹具车削连杆轴颈时，可在连杆轴颈线上用螺栓支撑，如图 7—8 所示。要注意的是，支撑螺钉顶力要适中，顶得过紧会使工件弯曲变形，顶得太松则起不到支撑作用，甚至发生加工中支撑件飞出的事故。

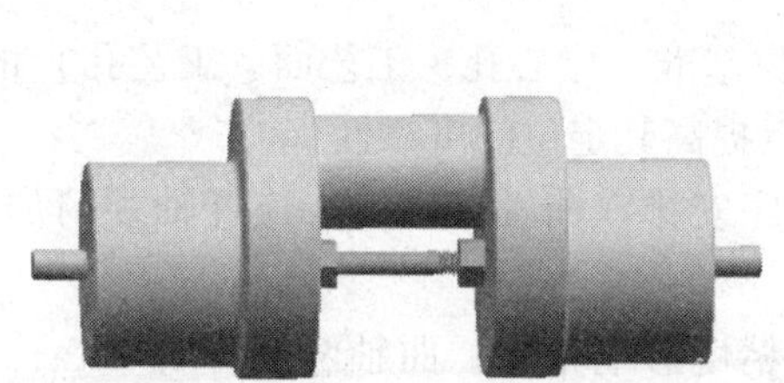

图 7—7 两曲柄之间用螺栓螺母支撑

图 7—8 连杆轴颈线上用螺栓支撑

因为连杆轴颈的存在，曲轴重心和主轴颈及连杆轴颈的轴线偏移，在车床上加工时会产生惯性力和振动，影响轴颈的加工精度。采取的措施是在车床卡盘上或在两曲柄间加平衡重块，如图 7—9 所示。同时，应适当降低主轴转速。

克服曲轴重心和轴颈轴线偏移，也可以通过曲轴的曲柄设计来实现，如图 7—10 所示，在曲柄位置增加平衡块结构，用配重来修正，以减小惯性力和振动对加工精度的影响。

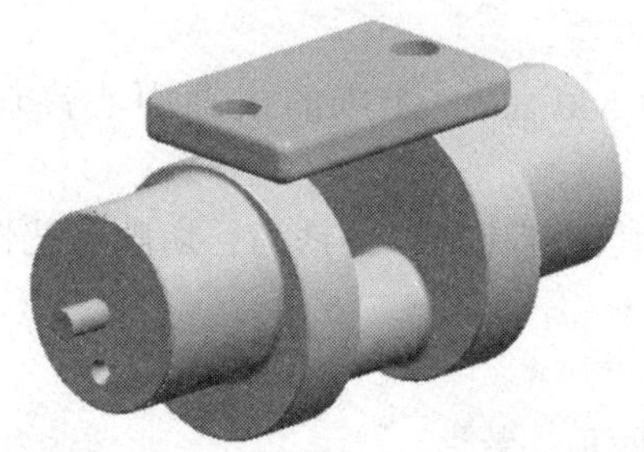

图 7—9 两曲柄间加平衡重块

图 7—10 曲柄平衡块结构

(3) 切削热会引起曲轴受热膨胀而弯曲，因此应在各加工工序中考虑加强冷却，这对钢曲轴尤为重要。

(4) 采用曲轴不转而刀具绕曲轴旋转的工艺方法，可以避免加工中的不平衡。这种方法更适合于不平衡现象明显的场合，如大型曲轴的加工。

3. 技术要求高

由上述分析可知，曲轴的技术要求比较高，且形状复杂、加工表面多，这就决定了曲轴的工序数目多、加工量大。在各种生产规模中，与发动机的其他零件比较，曲轴的工艺路线是比较长的，而且磨削工序占相当大的比例。因此，如何更多地采用新工艺、新技术，提高各工序的生产率及使工艺过程实现自动化，是曲轴加工工艺设计的重要问题。

三、曲轴的加工工艺分析

根据曲轴的工艺特点，加工工艺分析如下：

(1) 在曲轴加工工序安排上，应注意生产批量的要求。一般在大批量生产中，按工序分散的原则安排工艺过程，单件小批量生产时尽可能使工序集中。

(2) 曲轴的加工精度较高，技术要求高，应尽可能使设计基准与工艺基准重合，以减小误差。

(3) 要提高加工精度，还应尽可能提高定位基准（中心孔、工艺面、工艺孔）的精度，宜采用高精度设备进行加工，如坐标镗床等，以提高其定位的可靠性。

(4) 尽可能把造成曲轴弯曲变形较大的工序安排在曲轴主轴颈、连杆轴颈精加工之前完成，如铣端面、铣键槽等工序。

(5) 曲轴中心孔的加工质量对曲轴的加工精度影响很大，曲轴两端各对中心孔的位置要求一一对应，如果两端中心孔不在同一直线上，造成轴线歪斜，或中心孔表面加工不圆整、不光滑，都会引起曲轴工件加工后的形状误差和位置误差。所以，精度要求较高的曲轴，中心孔一般都应在精度较高的坐标镗床上加工。

四、生产实例分析

如图 7—11 所示为 JA31－250 型发动机曲轴零件图，图 7—12 所示为其立体图。现需小批量生产，试分析其加工工艺过程。

1. 图样分析

加工图 7—11 所示的单拐曲轴，可在通用机床上装夹。零件图样分析如下：

(1) 连杆轴颈偏心距较大（95 mm），精度要求不高。

(2) 加工曲柄颈时曲柄臂的最大回转直径为 550 mm，车床的主轴中心高应大于 275 mm。

(3) 曲柄毛坯为球墨铸铁（QT600—3）铸件，其强度比灰口铸铁高，切削工艺性比灰口铸铁差。

2. 工艺分析

(1) 连杆轴偏心距不是很大（65 mm），可采用两顶尖装夹。

(2) 加工时应将粗、精车分开，有利于提高工件加工精度。

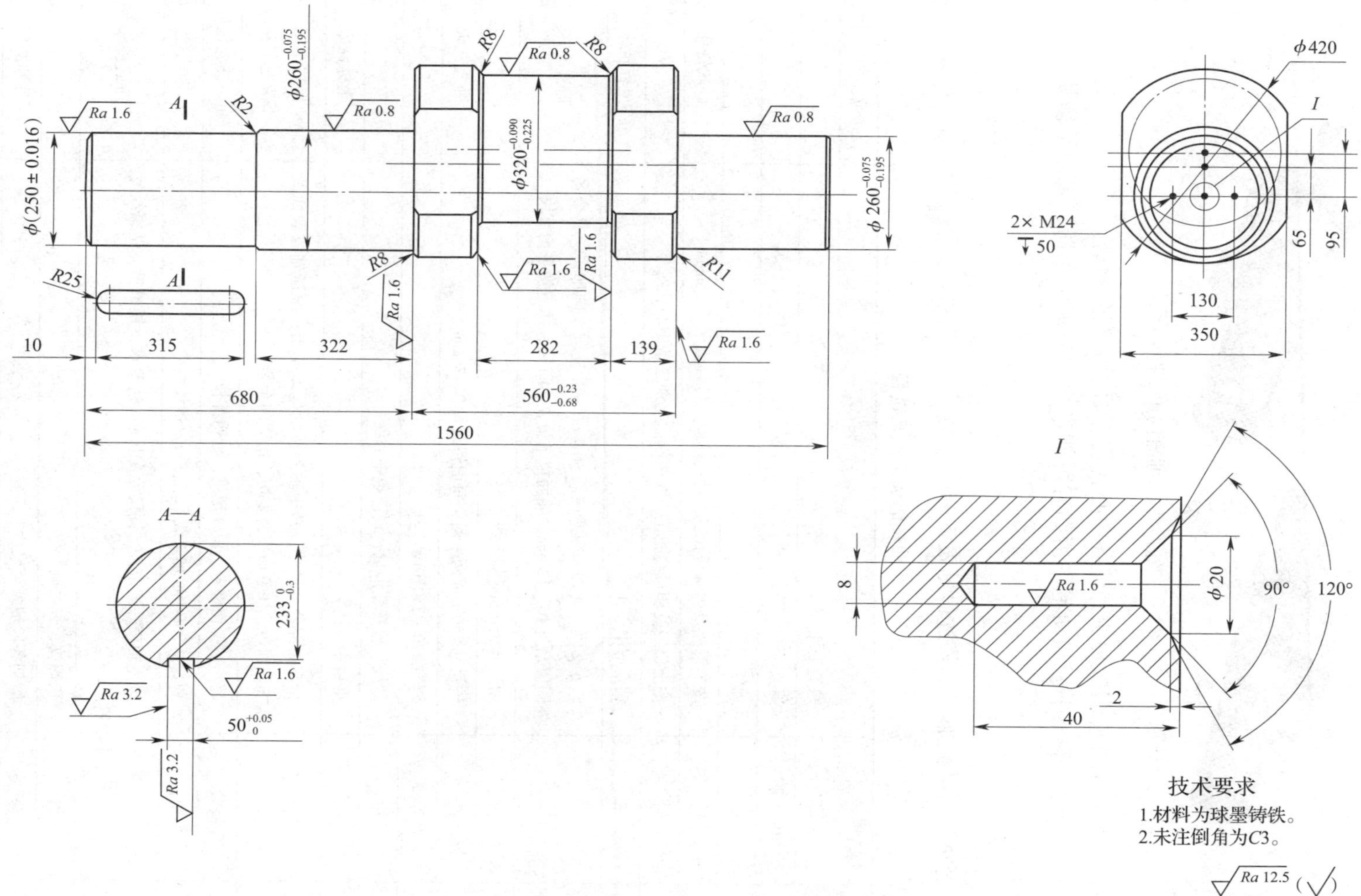

图7—11 JA31－250型发动机曲轴零件图

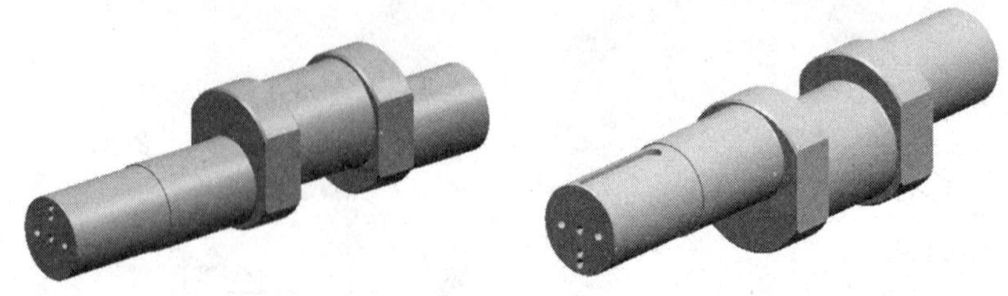

图 7—12　曲轴立体图

（3）车削时工件应多次掉头，使各中心孔均与后顶尖充分研磨。

（4）车削时，静不平衡和动不平衡都有可能产生，应加强预防，采用平衡块平衡，主轴转速不要过高。

3. 工件加工

单拐曲轴的机械加工工艺过程见表 7—1。

表 7—1　曲轴的加工工艺过程

序号	工序名称	工序内容	设备及主要工艺装备
1	锻	锻造毛坯	
2	热处理	退火	
3	钳	划线	
4	铣	按上母线及侧母线找正，铣两端面，每端留余量 5 mm	卧式铣床
5	钳	按上母线及侧母线找正，在两端面上划三条中心孔线	
6	钻	钻全部中心孔	坐标镗床
7	车	粗车各部，两端轴颈端面起 50 ~ 60 mm 长度车圆即可，其余各外圆留余量 10 ~ 12 mm，端面留余量 3 ~ 4 mm，注意加平衡重块	卧式车床
8	钳	划尺寸 350 mm 加工线	
9	铣	铣尺寸 350 mm 两平面，每面留余量 2 ~ 3 mm	卧式铣床
10	热处理	调质 220 ~ 250HBW	
11	钳	划线、检查变形量，划三条中心线	
12	钻	重钻中心孔	坐标镗床
13	车	精车各部分至尺寸，其中轴颈按上偏差车出；滚压轴颈表面及 *R*8 mm圆角，注意加平衡重块，留磨削余量	卧式车床 滚压工具
14	检验	超声波探伤检查，做好记录，标明部位	超声波探伤仪
15	钳	划尺寸 350 mm 加工线，划键槽及螺纹线	
16	铣、钻	以主轴颈外圆定位，铣尺寸 350 mm 达要求，铣键槽，钻螺纹底孔	卧式铣床
17	钳	攻螺纹，去毛刺	
18	磨	磨削各段轴颈至尺寸	外圆磨床
19	检验	检验	

第二节　卧式车床丝杠零件加工工艺

丝杠是细长轴，如图 7—13 所示，它的长径比一般为 20 ~ 50，刚度较差，在加工过程中易出现变形。如 SM8625 型车床丝杠的长径比约为 46，万能螺纹磨床丝杠的长径比约为 21。此外，丝杠的结构形状复杂，有很高的螺纹表面质量要求，还有阶梯、沟槽等，加工比较困难。

一、丝杠及其分类

丝杠是一种精度很高的零件，它能精确地确定车床工作台坐标位置，将旋转运动转变成直线运动，而且还要传递一定的动力，所以在精度、强度及耐磨性等方面都有很高的要求。机床丝杠按其摩擦特性可分为滑动丝杠、滚动丝杠和静压丝杠，如图 7—14 所示为滚动丝杠副。

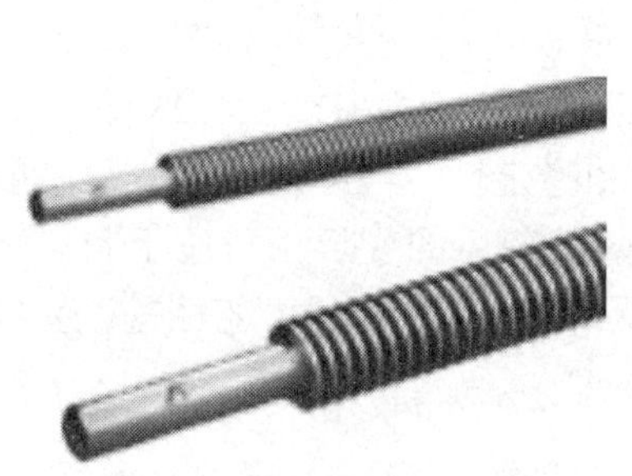

图 7—13　丝杠

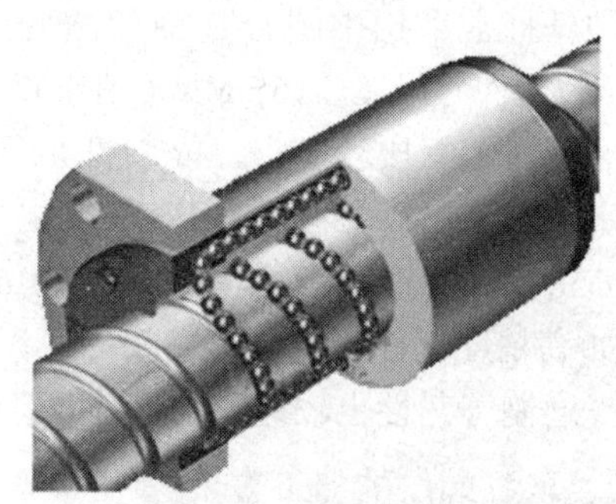

图 7—14　滚动丝杠副

滑动丝杠的牙形多为梯形，结构简单，制造方便，在机床上应用最为广泛。本节生产实例中的卧式车床丝杠即滑动丝杠。

滚动丝杠分为滚珠丝杠和滚柱丝杠两大类。滚珠丝杠比滚柱丝杠摩擦力小，传动效率高，精度也高，应用比较广泛，但制造工艺比较复杂。

静压丝杠有许多优点，常用于精密机床和数控机床的进给机构中。该丝杠螺纹可获得良好的油封及较高的承载能力，但是调整麻烦，需要一套液压系统。

二、滑动丝杠的牙形特点

滑动丝杠的螺纹牙形大多采用梯形。梯形螺纹比三角形螺纹等的传动效率高，精度高，加工也比较方便。

标准梯形螺纹的牙形角 α 一般为 30°，但对于传动精度要求高的丝杠，常采用 15°。牙形角 α 减小，丝杠中径尺寸变化对螺距误差的影响也随之减小。

三、丝杠的精度及技术要求

丝杠精度根据使用要求共分 6 级：4 级、5 级、6 级、7 级、8 级、9 级，精度依次降低。其中，4 级目前为最高级，很少应用；5 级用于螺纹磨床、坐标镗床；6 级用于精密仪器、精密机床和数控机床；7 级用于精密螺纹车床及精密齿轮机床；8 级用于一般机床，如卧式车床、铣床；9 级用于刨床、钻床及一般机床的进给机构。

各精度的丝杠技术要求中，除规定有丝杠大径、中径和小径的公差外，还规定了螺距公差、牙形半角的极限偏差、表面粗糙度、全长上中径尺寸变动量的公差、中径跳动公差等。

四、丝杠的材料

丝杠材料的选择是保证丝杠质量的关键，一般应满足以下要求：

(1) 具有优良的加工性能，磨削时不易产生裂纹，能得到良好的表面质量和较小的残余内应力，对刀具的磨损作用较小。

(2) 抗拉强度一般不低于 588 MPa，能传递一定的动力。

(3) 有良好的热处理工艺性，淬透性好，不易淬裂，组织均匀，热处理变形小，能获得较高的硬度，从而保证丝杠的耐磨性和尺寸的稳定性。

(4) 丝杠材料的金相组织要有较高的稳定性。

不淬硬丝杠材料有 45、T10A、T12A 等，如 T6110 型镗床和 C6132 型车床的丝杠材料为 45 钢，SG8630 型精密车床的丝杠材料为 T10A（或 T12A）。

淬硬丝杠常采用中碳合金钢和微变形钢，如 9Mn2V、CrWMn、GCr15（用于直径小于 ϕ50 mm 的工件）及 GCr15SiMn（用于直径大于或等于 ϕ50 mm 的工件）等。它们的淬火变形小，磨削时组织比较稳定，淬硬性也很好，硬度可达 58～62HRC。9Mn2V 有较好的工艺性和稳定性，淬硬后具有比 CrWMn 钢更好的工艺性和稳定性，但淬透性差，故一般用于直径小于 ϕ50 mm 的精密淬硬丝杠。CrWMn 的特点是热处理后的变形小，适于制作高精度的零件（如高精度丝杠、量块、精密刀具、模具、量具等），但热处理工艺性差，易造成热处理开裂，磨制工艺性也较差，易产生磨削裂纹。

五、丝杠螺纹的加工方法

丝杠螺纹加工常采用旋风切削。旋风切削螺纹生产率较高，操作容易，适用于螺纹零件的大批量生产，常用于螺距为 3～18 mm 的三角形螺纹、梯形螺纹和蜗杆螺纹的粗加工、精加工。加工表面粗糙度值可达 Ra3.2～0.8 μm。

旋风切削螺纹实质上就是用旋切头（见图 7—15）高速铣削螺纹。

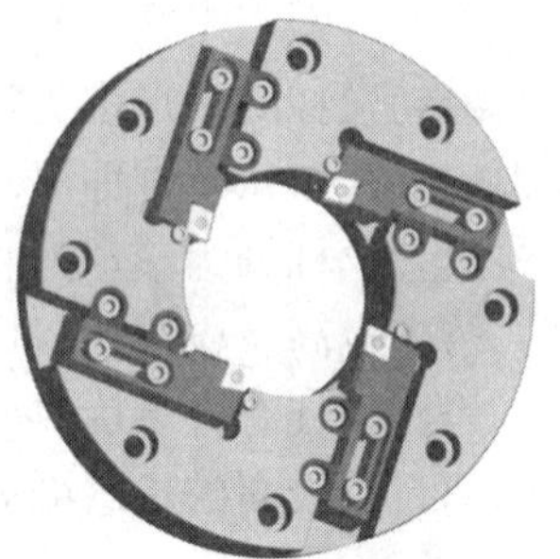

图 7—15　旋切头

如图 7—16 所示为外螺纹内切法，装在旋切头中的硬质合金刀具高速旋转，形成主切削运动。工件缓慢旋转，形成切削过程中的圆周进给运动。与此同时，旋切头根据螺距或导程沿轴线方向纵向进给。通常旋切头旋转轴线与工件轴线相交成螺纹中径升角 λ，使切削平面与中径处的螺旋线相切。这样，零件每旋转一周，旋切头便前进一个螺距或导程，从而切削出所需要的螺纹。

如图 7—17 所示为外螺纹外切法，原理与外螺纹内切法类似。

六、定位基准的选择

加工丝杠时，理论上是以中心孔为主要基准，外圆为辅助基准。但由于丝杠刚度很差，加工时外圆表面必须与跟刀架的爪或套相接触，因此，丝杠外圆表面本身的圆度及与套的配合精度都特别重要。加工时应在热处理后先加工外圆，再以加工后的外圆定位加工螺纹。这样，终磨时外圆精度要求也相应提高。

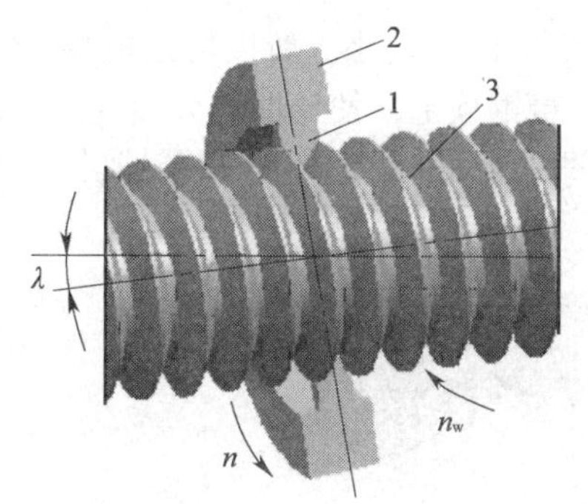

图 7—16　外螺纹内切法

1—刀具　2—旋切头　3—工件

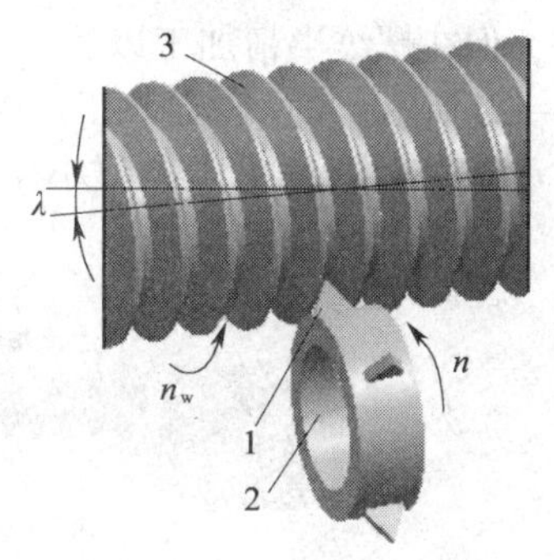

图 7—17　外螺纹外切法

1—刀具　2—旋切头　3—工件

对于不淬硬的精密丝杠，热处理后会产生变形。这一变形只允许用切削的方法加以消除，不准冷校直。如图 7—18a 所示，光轴有 δ 的弯曲量，则需增加 2 δ 加工余量。在重新钻中心孔前，如找出丝杠上径向圆跳动量为最大跳动量的一半的两点，用中心架支撑这两点，并按这两点的外圆找正，切去原来的中心孔，重新钻中心孔。以新的中心孔定位时，弯曲光轴必须切去的额外加工余量可减小到 δ（见图 7—18b）。对于淬硬丝杠，只能采用研磨的办法来修正中心孔。

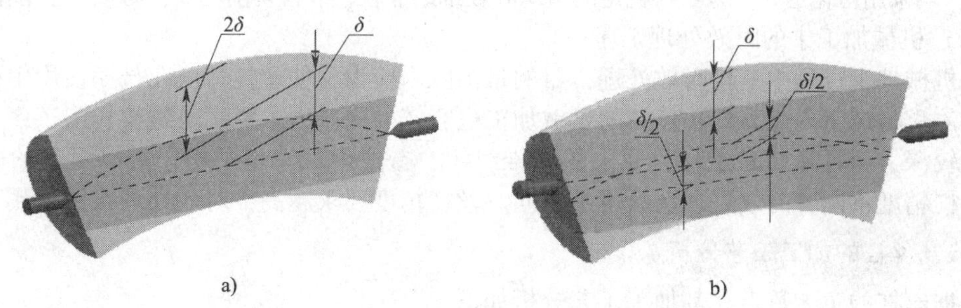

图 7—18　丝杠弯曲时的加工余量

七、丝杠的校直与热处理

1．丝杠的校直

（1）丝杠毛坯的热校直

丝杠毛坯热校直时，需要把它加热到正火温度（860 ~ 900℃），保温 45 ~ 60 min，然后放在三个滚筒之间进行校直，如图 7—19 所示。丝杠毛坯温度下降到 550 ~ 650℃时，应取出空冷。

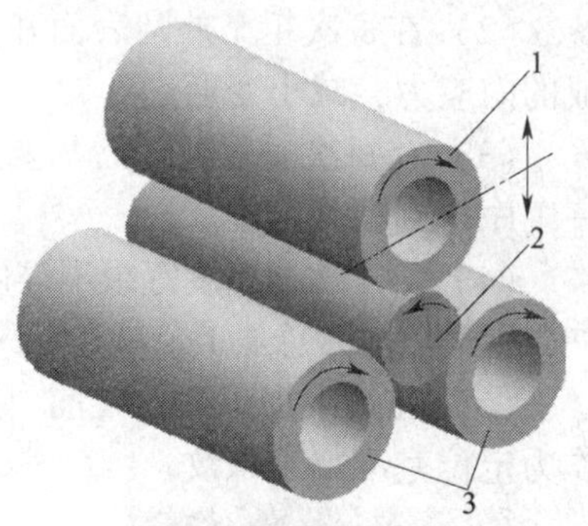

图 7—19　热校直

1—升降滚筒　2—丝杠毛坯

3—主动滚筒

热校直不仅质量好，而且效率也较高，缩短了生产周期，提高了生产率。但热校直需要专门的工艺装备，不如冷校直简单。因此，对于批量不大的普通丝杠，仍采用冷校直。

（2）丝杠的冷校直

丝杠加工时，在粗加工、半精加工阶段都安排了校直工序。开始丝杠校直时，由于工件弯曲变形较大，采取压高点的方法，但在螺纹半精加工以后，工件的弯曲变形已比较小，所以可采取敲击凹点的方法，如图 7—20 所示。该方法是将工件放在硬木块或黄铜垫上，使弯曲部分凸点向下，凹点向上，并用锤及扁錾敲击丝杠凹点螺纹小径，使锤击面凹处金属向两边伸展，以达到校直的目的。

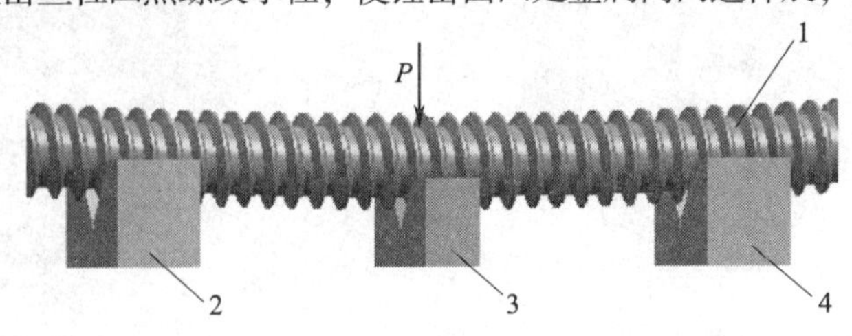

图 7—20 敲击凹点校直

1—校直工件 2、4—V 形架 3—硬木块

2. 丝杠的热处理

为避免丝杠因自重引起弯曲变形，存放时应垂直放置，热处理应在井式炉中进行。

（1）毛坯的热处理工序

对毛坯进行热处理，目的是消除锻造或轧制时毛坯中产生的内应力，改善组织，细化晶粒，改善切削性能，一般硬度控制在 140～248HBW 之间为宜。

材料为 45 钢的普通丝杠，采用正火处理；对于不淬硬丝杠材料 T10A 或淬硬丝杠材料 9Mn2V，均采用球化退火，以获得稳定的组织和较细的晶粒，改善切削性能，防止产生磨削裂纹。

（2）机械加工中的时效处理工序

在机械加工过程中安排时效处理，目的是消除内应力，使丝杠精度在长期使用中稳定不变。除淬火将产生内应力外，丝杠的机械加工也会产生内应力，特别是螺纹切削工序，由于切削层较深，而且又切断了材料原来的纤维组织，造成内应力不平衡，所以引起的变形较大。丝杠精度不同，时效处理次数也不相同。丝杠精度要求越高，时效处理次数就越多。

八、丝杠的加工工艺分析

根据丝杠的工艺特点，其加工工艺分析如下：

（1）不淬硬丝杠一般采用车削工艺，外圆表面及螺纹分多次加工，逐渐减小切削力和内应力；对于淬硬丝杠，则采用先车后磨或全磨两种不同的工艺。后者是在淬硬后的光杠上先直接用单片或多线砂轮粗磨出螺纹，然后用单片砂轮精磨螺纹。

（2）在每次粗车外圆表面和粗切螺纹后均安排时效处理，以进一步消除切削过程中形成的内应力，减小变形。

（3）在每次时效处理后都要修磨或重钻中心孔，以消除时效处理时产生的变形，使下一工序得到精确定位。

（4）对于普通精度等级不淬硬的丝杠，在工艺过程中允许安排冷校直工序；对于精密丝杠，则采用加大总加工余量和工序余量的方法，逐次切去弯曲的部分，达到所要求的精度。

（5）在每次加工螺纹之前，都要先加工丝杠外圆表面，然后以两端中心孔和外圆表面作为定位基准加工螺纹。

九、生产实例分析

如图 7—21 所示为卧式车床丝杠零件图及实物图，生产方式为单件小批量生产，材料为 40Cr，分析其加工工艺过程。

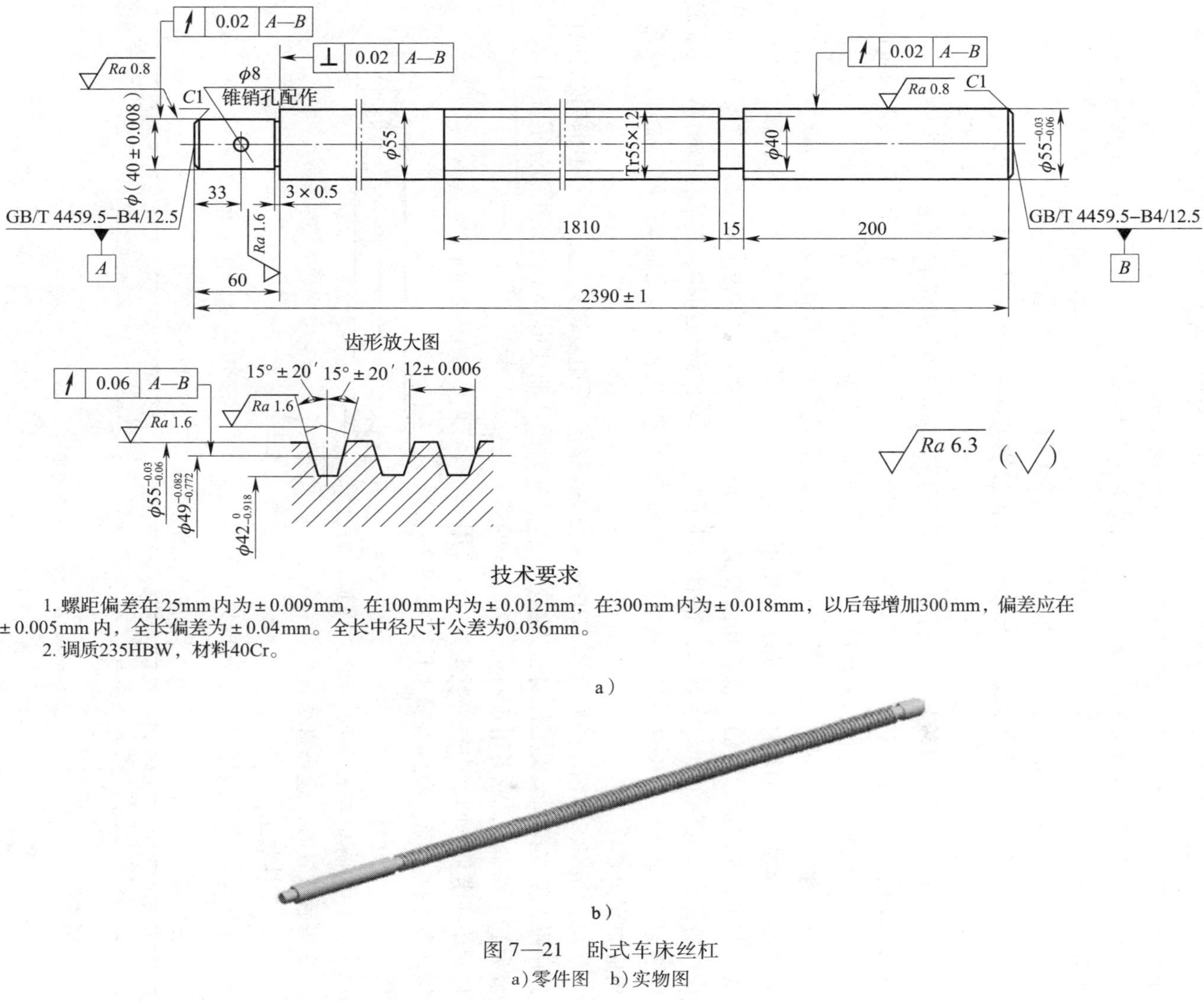

技术要求

1. 螺距偏差在25mm内为±0.009mm，在100mm内为±0.012mm，在300mm内为±0.018mm，以后每增加300mm，偏差应在±0.005mm内，全长偏差为±0.04mm。全长中径尺寸公差为0.036mm。

2. 调质235HBW，材料40Cr。

a）

b）

图7—21 卧式车床丝杠

a）零件图 b）实物图

1. 图样分析

（1）丝杠的相邻螺距偏差为 ±0.006 mm。螺距偏差在 25 mm 内为 ±0.009 mm，在 100 mm 内为 ±0.012 mm，在 300 mm 内为 ±0.018 mm，以后每增加 300 mm，偏差应在 ±0.005 mm 内，全长偏差为 ±0.04 mm，牙形半角偏差为 ±20′，全长中径尺寸公差为 0.036 mm。螺纹中径对两端中心孔公共轴的径向圆跳动公差为 0.06 mm。

（2）外圆 ϕ（40 ±0.008）mm、$\phi\,55^{-0.03}_{-0.06}$ mm 对两端中心孔公共轴线的径向圆跳动公差为 0.02 mm。

（3）外圆 ϕ55 mm 端面对两端中心孔公共轴线垂直度公差为 0.02 mm。

（4）主要外圆和螺纹大径的表面粗糙度值分别为 *Ra*0.8 μm 和 *Ra*1.6 μm。

2. 工艺分析

（1）由于工件长度较长，车削前必须将尾座套筒的轴线找正到与主轴轴线同轴。车削方法采用由主轴向尾座方向进给（即反向车削法），使工件由受压变为拉伸，其伸长量由尾座上的弹性回转顶尖补偿，从而减小车削时的振动和弯曲变形。

（2）在调质处理时，因垂直吊装的需要，故在工序中安排钻工艺孔 ϕ10 mm 。

（3）为保证传动丝杠精度在长期使用时稳定不变，在加工中安排二次低温时效。一次安排在半精车之后，目的是消除切削加工的内应力，保持尺寸的稳定性；另一次安排在粗车螺纹后，由于切除的加工余量大，而且切断了材料原来的纤维组织，造成内应力不平衡，所以引起变形较大，经校直后塑性变形使内部残余应力更大，所以更应安排时效处理，使这些内应力充分释放。

（4）粗车、半精车外圆及粗车 Tr55 ×12 螺纹时，采用一端夹住、一端用回转顶尖顶住，并用跟刀架支撑。装夹工件时，为减小工件装夹时的弯曲变形，工件夹住部分不宜过长，一般为 10 ~15 mm，或者用 ϕ5 mm ×20 mm 的圆柱销垫在卡爪的凹槽中并夹紧工件，也可用细钢丝在工件上绕一圈后夹紧工件，如图 7—22 所示。

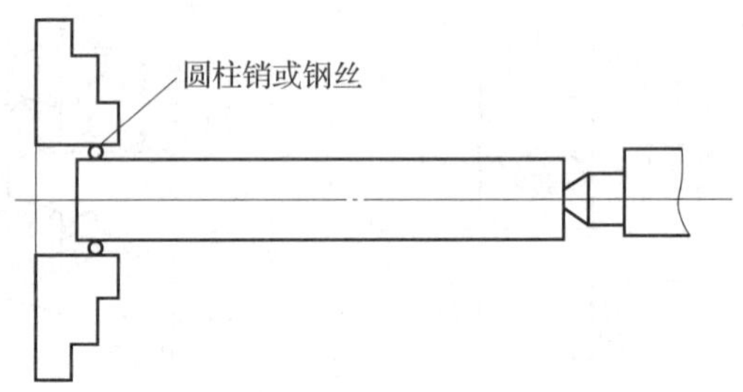

图 7—22　车床丝杠的装夹

（5）为防止丝杠弯曲变形，每道工序加工完毕后放置时，应垂直吊挂。

3. 工件加工

车床丝杠的机械加工工艺过程见表 7—2。

表 7—2　车床丝杠的机械加工工艺过程

序号	工序名称	工序内容	定位基准
1	下料	ϕ65 mm ×2 410 mm	外圆
2	车	一端卡盘装夹，一端用中心架支撑 （1）车一端面，车平即可 （2）钻一端中心孔 （3）粗车外圆 ϕ55 mm、$\phi\,55^{-0.03}_{-0.06}$ mm 及 Tr55 ×12 螺纹大径至 ϕ60 mm （4）粗车外圆 ϕ（40 ±0.008）mm 至 ϕ44 mm，长度尺寸 60 mm （5）掉头车外圆 ϕ60 mm	外圆

续表

序号	工序名称	工序内容	定位基准
3	钳	在无中心孔一端距离端面 15 mm 处，ϕ60 mm 外圆上划线钻 ϕ10 mm 工艺孔	外圆
4	热处理	调质处理 235 HBW 要求：全长径向圆跳动误差不大于 1 mm	
5	车	一夹一顶装夹并用跟刀架 （1）车外圆 ϕ55 mm、$\phi 55_{-0.06}^{-0.03}$ mm 及 Tr55×12 螺纹大径 $\phi 55_{-0.06}^{-0.03}$ mm 至 $\phi 55.8_{-0.1}^{0}$ mm×2 395 mm （2）车外圆 ϕ（40±0.008）mm 至 $\phi 40.6_{-0.1}^{0}$ mm，长度尺寸 61 mm，掉头，一端夹住，一端用中心架支撑 （3）车端面，取长度尺寸 $2\,330_{0}^{+0.8}$ mm（即 2 330 = 2 390 − 60） （4）倒角 *C*1 （5）钻 B 型中心孔 ϕ4 mm，表面粗糙度值 *Ra*1.6 μm，用回转顶尖顶住，移动中心架位置 （6）车外沟槽 ϕ40 mm×15 mm，控制长度尺寸 200 mm （7）两侧槽口倒角 *C*1 < 1.5 （8）掉头，车至总长尺寸（2 390±1）mm （9）钻 B 型中心孔 ϕ4 mm，表面粗糙度值 *Ra*1.6 μm （10）用回转顶尖顶住，并用中心架支撑，车沟槽 3 mm×0.5 mm （11）倒角 *C*1	外圆、中心孔
6	热处理	低温时效处理 要求：校直全长径向圆跳动误差不大于 0.3 mm	
7	车	一端夹住，一端用中心架支撑，修研两端中心孔	外圆
8	磨	装夹于两顶尖间，用中心架支撑 粗磨外圆 ϕ55 mm、$\phi 55_{-0.06}^{-0.03}$ mm 及 Tr55×12 螺纹大径 $\phi 55_{-0.06}^{-0.03}$ mm 至 $\phi 55.4_{-0.05}^{0}$ mm 要求：1）圆柱度误差不大于 0.02 mm 2）全长径向圆跳动误差不大于 0.03 mm	两中心孔
9	车	一端夹住，一端顶住，找正外圆径向圆跳动不大于 0.05 mm，并用跟刀架支撑 粗车 Tr55×12 螺纹	外圆表面、中心孔
10	热处理	低温时效处理 要求：校直全长径向圆跳动误差不大于 0.2 mm	双中心孔
11	车	一端夹住，另一端用中心架支撑（两次装夹），修研两端中心孔	外圆

续表

序号	工序名称	工序内容	定位基准
12	磨	两顶尖装夹，中心架支撑 （1）磨 Tr55×12 螺纹大径 $\phi 55_{-0.06}^{-0.03}$ mm、外圆大径 $\phi 55_{-0.06}^{-0.03}$ mm 至尺寸 （2）掉头，磨外圆（40±0.008）mm 至尺寸，并光出肩平面 要求：全长径向圆跳动误差不大于 0.03 mm	两中心孔
13	车	两顶尖装夹，跟刀架支撑 （1）用刀头宽 4.2 mm 的直槽刀，精车螺纹小径尺寸至 $\phi 42_{-0.5}^{-0.3}$ mm （2）半精车梯形螺纹齿形 （3）精车梯形螺纹牙形至图样要求	两中心孔
14	钳	修锉螺纹两端不完整牙形及毛刺	
15	检测	按图样检测后清洗、涂油、包装、入库	

第三节 精密深孔加工工艺

深孔往往是长径比较大的孔结构，如图 7—23、图 7—24 所示。

图 7—23　液压缸体

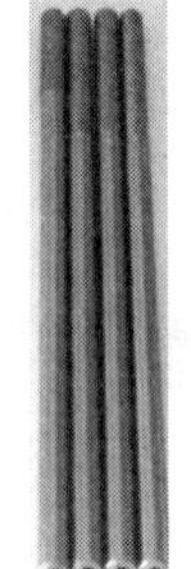

图 7—24　顶管

一、深孔加工

深孔加工就是对长度与直径比大于 5 的孔的加工，如液压缸孔、轴的轴向油孔和各种火炮的炮管等。这些孔中，有的要求加工精度和表面质量较高，而且有的被加工材料的切削加工性较差，常常成为生产中一大难题。

二、深孔加工的特点

（1）加工中易产生孔的轴线歪斜。因为深孔加工刀具长而细，强度和刚度较差，加工中易发生偏斜和振动，从而影响深孔的直线度和表面粗糙度。

（2）刀具的冷却散热条件差，切削液在没有采用特殊装置的情况下，难以输入到切削区，切削温度升高，使刀具使用寿命缩短。

（3）排屑困难。切屑排出过程中不仅会划伤已加工表面，严重时会引起刀具崩刃或折断。

（4）在深孔的加工过程中，不能直接观察刀具切削情况，只能凭工作经验通过听切削时的声音、看切屑形状、手摸振动程度与感知工件温度、观察仪表（油压表和电表）等方法来判断切削过程是否正常。

三、深孔加工的工艺措施

针对深孔加工的特点，在加工时应采取以下工艺措施：

（1）为解决刀具偏斜问题，宜采用工件旋转的方式，以及改进刀具导向结构。

（2）为解决散热和排屑问题，采用压力输送切削液以冷却刀具和排出切屑。同时改进刀具结构，使其既能有一定压力的切削液输入和断屑，又有利于切屑的顺利排出。

四、深孔加工方法分析

深孔加工的方法主要视其精度要求而定，对精度要求不高的孔常采用钻削和镗削，对精度要求较高的孔则可采用铰削、珩磨和滚压等。

1. 深孔钻削

单件、小批量生产中的深孔钻削，常采用接长的麻花钻在卧式车床上进行。为了排屑和冷却刀具，钻孔时每进给一段不长的距离即需从孔内退出。在加工中钻头的频繁进退，既影响钻孔效率，又增加劳动强度。

在成批生产中，常采用深孔钻头在深孔加工机床上钻削深孔，如图 7—25 所示。

图 7—25 深孔加工机床

加工深孔使用的钻头，因加工孔径 D 和长径比 L/D 的不同而有所区别，一般孔径为 2 ~ 10 mm 的深孔基本采用枪钻，孔径大于 18 mm 的深孔则采用喷吸钻。

喷吸钻是 20 世纪 60 年代初期发展起来的一种深孔钻。它是利用了流体喷射效应排出切屑，故切削液的压力可较低，工作中不需要专门的密封装置，可在车床、钻床或镗床上使用，其工作原理如图 7—26 所示。

喷吸钻工作时，切削液由进液口流入连接套，有 2/3 的切削液经由内外管之间的空隙和钻头上的六个小孔流达切削区，对切削刃部分和导向部分进行冷却和润滑，然后从内管中排

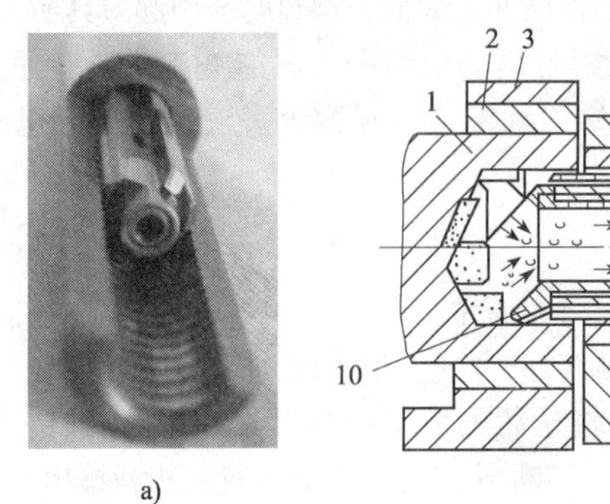

a)

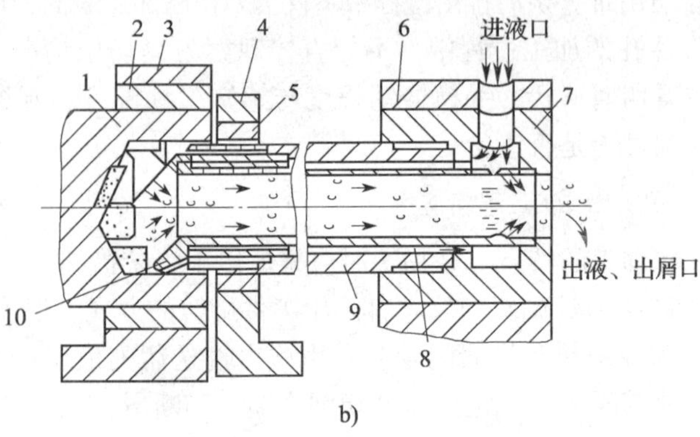

b)

图 7—26　喷吸钻结构及排屑原理

a）实物图　b）原理图

1—工件　2—夹爪　3—中心架　4—引导架　5—导向套

6—支撑座　7—连接管　8—内管　9—外套　10—钻头

出；另外 1/3 的切削液从内管后端四周的月牙形喷嘴向后喷射，由于缝隙很窄，流速很快，产生喷射效应，在喷射流的周围形成低压区，使内管的前后端产生压力差，后端有一定的吸力，将切屑加速向后排出。因此，喷吸钻比一般的内排屑深孔钻切削液流向稳定，排屑通畅，可显著地改善工作条件，提高钻孔效率。

2. 深孔镗削

经过钻削的深孔，当需要进一步提高孔轴线的直线度及要求达到较小的表面粗糙度值时，可用镗刀头粗镗、精镗。深孔镗削与一般镗削不同，它仍使用深孔钻床，在钻杆上装深孔镗刀头，镗刀头与钻杆采用螺纹连接，深孔镗刀如图 7—27 所示。

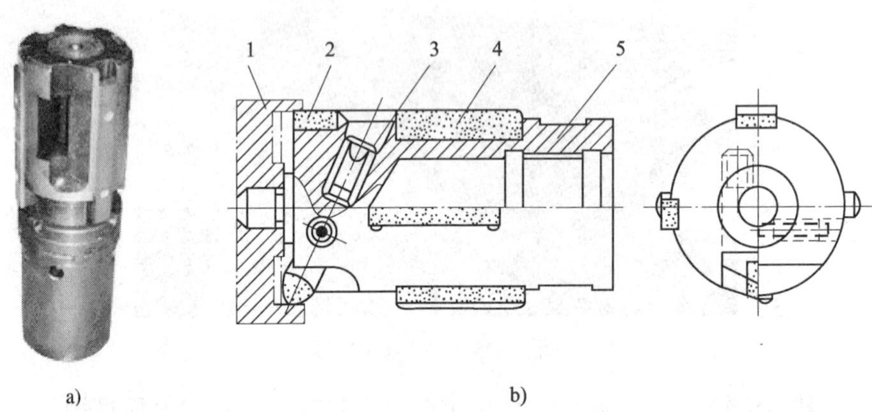

a)　　b)

图 7—27　深孔镗刀

a）实物图　b）结构图

1—对刀块　2—前导向块　3—调节螺钉　4—后导向块　5—刀体

这种镗刀的进给方式采用推镗法和前排屑法，比以前的拉镗法装夹工件、调整尺寸都容易，且生产率也较高。但采用推镗法时刀杆受压应力，刚度不足时易产生弯曲变形，影响加工精度和表面粗糙度。

3. 浮动镗孔

浮动镗孔也称浮动铰孔，是对镗后的深孔进一步精加工的方法，采用的设备仍然是深孔钻床。加工时，在钻杆上安装深孔镗刀头，并根据镗孔尺寸更换导向套。如图7—28所示为浮动镗刀头，刀块在刀体长方形孔内可以自由滑动。

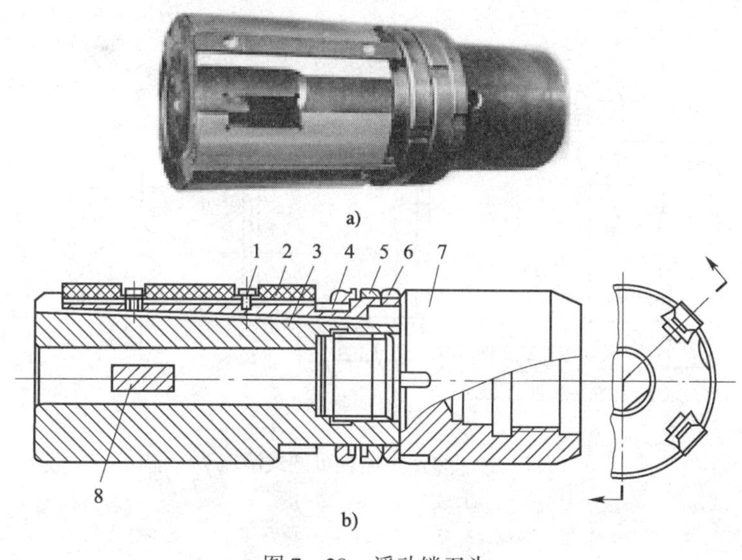

图7—28　浮动镗刀头

a）实物图　b）结构图

1—螺钉　2—导向块　3—刀体　4—楔形板

5—调节螺母　6—锁紧螺母　7—接头　8—刀块

浮动镗孔的特点是消除了由于机床及刀具等误差引起的孔尺寸不稳定。由于刀块浮动且处于旋转的情况，刀块有自动对中性；导向块由于采用夹布胶木或白桦木材料，具有一定的弹性，既可避免擦伤已加工表面，又可自动补偿数次镗孔后直径的磨损，保持导向精度。导向块为双导向，在调整时，前导向块应与孔紧配，后导向块应略大于切削刃处的直径，工作时能够自动磨去而保持较准确的导向精度。

4. 深孔滚压

深孔滚压是一种压力光整加工，利用金属在常温状态时的冷塑性特点，滚压工具对工件表面施加一定的压力，使工件表层金属产生塑性流动，填入到原始残留的低凹波谷中，从而使工件表面粗糙度值降低。由于被滚压的表层金属塑性变形，使表层组织冷硬化和晶粒变细，形成致密的纤维状组织，使表层金属硬度和强度提高，从而改善了工件表面的耐磨性和耐蚀性。

深孔滚压可以将孔表面从原始（精加工后的表面）表面粗糙度值 $Ra6.3 \sim 3.2$ μm，降低到 $Ra1.6 \sim 0.1$ μm；表层硬度提高30%～50%，表层金属纤维完整，从而提高工件的抗疲劳强度；滚压过程平稳，不会产生烧伤和裂纹。滚压前必须将工件内孔擦洗干净，过盈量要灵活掌握，即工件材料硬度高、壁薄，原始表面粗糙度值小，其过盈量应小一些；反之，可大一些。

如图7—29所示为用于深孔加工的多滚柱刚性可调式滚压头。

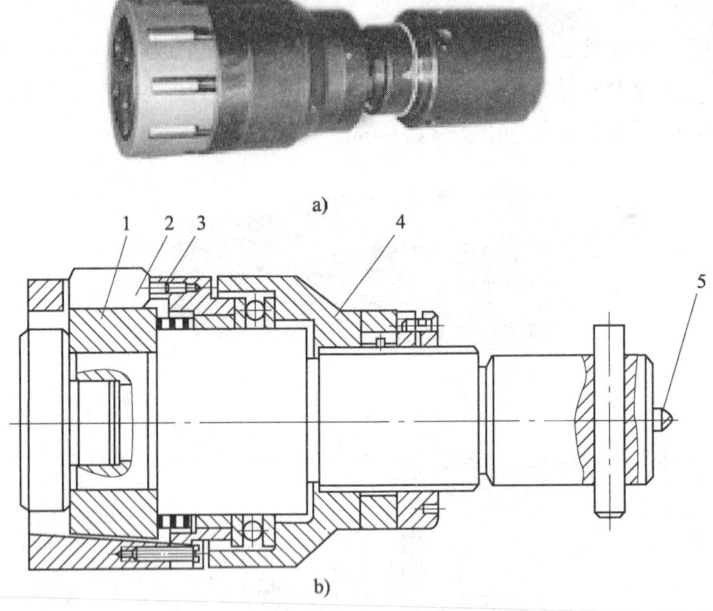

图 7—29 多滚柱刚性可调式滚压头

a）实物图 b）结构图

1—锥套 2—滚柱 3—支撑钉 4—调整体 5—支撑柱

5. 套料加工深孔

当需要在实体材料上钻直径较大的深孔时，可以采用套料加工的方法，既可以减少切削量，又可以使从中心切下来的心棒再作为原材料加以利用。套料加工可以在深孔钻床上进行，也可以在车床上进行。如图 7—30 所示为套料刀及加工深孔示意图。

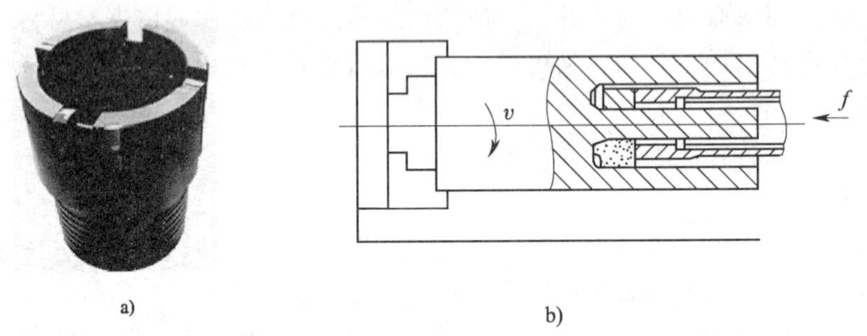

图 7—30 套料刀及加工深孔示意图

a）套料刀实物图 b）套料刀加工深孔示意图

在车床床鞍上安装夹持套料刀杆的支撑座，加工时工件旋转，刀具随溜板作进给运动；刀杆采用无缝钢管，套料刀是通过螺纹与刀杆连接在一起的，刀杆内径与心棒、刀杆外径与孔壁间都要留有空隙，以便于排屑和注入切削液。

五、生产实例分析

如图 7—31 所示为液压缸体精密深孔加工零件图，如图 7—32 所示为其示意图，试自行分析加工工艺。其加工工艺过程见表 7—3。

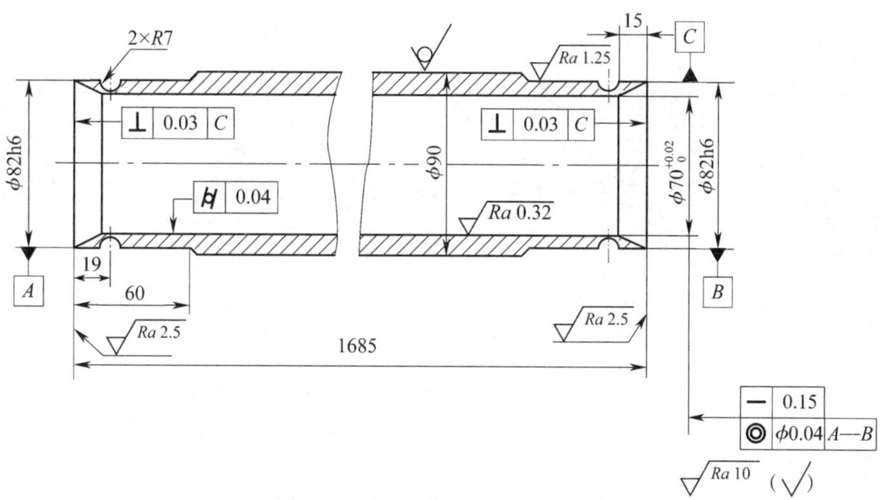

图 7—31　液压缸体精密深孔加工零件图

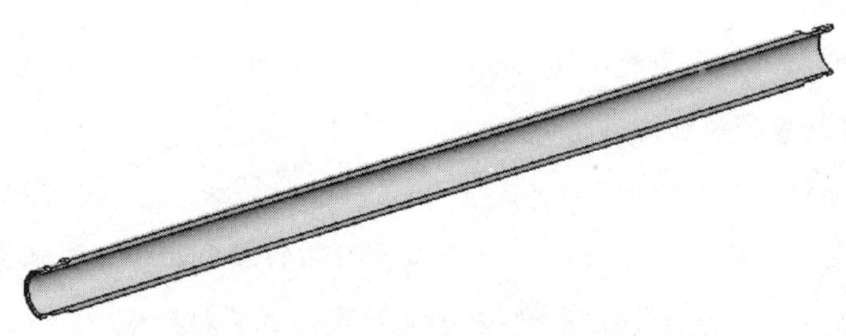

图 7—32　液压缸体（剖开）示意图

表 7—3　　**液压缸体的加工工艺过程**

序号	工序名称	工序内容	定位与夹紧
1	下料	无缝钢管切断	
2	车	车 φ82 mm 外圆到 φ88 mm，车 M88×1.5 mm 螺纹（工艺用）	一夹一顶
		车端面及倒角	卡盘夹一端，搭中心架
		掉头，车 φ82 mm 外圆到 φ84 mm	一夹一顶
		车端面及倒角，取总长 1 686 mm（留余量 1 mm）	卡盘夹一端，搭中心架
3	深孔镗削	半精镗孔到 φ68 mm	一端夹具固定，另一端搭中心架
		精镗孔到 φ69.85 mm	
4	浮动铰孔	精铰到 φ（70±0.02）mm，表面粗糙度值为 *Ra*2.5 μm	
5	滚压孔	用滚压头滚压孔至 $\phi70^{+0.02}_{0}$ mm，表面粗糙度值为 *Ra*0.32 μm	
6	车	车去工艺螺纹，车 φ82h6 mm 至尺寸，切 *R*7 槽	一夹一顶
		车端面	卡盘夹一端，搭中心架（百分表找正孔）
		掉头，车 φ82h6 mm 至尺寸，切 *R*7 槽	一夹一顶
		车端面	一夹一顶

〔本章小结〕

◇ 曲轴有曲柄结构，刚度较差，结构复杂，技术要求高，因此曲轴是比较难加工的零件。

◇ 曲轴加工时为解决刚度差的问题，应采用高刚度的机床、刀具及夹具，合理安排加工顺序，并增设校直工序。

◇ 加工曲轴连杆轴颈前，应先加工出曲轴端面和中心孔，以确定各轴颈轴线的正确位置。

◇ 曲轴形状特殊，重心和几何中心不重合，车削时容易引起变形和振动，应注意配重平衡。

◇ 丝杠是细长柔性轴，刚度较差，加工过程中易出现变形。而且，丝杠结构形状复杂，有很高的螺纹表面要求，还有阶梯、沟槽等，加工比较困难。

◇ 丝杠螺纹加工常采用旋风切削螺纹，生产率较高，操作容易，适用于三角形螺纹、梯形螺纹丝杠等的粗加工、精加工。

◇ 丝杠需要校直与热处理。

◇ 深孔是长径比较大的孔结构。由于加工深孔的刀具长而细，强度和刚度较差，加工中易发生偏斜和振动，从而影响深孔的直线度和表面粗糙度。

◇ 深孔加工的方法主要视其精度要求而定，对精度要求不高的孔常采用钻削和镗削，对精度要求较高的孔则可采用铰削、珩磨和滚压等。

第八章　机械装配工艺分析

第一节　装配工艺概述

一、装配

机械产品一般由许多零件和部件组成，根据规定的技术要求，将若干零件组装成部件或将若干零件和部件组装成产品的过程，称为装配。前者称为部件装配，简称部装；后者称为总装配，简称总装。

一般情况下，装配单元可分为五级：零件、合件、组件、部件和产品，如图 8—1 所示。由于结构和功能不同，并非所有产品都有所有的装配单元。

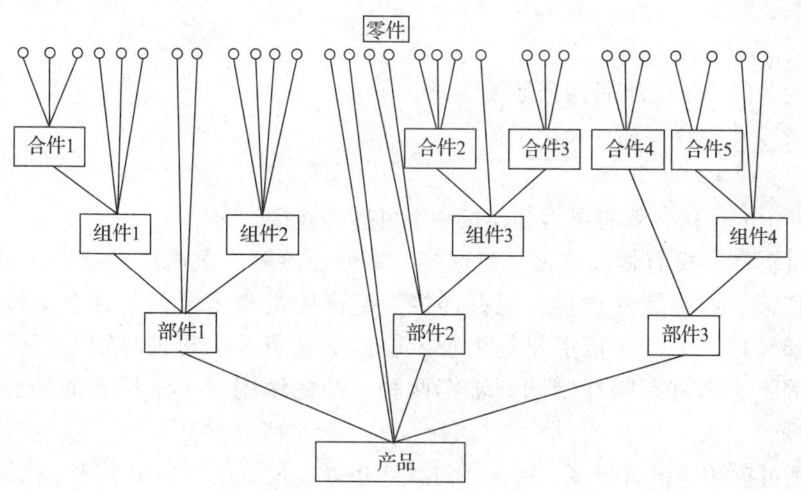

图 8—1　机械产品的装配单元

1. 零件

零件是产品制造的基本单元，也是组成产品的最小单元。

2. 合件

若干零件用不可拆卸连接法（如焊接等）装配在一起形成的单元，以及利用加工修配法装配在一起的若干零件（如发动机连杆小头和衬套）称为合件。

3. 组件

由一个或数个合件及零件组合成的相对较独立的组合体称为组件。例如，车床主轴箱中某一传动轴和轴上零件组合在一起后形成组件。

4. 部件

由若干个零件、合件和组件组合而成，在产品中能完成一定完整功能的独立单元称为部件，如车床的主轴箱、进给箱等。

5. 产品

产品是由上述全部装配单元结合而成的整体。

二、装配工艺的内容

机械产品装配是产品制造过程中的最后一个阶段，它包括准备、连接、校正、调整、配作、平衡、验收及试验等一系列工作。装配在产品制造过程中占有非常重要的地位，因为产品的质量最终是由装配来保证的。

零件的质量是产品质量的基础，但装配过程并不是将合格零部件简单连接的过程，而是根据各级部装和总装的技术要求，采取适当的工艺方法来保证产品质量的复杂过程。如果装配工艺水平不高，即使采用高质量的零件，也会装配出质量差甚至不合格的产品。因此，必须十分重视产品的装配工作。

装配工作主要包括以下基本内容：

1. 准备

（1）熟悉产品的装配图样，熟悉工艺文件和产品质量验收标准等。分析产品结构，了解零件间的连接关系和装配技术要求。

（2）确定装配顺序。

（3）确定装配方法，准备所需装配工具。

（4）清洗零件、修整和补充加工。

2. 连接

机械装配中的连接一般有可拆卸连接和不可拆卸连接。

常见的可拆卸连接有螺纹连接、键连接、销钉连接等。根据被连接工件的不同，螺纹连接有螺栓连接、双头螺柱连接、螺钉连接。键连接主要用于轴与轴上旋转零件的周向固定，并传递转矩。销钉连接主要是用于定位，也可用于实现轴与轴上零件之间的轴向固定和周向固定。销钉有圆柱销和圆锥销两种，圆柱销用于不常拆卸的场合，圆锥销用于常拆卸的场合。

常见的不可拆卸连接有焊接、铆接、过盈连接等。过盈连接多用于轴、孔的配合，一般机械常采用压入配合法，重要或精密机械常用热胀或冷缩配合法。

3. 校正、调整与配作

校正是指产品中相关零件间相互位置的找正、找平及相应的调整工作。校正在产品总装和大型机械的基体件装配中应用较多。

调整是指相关零部件相互位置的具体调节工作，如调节零部件的位置精度、调节运动副间的间隙来保证产品中运动零部件的运动精度等。

配作通常指的是配钻、配铰、配刮及配磨等，它们是装配中附加的一些钳工和机械加工工作。配钻和配铰多用于固定连接，是以连接件中一个零件上的已有孔为基准，去加工另一个零件上相应的孔。配钻多用于螺纹连接，配铰多用于销孔定位。配刮和配磨用于零部件接合表面加工，如运动副配合表面的精加工，使其具有较高的接触精度。

4. 平衡

对于转速较高、运转平稳性要求高的机器，为了防止使用中出现振动，在总装配时，需对有关旋转零部件进行平衡。平衡是一个消除不平衡的过程，有两种方法：静平衡法和动平衡法。盘类零件一般采用静平衡法，轴类零件一般采用动平衡法。

5. 验收、试验

机械产品装配完后，应根据有关技术标准和规定，对产品进行较全面的检验和试验工作，合格后方准出厂。例如，卧式车床在总装后，需要进行静态检查、空运转试验、负荷试验等。

三、装配精度

1. 装配精度概述

机器或部件装配后的实际几何参数与理想几何参数的符合程度称为装配精度。装配精度一般包括零部件间的距离精度、相互位置精度、相对运动精度和接触精度。

（1）距离精度

距离精度是指相关零部件间的距离尺寸精度，如车床主轴轴线与尾座轴线的等高精度。距离精度还包括装配中应保证的各种间隙，如轴与轴承的配合间隙，齿轮啮合中非工作齿面间的侧隙，以及其他一些运动副间的间隙等。

如图 8—2 所示，卧式车床主轴轴线与尾座轴线等高的精度要求为 0 ~0. 06 mm。

（2）方向位置及跳动精度

装配中的位置精度包括相关零部件间的平行度、垂直度、倾斜度、同轴度、对称度、位置度及各种跳动等。

如图 8—3 所示，发动机装配的相互位置精度是指活塞外圆中心线与缸体孔中心线的同轴度。

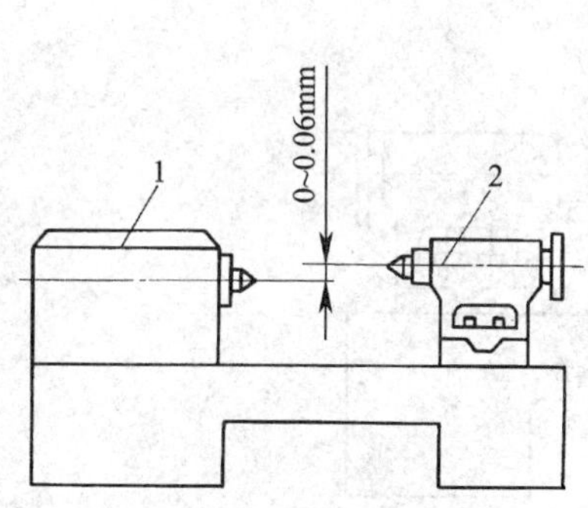

图 8—2　车床主轴轴线与尾座轴线等高的精度要求

1—主轴箱　2—尾座

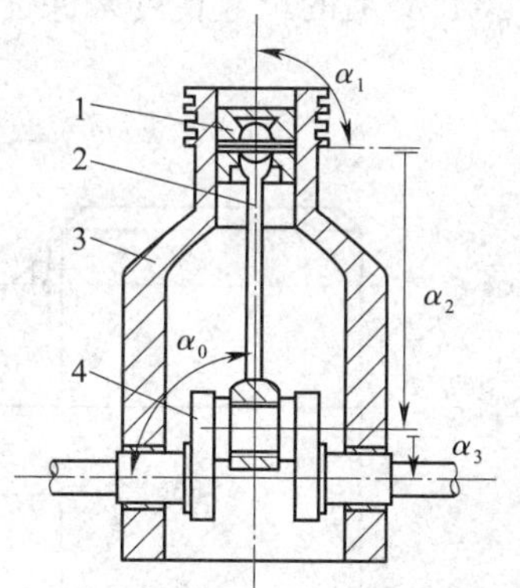

图 8—3　发动机装配的相互位置精度

1—活塞　2—连杆　3—缸体　4—曲轴

α_0—缸体中心线与缸体孔中心线的垂直度

α_1—活塞外圆中心线与活塞销中心线的垂直度

α_2—曲轴的连杆轴颈中心线与连杆小头孔中心线的平行度

α_3—曲轴的连杆轴颈中心线与主轴颈中心线的平行度

（3）相对运动精度

相对运动精度是产品中有相对运动的零部件间运动方向和相对速度的精度。运动方向的精度多表现为部件间相对运动的平行度和垂直度，如车床床鞍移动精度及床鞍移动相对主轴轴线的平行度等。相对速度的精度即传动精度，表现为传动链的两末端执行件之间速度的协调性和均匀性，如滚齿机滚刀主轴与工作台的相对运动、车床车螺纹时主轴与刀架移动的相对运动等，在速度比上均有严格的精度要求。

（4）接触精度

接触精度常以接触面积的大小及接触点的分布来衡量，如齿轮啮合、锥体配合及导轨之间均有接触精度要求。

在齿轮副的装配中，不但对齿面的接触面积有要求，还对其接触点的位置提出了要求。图 8—4a 的接触面积和位置均符合要求；图 8—4b、c 虽然面积大小符合要求，但位置不符合要求；图 8—4d、e 则接触面积的大小和位置均不符合要求。

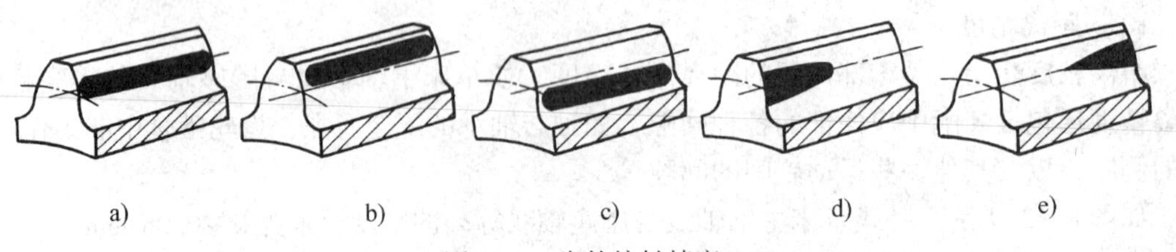

图 8—4　齿轮接触精度

2. 装配精度与零件精度的关系

机器是由零件和部件组成的，故零件的精度特别是关键零件的加工精度，对装配精度有很大的影响。如图 8—5 所示，车床主轴轴线和尾座套筒轴线对床鞍移动的等高要求（A_0），取决于主轴箱、底板及尾座间 A_1、A_2 及 A_3 的尺寸精度。车床的等高要求是很高的，如果单靠提高尺寸 A_1、A_2 及 A_3 的尺寸精度来保证是很不经济的，甚至在技术上也是很难实现的。

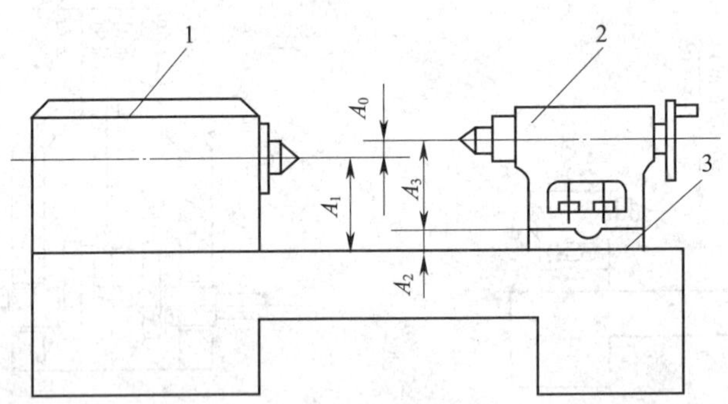

图 8—5　车床主轴与尾座套筒轴线等高示意图

1—主轴箱　2—尾座　3—底板

产品的装配精度和零件的加工精度有很密切的关系，零件精度是保证装配精度的基础，但装配精度不完全取决于零件精度。要合理地获得装配精度，应从产品结构、机械加工和装配等方面进行综合考虑。

四、生产实例分析

如图 8—6 所示为减速器装配图。从图中可以看出，减速器总装的基准件是箱体，整个减速器由三个组件组成，即蜗杆轴组件、蜗轮轴组件和锥齿轮轴—轴承套组件。组件间的位置关系是蜗杆轴轴线与蜗轮轴轴线空间垂直交错，蜗轮轴轴线与锥齿轮轴轴线平面垂直交叉。

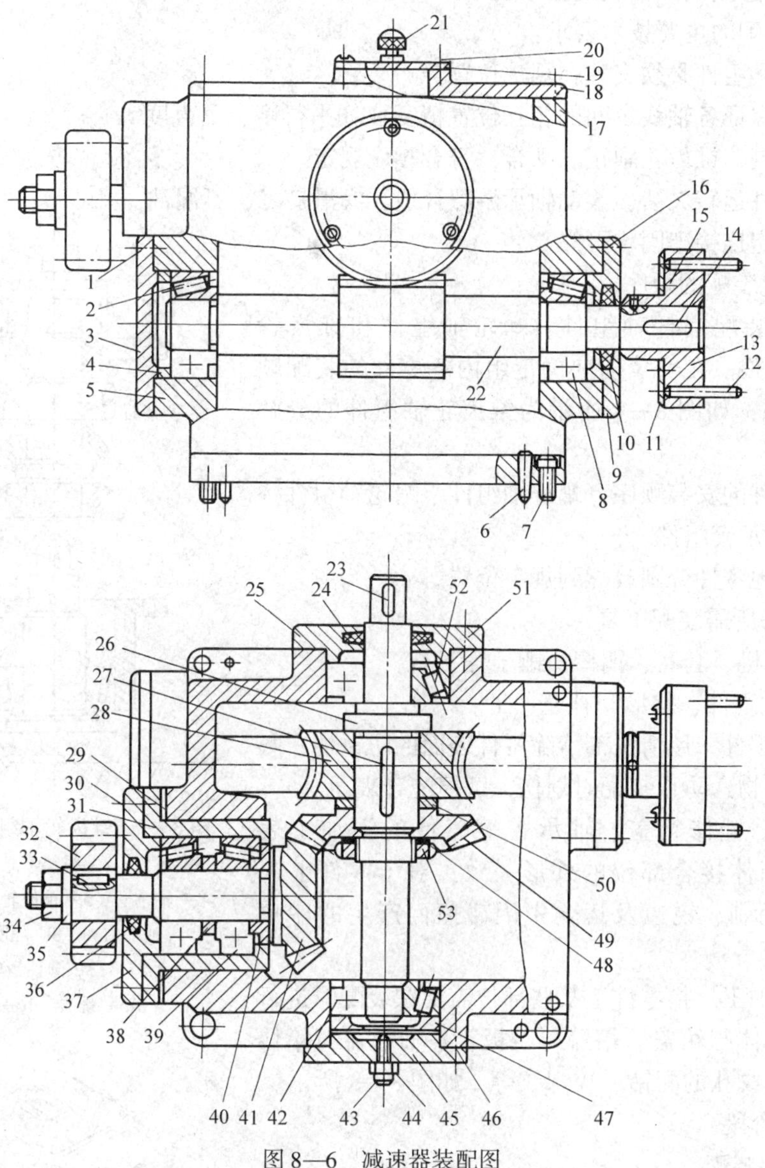

图 8—6　减速器装配图

1、7、15、16、17、20、30、43、46、51—螺栓　2、8、39、42、52—轴承
3、9、25、37、45—轴承盖　4、29、50—调整垫圈　5—箱体　6、12—销
10、24、36—毛毡　11—环　13—联轴器　14、23、27、33—平键
18—箱盖　19—盖板　21—手把　22—蜗杆轴　26—轴　28—蜗轮
31—轴承套　32—圆柱齿轮　34、44、53—螺母　35、48—垫圈
38—隔圈　40—衬垫　41、49—锥齿轮　47—压盖

减速器的装配分为四个阶段，即准备阶段、装配阶段、调整和精度检验阶段以及运转试验阶段。

1. 准备阶段

（1）熟悉减速器的装配图样，熟悉工艺文件和产品质量验收标准等。分析减速器结构，了解零件间的连接关系和装配技术要求。

减速器装配的主要技术要求：

1）零件和组件必须安装在规定位置。

2）必须保证各轴线之间的相互位置精度（如平行度、垂直度等）。

3）蜗杆副、锥齿轮副正确啮合，符合相应规定。

4）回转件运转灵活，滚动轴承游隙合适，润滑良好，不漏油。

5）各固定连接牢固、可靠。

（2）确定装配的顺序。

1）分别装配蜗杆轴组件、蜗轮轴组件和锥齿轮轴—轴承套组件。在安装前要确定组内各零件的装配顺序和位置关系，如图8—7所示为锥齿轮轴组件的分解图。

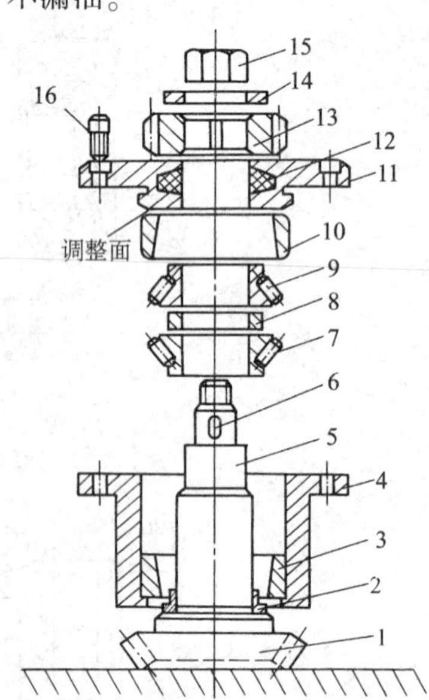

图8—7　锥齿轮轴组件的分解图

1—锥齿轮　2—衬垫　3、10—轴承外圈　4—轴承套　5—锥齿轮轴　6—平键　7、9—轴承内圈　8—隔圈　11—轴承盖　12—毛毡　13—圆柱齿轮　14—垫圈　15—螺母　16—螺栓

2）三组件的安装顺序：蜗杆轴组件→蜗轮轴组件→锥齿轮轴—轴承套组件。

3）将其他零件分别装配到规定位置。

（3）准备所需装配工具。

准备压力机、套筒、铜棒、锤子等工具。

（4）清洗零件、整形和补充加工。

1）清洗零件。用清洗剂清除零件表面的防锈油、灰尘、切屑等污物，防止装配时划伤、磨损配合表面。

2）整形。锉修箱盖、轴承盖等铸件的不加工表面，使其与箱体接合部位的外形一致，对于零件上未去除干净的毛刺、锐边及运输中因碰撞而产生的印痕也应锉除。

3）补充加工。指零件上某些部位需要在装配时进行的加工，如箱体与箱盖、箱盖与盖板、各轴承盖与箱体的连接孔和螺纹孔的配钻、攻螺纹等，如图8—8所示。

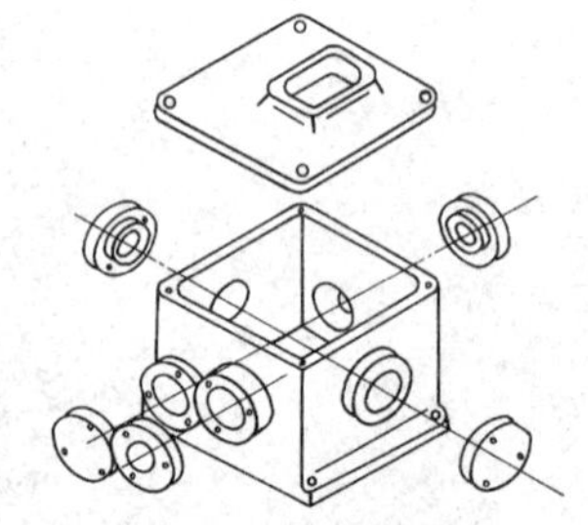
图8—8　箱体与有关零件配作

2. 装配阶段

（1）组件装配

1）零件试装。在组件装配前，有时还需要试装。零件的试装又称试配，是为保证产品总装质量而进行的各连接部位的局部试验性装配。

减速器中有三处平键连接（见图8—6），蜗杆轴22与联轴器13、轴26与蜗轮28和锥齿轮49、锥齿轮轴与圆柱齿轮32，均须进行平键连接试配，如图8—9所示。零件试配合适后，有些影响其他零件装配或总装配的零件需要卸下，应做好配套标记，以便重新安装时方便定位，如图8—6中联轴器13和圆柱齿轮32。

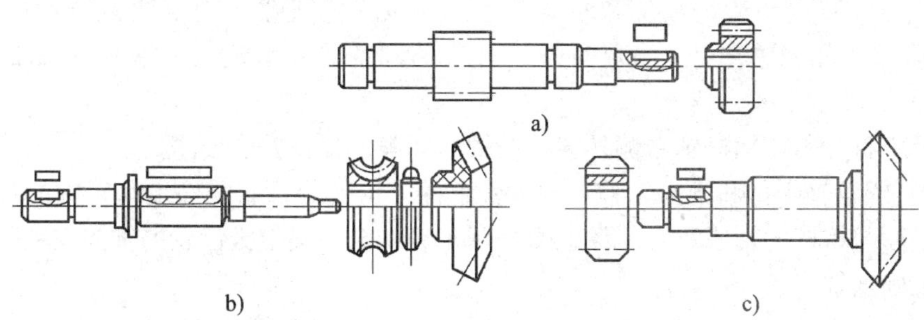

图8—9 减速器零件配键预装

a）蜗杆轴22与联轴器13平键连接试配 b）轴26与蜗轮28和锥齿轮49平键连接试配

c）锥齿轮轴与圆柱齿轮32平键连接试配

2）装配组件。根据装配顺序图，分别装配蜗杆轴组件、锥齿轮轴—轴承套组件（蜗轮轴不能预先装配）。

①装配蜗杆轴组件。在装配蜗杆轴组件时，以蜗杆轴22为基准件，装上两端轴承内圈分组件。

②装配锥齿轮轴—轴承套组件。在装配锥齿轮轴—轴承套组件时，以锥齿轮轴（由轴和锥齿轮41组成合件）为基准件。

由于图8—6中调整垫圈50具体尺寸还不能确定，另外由于装配空间的限制，蜗轮轴组件装配只能在总装过程中进行。

当组件装配完成后，对重要技术指标进行检测，如齿轮齿顶圆径向跳动等。

（2）部件装配

若图示减速器是某一机械产品（如卷扬机）的部件，可进行部件装配；若图示减速器是机械产品，因其结构并非很复杂，没有部件，而是由组件和零件组成，可以进入总装配。

（3）总装配

1）装配蜗杆轴组件（见图8—10）。

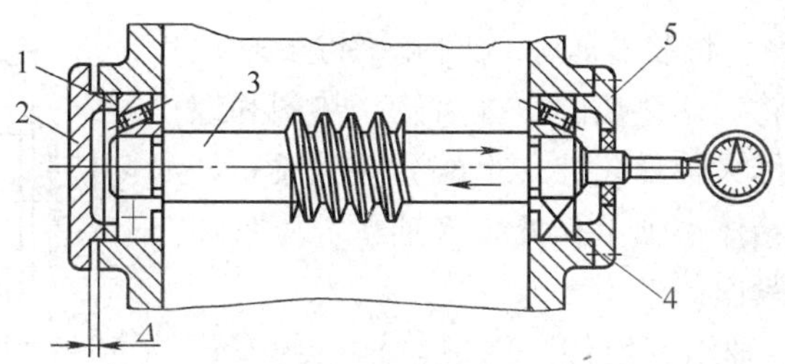

图8—10 蜗杆轴组件的装配和轴向间隙的调整

1—调整垫片 2—左端轴承盖

3—蜗杆轴 4—螺栓 5—右端轴承盖

①装配要求。保证蜗杆轴轴向间隙为0.01～0.02 mm。

②装配顺序。轴承外圈装入箱体右端→装入蜗杆轴组件→轴承外圈装入箱体左端→装入右端轴承盖5并拧紧螺栓→用铜棒轻轻敲击蜗杆轴左端，使右端轴承消除游隙并贴紧右端轴承盖5→装入调整垫片1和左端轴承盖2→测量间隙→确定调整垫片的厚度→拆下左端轴承盖2和调整垫片1→重新装入合适的调整垫片→装入左端轴承盖2并拧紧螺栓。

装配后用百分表在蜗杆轴右侧外端检查轴向间隙，保证符合要求。

2）试装蜗轮轴组件和锥齿轮轴—轴承套组件。试装的目的是确定蜗轮轴的位置，使蜗轮的中间平面与蜗杆的轴线重合，保证蜗杆副正确啮合；确定锥齿轮的轴向安装位置，保证锥齿轮副正确啮合。

①蜗轮轴位置的确定（见图8—11）。确定蜗轮轴位置，即确定左端轴承盖凸肩尺寸 H。先将圆锥滚子轴承的轴承内圈2压入轴6的大端（左侧），通过箱体孔装上已试配好的蜗轮及轴承外圈3，轴的小端装上用来替代轴承的轴套7（便于拆卸）。沿轴向移动蜗轮轴，调整蜗轮与蜗杆正确啮合的位置并测量尺寸 H，据此确定调整轴承盖分组件1的凸肩尺寸（凸肩尺寸为 $H_{-0.02}^{\ 0}$）。

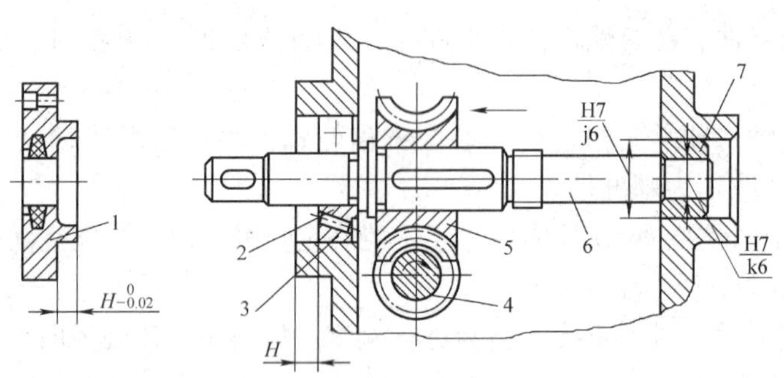

图8—11　蜗轮轴组件的装配和位置的调整

1—轴承盖分组件　2—轴承内圈　3—轴承外圈　4—蜗杆　5—蜗轮　6—轴　7—轴套

②锥齿轮轴向位置的确定（见图8—12）。先在蜗轮轴上安装锥齿轮4，再将装配好的锥齿轮轴—轴承套组件装入箱体，调整两锥齿轮的轴向位置，使其正确啮合，分别测量尺寸 H_1 和 H_2，据此确定两调整垫圈（图8—6中件29和件50）的厚度。

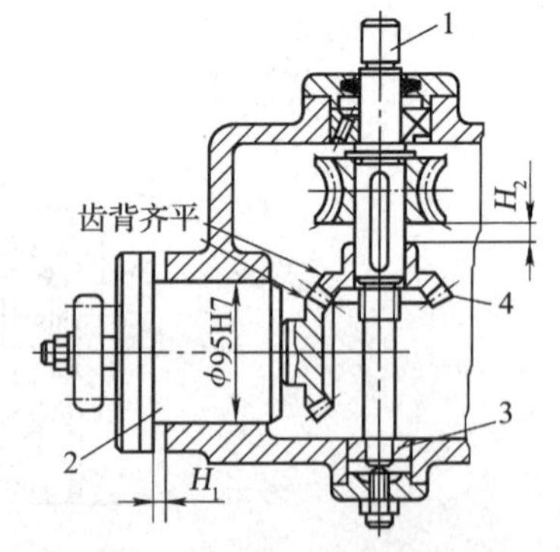

图8—12　锥齿轮轴向位置的确定

1—轴　2—锥齿轮轴—轴承套组件

3—轴套　4—锥齿轮

3）装配蜗轮轴组件。将装有轴承内圈和平键的轴放入箱体内，并依次将蜗轮、调整垫圈、锥齿轮、垫圈和螺母装在轴上，然后在箱体大轴承孔处（上端）装入轴承外圈和轴承盖分组件，在箱体小轴承孔处装入轴承、压盖和轴承盖，两端均用螺栓紧固。

4）装入锥齿轮轴—轴承套组件。在蜗轮轴组件安装完毕后，将锥齿轮轴—轴承套组件和调整垫圈一起装入箱体，用螺栓紧固。

5）安装其他零件和组件。

3. 调整和精度检验阶段

（1）调整

调整工作贯穿于减速器装配的整个过程，在组件装配中需要调整，在部件装配中需要调整，在总装配中更需要调整。

（2）精度检验

减速器主要检查齿轮副的接触精度、齿侧间隙、相互位置精度和轴承间隙，经检查合格后安装箱盖。

4. 运转试验阶段

总装完成后，减速器应进行运转试验。试验前必须清理箱体内腔，注入润滑油，用拨动联轴器的方法使润滑油均匀流至各润滑点。然后装上箱盖，连接电动机，并用手拨动联轴器使减速器回转，全部符合要求后，接通电源进行空载试车。运转中齿轮应无明显噪声，传动性能符合要求，运转 30 min 后检查轴承温度应不超过规定要求。

第二节　装配尺寸链计算

装配尺寸链是在产品或部件的装配过程中，由相关零件的有关尺寸（表面或轴线间距离）或相互位置关系（如平行度、垂直度或同轴度等）所组成的尺寸链。

一、装配尺寸链与工艺尺寸链

如图 8—13 所示的单键配合中，A_1的基本尺寸为 20 mm，A_2的基本尺寸为 20 mm，且 $A_0 = 0^{+0.20}_{+0.05}$ mm（设计要求）。

比较工艺尺寸链与图 8—13 所示的装配尺寸链，不难看出两者之间的异同。

1. 相同点

（1）工艺尺寸链和装配尺寸链都是由组成环和封闭环组成的，组成环同样分为增环和减环，其判断方法也相同。

（2）工艺尺寸链和装配尺寸链同样都具有封闭性和关联性。

2. 不同点

（1）工艺尺寸链的封闭环是由工艺过程的尺寸确定之后间接获得的，而装配尺寸链的封闭环是由一定尺寸的零件装配在一起后形成的。装配尺寸链的封闭环就是装配时所要求保证的装配精度，如图 8—13 中的 A_0。

（2）工艺尺寸链中的组成环是由关联的工艺尺寸组成的，而装配尺寸链中的组成环则是由对装配精度有直接影响的相关零件的具体尺寸组成的，一个零件只能有一个尺寸（组成环）列入装配尺寸链。

二、装配尺寸链的分类

按照各环的几何特征和所处的空间位置，装配尺寸链可分为直线尺寸链、角度尺寸链和平面尺寸链，其中最常见的是直线尺寸链和角度尺寸链。

直线尺寸链是由彼此平行的直线尺寸所组成的尺寸链，如图 8—13 所示。它所涉及的都是距离尺寸。

角度尺寸链是由角度（含平行度与垂直度）尺寸所组成的尺寸链，其组成环的几何特征多为平行度或垂直度，如图 8—14 所示。这种尺寸链的一个重要特点是组成环的基本尺寸都等于零。

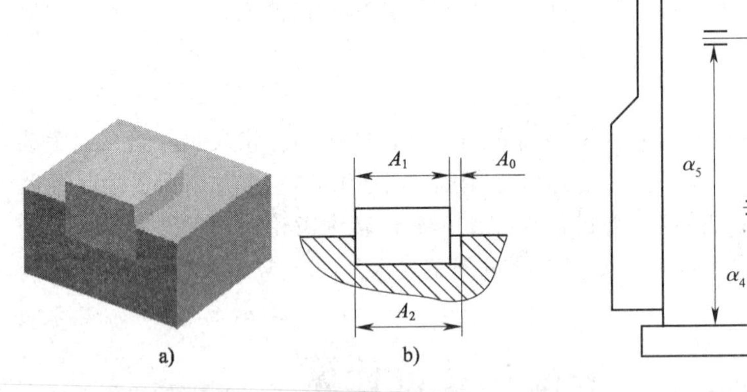

图 8—13　单键配合

a）模型图　b）装配尺寸链

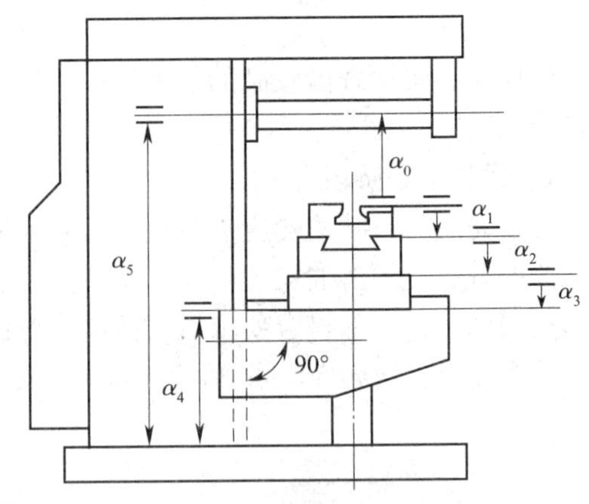

图 8—14　角度尺寸链示例

三、装配尺寸链的建立

当运用装配尺寸链分析和解决装配精度问题时，首先要正确地建立装配尺寸链，即正确地确定封闭环，并根据封闭环的要求查找各组成环。

1. 装配尺寸链的建立方法和步骤

装配尺寸链的建立是在产品或部件装配图上进行的，建立方法和步骤如下：

（1）确定封闭环

首先要看懂产品或部件的装配图，了解产品或部件的装配精度，一般产品的装配精度指标就是封闭环。如图 8—15 所示，为了保证孔与轴装配后能够灵活转动，要求装配后的径向间隙为 0.005 ~0.015 mm，此间隙就是封闭环 A_0。

（2）查找组成环

以封闭环两端的两个零件为起点，沿着装配精度要求的方向，以相邻零件装配基准之间的联系为线索，分别找出对装配精度有影响的相关零件，直到找到同一个基准面为止。在图 8—15 中 A_0 的下端为轴（A_2），A_0 的上端为孔（A_1），A_1 和 A_2 在同一基准面相接，形成封闭状态，故 A_1 和 A_2 为组成环。

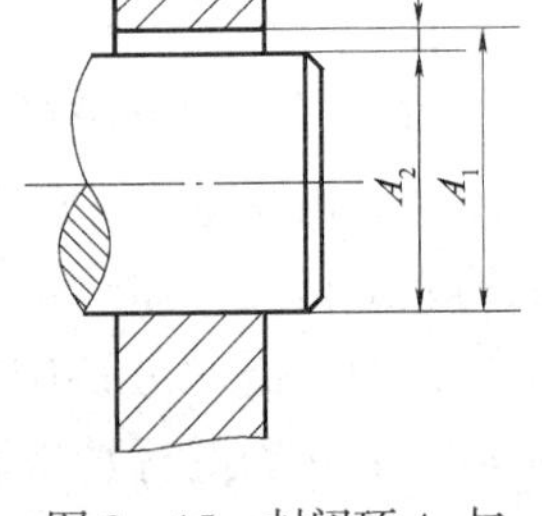

图 8—15　封闭环 A_0 与组成环 A_1、A_2

（3）画出尺寸链图并判断增环、减环

2. 建立装配尺寸链时的注意事项

在建立装配尺寸链时，应注意以下几点：

（1）按一定层次分别建立产品与部件的装配尺寸链。

（2）在保证装配精度的前提下，装配尺寸链组成环可适当简化。

（3）装配尺寸链的组成应遵循最短路线（环数最少）原则。

（4）当同一装配结构在不同位置方向有装配精度要求时，应按不同方向分别建立装配尺寸链。

四、装配尺寸链的计算与应用

1. 装配尺寸链的计算

装配尺寸链的计算方法有极值法和概率法两种，通常采用极值法。该计算方法简单可靠，容易掌握，计算公式与工艺尺寸链相同。

2. 装配尺寸链的应用

在产品设计过程中，设计者首先完成总装配图和部件装配图，并提出装配精度要求，然后选择装配方法，确定各零件的基本尺寸及偏差，这时可以通过求解装配尺寸链来实现。

当需要对已设计的图样进行校核验算时，利用与装配精度有关的零件基本尺寸及偏差，通过求解装配尺寸链，验算零件装配后的装配精度是否满足设计要求。

通常把前者称为反算法，后者称为正算法。

五、生产实例分析

如图 8—13 所示的单键配合中，采用完全互换装配法，首先按公式计算平均精度，则

$$T_{AM}=\frac{0.20\ \mathrm{mm}-0.05\ \mathrm{mm}}{3-1}=0.075\ \mathrm{mm}$$

这个数值对 20 mm 的尺寸来讲符合经济精度。

因为尺寸 A_1 为外尺寸，A_2 为内尺寸，前者比后者容易加工，故将公差按生产经验分配，先确定 $T_{A2}=0.1\ \mathrm{mm}$，然后计算出 T_{A1}，有

$$T_{A1}=T_{A0}-T_{A2}=0.15\ \mathrm{mm}-0.1\ \mathrm{mm}=0.05\ \mathrm{mm}$$

因为设计上对 A_2 的公差分布并无规定，故可按加工的习惯方法，即内尺寸采用单向正公差，所以 A_2 尺寸及其偏差可预先确定为

$$A_2=20^{+0.10}_{\ \ 0}\ \mathrm{mm}$$

因为 A_1 是减环，按以前的公式可求出

$$ES(A_1)=-EI(A_0)+EI(A_2)=-0.05\ \mathrm{mm}+0\ \mathrm{mm}=-0.05\ \mathrm{mm}$$

$$EI(A_1)=-ES(A_0)+ES(A_2)=-0.20\ \mathrm{mm}+0.10\ \mathrm{mm}=-0.10\ \mathrm{mm}$$

于是得到

$$A_1=20^{-0.05}_{-0.10}\ \mathrm{mm}$$

验证计算的正确性，有

$$A_{0max}=(20+0.10)\mathrm{mm}-(20-0.10)\mathrm{mm}=0.20\ \mathrm{mm}$$

$$A_{0min}=20\ \mathrm{mm}-(20-0.05)\mathrm{mm}=0.05\ \mathrm{mm}$$

第三节　装配方案及其选择

机械产品的精度要求，最终是靠装配实现的。比较孔和轴不同装配方案的实质是通过对装配尺寸链的求解，比较装配精度和零件的加工精度，从而优选装配方案。

装配生产中保证产品精度的方法有许多种，归纳起来可分为完全互换装配法、分组装配

法、修配装配法和调整装配法四大类。

一、完全互换装配法

1. 完全互换装配法概述

完全互换装配法是指在装配过程中参与装配的每一个零件不经任何选择、修理和调整，装上后全都能达到装配精度要求的装配方法。如果产品在使用过程中某一零件磨损或损坏，只要换上一个新的同类零件即可正常使用。这种方法的实质是靠控制零件的加工误差来保证产品的装配精度。

采用完全互换装配法进行装配，可以使装配过程简单，生产率高，易于组织流水作业及自动化装配。但当装配精度要求较高，尤其是组成环较多时，零件难以按经济精度制造。因此，这种装配方法多用于较高精度的少环尺寸链或低精度的多环尺寸链中，如汽车、自行车和轴承等。

2. 完全互换装配法的尺寸链计算

完全互换装配法尺寸链的计算方法和步骤：

（1）建立装配尺寸链，判断封闭环、增环和减环。

（2）确定封闭环基本尺寸及偏差。

（3）确定协调环。

由于一条装配尺寸链中有多个未知数，计算时需要选择一个容易加工的尺寸作为协调环。它的极限偏差并非事先定好的，而是经过计算后确定的，以便与其他组成环相协调，最后满足封闭环极限偏差的要求。确定协调环的原则是结构简单，非标准件，不是几个尺寸链的公共环，方便加工和测量。

（4）确定各组成环公差。

1）先确定各组成环的平均公差。

2）确定各组成环公差值。对于结构简单、组成环数很少且基本尺寸相同或相近的装配尺寸链，可以直接选用平均公差值（如轴孔配合副）。

对于结构较复杂、组成环数较多且基本尺寸相差较大的装配尺寸链，根据平均公差值查表，对照标准公差值选定与平均公差值相近的精度等级（建议在国家规定的精度等级中选取），一般各组成环按等精度（或相近精度）原则选取，避免出现个别零件精度很低或很高的现象。

各组成环的精度等级确定之后，再反过来确定各组成环的标准公差值。

3）确定组成环（除协调环外）公差带位置。组成环（除协调环外）公差带位置按入体原则标注。对于内尺寸（孔），其尺寸偏差按 H 配置；对于外尺寸（轴），其尺寸偏差按 h 配置。

4）确定协调环偏差。采用极值法计算，计算公式与工艺尺寸链计算公式相同。

3. 生产实例分析

如图 8—16b 所示为齿轮与轴的装配关系，已知 $A_1 = 30$ mm，$A_2 = 5$ mm，$A_3 = 43$ mm，$A_4 = 3_{-0.050}^{\ 0}$ mm（标准件），$A_5 = 5$ mm，要求装配间隙 $A_0 = 0.10 \sim 0.35$ mm，现采用完全互换装配法装配，试确定各组成环公差和极限偏差。

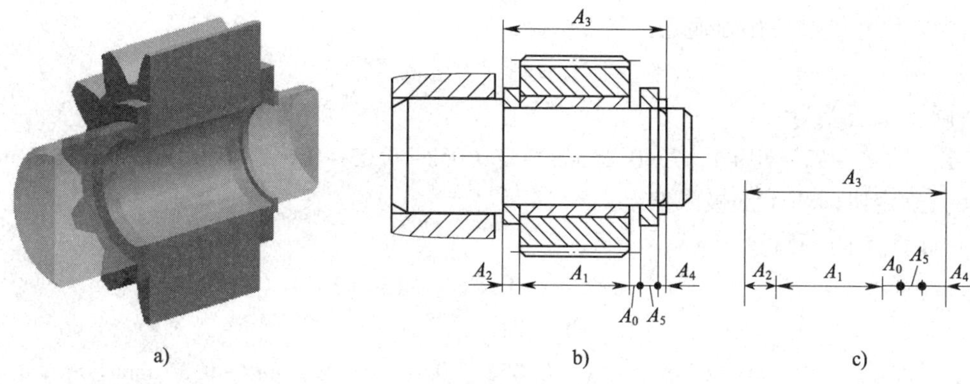

图 8—16　齿轮与轴的装配关系

a）模型图　b）示意图　c）装配尺寸链

解：

（1）画装配尺寸链

如图 8—16c 所示，A_3为增环，A_1、A_2、A_4、A_5为减环。

（2）计算封闭环的基本尺寸 A_0

封闭环的基本尺寸为

$$A_0 = A_3 - (A_1 + A_2 + A_4 + A_5) = 43\ \text{mm} - (30 + 5 + 3 + 5)\ \text{mm} = 0\ \text{mm}$$

根据题意，封闭环尺寸为

$$A_0 = 0^{+0.35}_{+0.10}\ \text{mm}$$

所以封闭环的公差为

$$T_0 = 0.35\ \text{mm} - 0.10\ \text{mm} = 0.25\ \text{mm}$$

（3）确定协调环

本例中 A_5为垫片，易加工和测量，故选为协调环。

（4）确定各组成环公差

1）计算组成环平均公差，有

$$T_M = \frac{T_0}{n-1} = \frac{0.25\ \text{mm}}{6-1} = 0.05\ \text{mm}$$

2）确定各组成环公差。A_4 为标准件，$A_4 = 3^{\ 0}_{-0.05}$ mm，无须调整，故

$$T_4 = 0.05\ \text{mm}$$

由于该尺寸链的组成环较多（5 个），而且各组成环的基本尺寸相差较大，如果直接选用平均值，可能出现个别零件精度很低而个别零件精度很高的现象。因此，必须对组成环公差进行调整。方法：以平均公差为基础，根据等精度（或精度接近）原则调整。

查标准公差值表得知，当组成环公差等级为 IT9 时，标准公差值比较接近平均公差值，故组成环（除标准件和协调环外）的公差等级均取 IT9，查标准公差值表得：$T_1 = 0.052$ mm，$T_2 = 0.03$ mm，$T_3 = 0.062$ mm。

（5）确定组成环公差带位置

A_1、A_2为外尺寸，按基轴制确定公差带位置，有

$$A_1 = 30_{-0.052}^{0}\ \text{mm},\ A_2 = 5_{-0.03}^{0}\ \text{mm}$$

A_3为内尺寸，按基孔制确定公差带位置，有

$$A_3 = 43_{0}^{+0.062}\ \text{mm}$$

协调环A_5公差为

$$T_5 = T_0 - (T_1 + T_2 + T_3 + T_4) = 0.25\ \text{mm} - (0.052 + 0.03 + 0.062 + 0.05)\ \text{mm} = 0.056\ \text{mm}$$

（6）确定协调环A_5的极限偏差

1）计算A_5的下偏差。

因为
$$ES_0 = ES_3 - (EI_1 + EI_2 + EI_4 + EI_5)$$
则
$$\begin{aligned} EI_5 &= ES_3 - (EI_1 + EI_2 + EI_4) - ES_0 \\ &= 0.062\ \text{mm} - (-0.052 - 0.03 - 0.05)\ \text{mm} - 0.35\ \text{mm} \\ &= -0.156\ \text{mm} \end{aligned}$$

2）计算A_5的上偏差。

$$ES_5 = EI_5 + T_5 = -0.156\ \text{mm} + 0.056\ \text{mm} = -0.100\ \text{mm}$$

所以，协调环A_5的尺寸为$A_5 = 5_{-0.156}^{-0.100}$ mm（相当于IT10，合理）。

二、分组装配法

1. 分组装配法概述

完全互换装配法有很多优点，但加工精度要求很高，给零件加工带来很大困难。能否放大配合件的公差、降低零件精度后加工，再采用适当的工艺手段进行装配，保证装配精度要求呢？分组装配法就可以解决这一问题。

分组装配法又称分组互换法，顾名思义，零件能在本组内互换。分组装配法是指装配前将互配的零件测量分组，装配时按对应组进行装配以保证装配精度的方法。

采用这种工艺方法装配，虽然零件的公差放大，对零件的加工精度要求不高，但装配后仍然可以获得较高的装配精度，解决了因零件精度过高给加工带来的困难。经过测量分组和分组装配，同一组内的零件仍然可以互换，具有完全互换装配法的优点。分组装配法虽然增加了测量、分组的工作量，但降低了零件的加工精度要求，降低了成本。

分组装配法适用于大批量生产的高精度少环尺寸链，多用于孔、轴配合。

2. 采用分组装配法应注意的问题

（1）配合件的公差必须相等，公差放大的倍数和方向也应相同，且分组数应该等于零件公差放大的倍数。

（2）只能放大尺寸公差，形位公差和表面粗糙度值不能放大。应保持原来的形位公差和表面粗糙度值，以免影响配合性质。

（3）应采取措施，尽量使同组相配件数量相同或相近，避免造成零件积压浪费。

（4）零件的分组数不宜过多，一般以3～5组为宜，分组数过多，会因零件测量分类和存储工作量增大而使生产组织工作变得复杂。

3. 生产实例分析

如图8—17所示为活塞与活塞销的连接。根据装配技术要求，活塞销孔与活塞销外径在冷态装配时应有0.002 5～0.007 5 mm的过盈量。与此相应的配合公差按等公差原则分配

时，只有0.002 5 mm。如果上述配合采用基轴制原则，则活塞销外径尺寸 $d=\phi 28_{-0.0025}^{0}$ mm，相应的销孔直径 $D=\phi 28_{-0.0075}^{-0.0050}$ mm。显然，制造这样精确的活塞销和销孔是很困难的，也是不经济的。

生产中采用的办法是先将上述公差值都放大4倍（$d=\phi 28_{-0.010}^{0}$ mm，$D=\phi 28_{-0.015}^{-0.005}$ mm），这样就可采用高效率的无心磨和金刚镗分别加工活塞销外圆和活塞孔，然后用精密测量仪器进行测量，并按尺寸大小分成4组，涂上不同的颜色，以便进行分组装配。具体分组情况见表8—1。

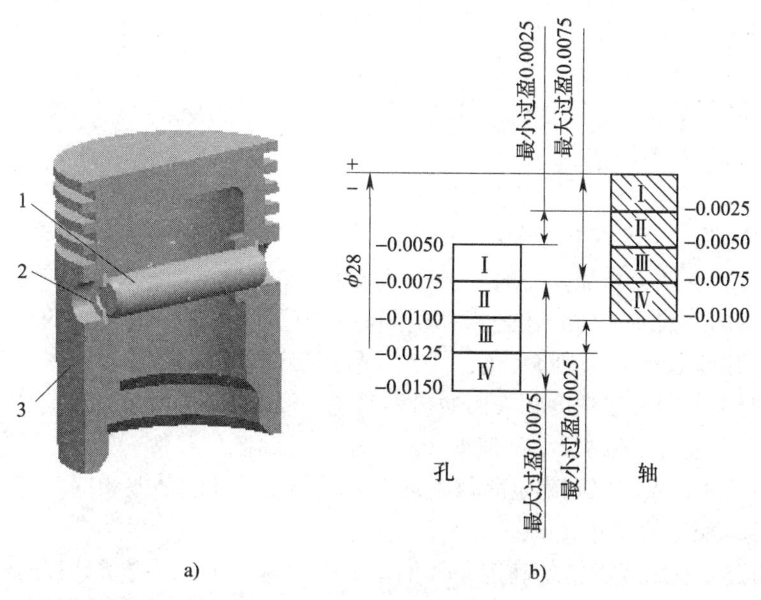

图8—17　活塞与活塞销的连接

a）模型图　b）装配尺寸分组

1—活塞销　2—卡簧　3—活塞

表8—1　　活塞销与活塞销孔直径分组尺寸　　mm

组别	标志颜色	活塞销直径 $d=\phi 28_{-0.010}^{0}$	活塞销孔直径 $D=\phi 28_{-0.015}^{-0.005}$	配合情况	
				最小过盈量	最大过盈量
Ⅰ	红	$d_1=\phi 28_{-0.0025}^{0}$	$D_1=\phi 28_{-0.0075}^{-0.0050}$	0.002 5	0.007 5
Ⅱ	白	$d_2=\phi 28_{-0.0050}^{-0.0025}$	$D_2=\phi 28_{-0.0100}^{-0.0075}$		
Ⅲ	黄	$d_3=\phi 28_{-0.0075}^{-0.0050}$	$D_3=\phi 28_{-0.0125}^{-0.0100}$		
Ⅳ	绿	$d_4=\phi 28_{-0.0100}^{-0.0075}$	$D_4=\phi 28_{-0.0150}^{-0.0125}$		

三、修配装配法

1. 修配装配法概述

在单件、小批量生产中，装配精度要求高而且组成件多时，完全互换法或不完全互换法均不能采用，在这些情况下，修配法是被广泛采用的方法之一。

修配法是指在零件上预留修配量，在装配过程中用手工锉、刮、研等方法修去该零件上多余的材料，使装配精度达到要求。修配法的优点是能够获得很高的装配精度，而零件的制造精度要求可以降低；缺点是装配过程中以手工操作为主，劳动量大，工时不易预定，生产率低，不便于组织流水作业，而且装配质量依赖于工人的技术水平。

修配装配法多用于单件、小批量生产以及装配精度要求高的场合。

2. 修配装配法的尺寸链计算

为确保修配环有修配余量，必须通过计算来确定修配环的尺寸和偏差，其计算方法和步骤如下：

（1）建立装配尺寸链

根据装配精度要求建立尺寸链，判断增环、减环和封闭环。

（2）确定封闭环的尺寸

（3）选择修配环

修配环的选择应满足以下要求：

1）便于拆装、易于修配。一般应选择形状较简单、修配面积较小的零件。

2）尽量不选公共环。公共环是指那些同时参加了两条以上尺寸链的尺寸（零件），它的变化会同时引起几个封闭环的变化，因此尽量不要选它作为修配环。

3）修配时本身的形位精度和表面质量容易达到要求。

（4）确定其他组成环的尺寸和偏差

按照经济精度和入体原则确定除修配环以外其他组成环的公差和偏差。

（5）计算修配环的尺寸和偏差

修配环的公差按照经济精度确定，其偏差则必须通过计算。为了计算简便，一般采用极值法的计算公式。由于放大了组成环的公差，因此，不能全部套用上偏差、下偏差（或最大值、最小值）的计算公式，只能选用其中之一算出一个偏差，然后加上或减去其公差，求出另一个偏差。

为保证有余量修配，应根据修配环修配时封闭环尺寸是变大还是变小来选择先计算上偏差还是下偏差，若修配环越修，封闭环尺寸越小，则应保证修配环尺寸最小时装上后不用修配就合格，所以应先计算下偏差；反之，若修配环越修，封闭环尺寸越大，则应保证修配环尺寸最大时装上后不用修配就合格，所以应先计算上偏差。

（6）校核修配环尺寸是否正确

按照算出的修配环尺寸计算实际封闭环的最大尺寸、最小尺寸，校核最小修配余量是否大于或等于零，最大修配余量是否过大。

3. 生产实例分析

如图8—18所示为车床主轴锥孔轴线与尾座套筒锥孔轴线的等高尺寸链，根据精度要求，只允许尾座高出主轴0～0.06 mm。已知：$A_1=202$ mm，$A_2=46$ mm，$A_3=156$ mm，现采用修配装配法，请确定修配环及各环的尺寸及偏差。

解：

（1）建立装配尺寸链

如图8—18所示，其中，A_2、A_3是增环，A_1是减环。

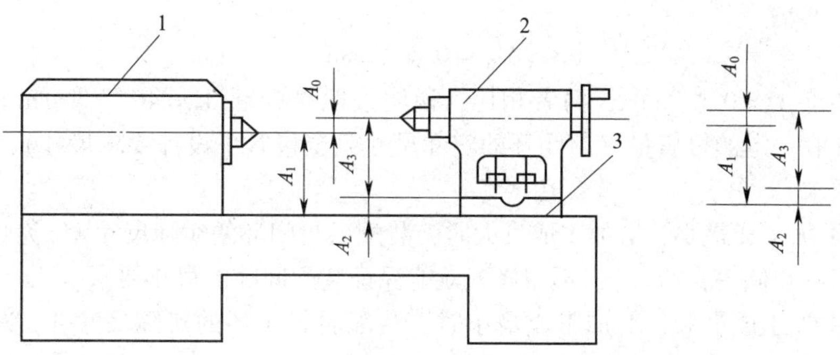

图 8—18　车床主轴锥孔轴线与尾座套筒锥孔轴线的等高尺寸链

1—主轴箱　2—尾座　3—底板

（2）确定封闭环的尺寸

封闭环基本尺寸为

$$A_0 = A_2 + A_3 - A_1 = 46\ \text{mm} + 156\ \text{mm} - 202\ \text{mm} = 0\ \text{mm}$$

封闭环尺寸为

$$A_0 = 0\ _{0}^{+0.06}\ \text{mm}$$

（3）选择修配环

从图中可看出，尾座底板较小且易拆装，因此选 A_2 为修配环。

（4）确定组成环的尺寸和偏差（除修配环外）

根据经济精度取 IT9，则

$$T_1 = 0.115\ \text{mm},\ T_3 = 0.1\ \text{mm}$$

因为 A_1、A_3 处均为轴线，故公差值应对称标注，有

$$A_1 = (202 \pm 0.057)\ \text{mm}$$

$$A_3 = (156 \pm 0.05)\ \text{mm}$$

（5）计算修配环 A_2 尺寸和偏差

A_2 公差按精刨（或精铣）所能达到的经济精度 IT10 取，查标准公差值表得

$$T_2 = 0.1\ \text{mm}$$

在修配底板时，由于尺寸 A_2 越修，封闭环尺寸越小，故应先计算 A_2 的下偏差。

因为
$$\text{EI}_0 = \text{EI}_2 + \text{EI}_3 - \text{ES}_1$$

则
$$\text{EI}_2 = \text{EI}_0 + \text{ES}_1 - \text{EI}_3 = 0 + 0.057\ \text{mm} - (-0.05)\ \text{mm} = 0.107\ \text{mm}$$

$$\text{ES}_2 = \text{EI}_2 + T_2 = 0.107\ \text{mm} + 0.1\ \text{mm} = 0.207\ \text{mm}$$

$$A_2 = 46\ _{+0.107}^{+0.207}\ \text{mm}$$

（6）校核修配环

通过以上计算，A_1、A_2、A_3 的尺寸已经确定，如果按照以上尺寸加工并装配，观察封闭环的实际变化为

$$A'_{0\max} = A_{2\max} + A_{3\max} - A_{1\min} = 46\ \text{mm} + 0.207\ \text{mm} + 156\ \text{mm} + 0.05\ \text{mm} - 202\ \text{mm} + 0.057\ \text{mm} = 0.314\ \text{mm}$$

$$A'_{0\,\min}=A_{2\,\min}+A_{3\,\min}-A_{1\,\max}=46\ \text{mm}+0.107\ \text{mm}+156\ \text{mm}-0.05\ \text{mm}-202\ \text{mm}-0.057\ \text{mm}=0\ \text{mm}$$

则

$$A'_0=0^{+0.314}_{\ 0}\ \text{mm}$$

而设计要求 $A_0=0^{+0.06}_{\ 0}$ mm，两者相比，说明按照修配环 $A_2=46^{+0.207}_{+0.107}$ mm 的尺寸加工，装配时修配环有一定的可修量（封闭环的实际尺寸完全包容了设计要求尺寸），可以满足装配时的修配要求。

当 A_2 和 A_3 加工成最小，A_1 加工成最大时，装配后封闭环的实际尺寸 A'_0 为 0（主轴轴线与尾座轴线正好在同一直线上），不用修配就能保证装配间隙的最小要求。

当 A_2 和 A_3 加工成最大，A_1 加工成最小时，装配后封闭环的实际尺寸 A'_0 为 0.314 mm，大于允许尾座高出主轴最大值 0.06 mm 要求，需要修去（0.314 − 0.06） mm = 0.254 mm 才可以达到装配精度要求。

因此，使用修配环 $A_2=46^{+0.207}_{+0.107}$ mm 的尺寸加工，装配时最小修配量是 0，最大修配量是 0.254 mm。

四、调整装配法

1. 调整装配法概述

在装配时，改变产品中可调整零件的相对位置或选用合适的调整件来达到装配精度的方法，称为调整装配法。前者为可动调整法，后者为固定调整法。

（1）可动调整法

采用改变调整件的相对位置来保证装配精度的方法称为可动调整法。常用的可动调整件有螺钉、螺母、楔块等。可动调整法在调整过程中不需拆卸零件，故应用较广。如图 8—19 所示为用螺钉调整轴承的轴向间隙。

a）

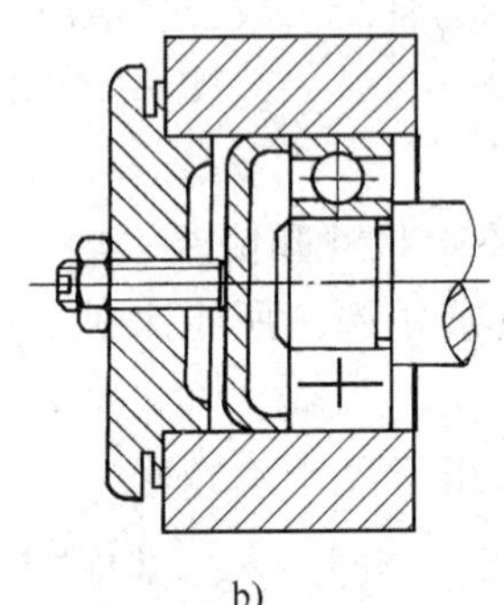

b）

图 8—19　用螺钉调整轴承的轴向间隙

a）模型图　b）示意图

（2）固定调整法

在装配尺寸链中，选择某一零件为调整件，根据各组成环形成累积误差的大小来更换不同尺寸的调整件，以保证装配精度的方法称为固定调整法。常用的调整件有垫圈、垫片、轴套等。如图 8—20 所示，传动轴组件装入箱体时，使用适当厚度的调整垫圈 D（补偿件）补偿累积误差，保证箱体内侧面与传动轴组件的轴向间隙。

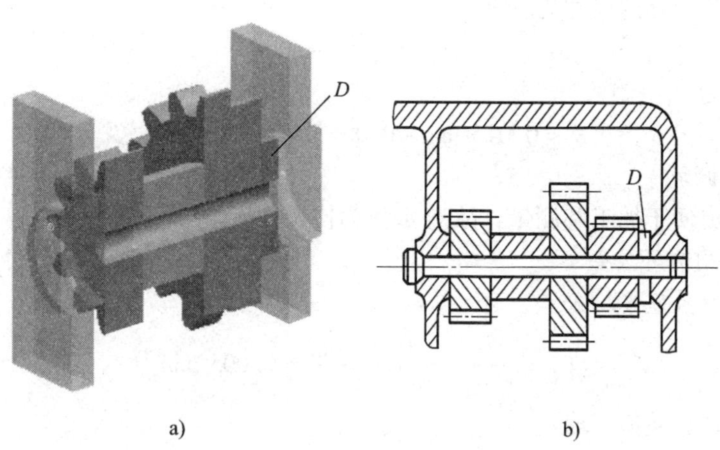

图 8—20 用调整垫圈调整轴向间隙

a）模型图 b）示意图

2. 调整装配法的特点

调整装配法的特点是零件按经济精度制造，装配时产生的累积误差用机构设计时预先设定的固定调整件（又称补偿件）或改变可动调整件相对位置来消除，从而获得较高的装配精度，并且可以随时调整因磨损、热变形、弹性变形或塑性变形等原因所引起的误差。不足之处就是增加了零件数量及较复杂的调整工作量。

3. 调整装配法的适用场合

（1）调整装配法适用于封闭环公差要求较严而组成环又较多的装配尺寸链，在汽车、拖拉机、自行车等产品中应用广泛。

（2）固定调整装配法适用于对刚度要求较高、不需要经常调整间隙的机构，如减速器传动轴轴向间隙调整机构。

（3）可动调整装配法适用于对刚度要求较低、对配合要求较高且需要经常调整间隙的机构，如自行车前后转轴轴向间隙调整机构。

五、生产实例分析

如图 8—21 所示为孔与轴的装配，轴、孔配合的基本尺寸为 $\phi30$ mm，根据产品的性能要求，配合间隙在 0.005 ~ 0.015 mm 之间，比较选择不同的装配方案。

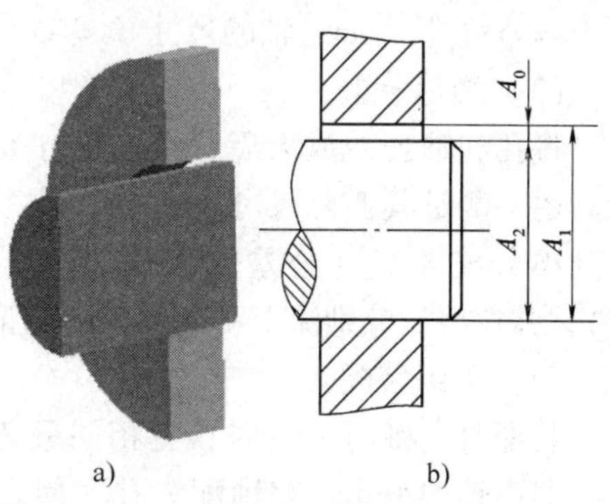

图 8—21 孔与轴的装配

a）模型图 b）示意图

1. 采用完全互换装配法的装配尺寸链计算

（1）建立装配尺寸链

如图 8—21 所示，A_0 为封闭环，A_1 为增环，A_2 为减环。

（2）确定封闭环基本尺寸及偏差

计算封闭环的基本尺寸，有

$$A_0 = A_1 - A_2 = 0$$

根据题意，封闭环的尺寸为

$$A_0 = 0\,^{+0.015}_{+0.005}\ \text{mm}$$

封闭环公差为

$$T_0 = 0.015\ \text{mm} - 0.005\ \text{mm} = 0.01\ \text{mm}$$

（3）确定协调环

由于轴比孔更便于加工和测量，故选 A_2 作为协调环。

（4）确定各组成环公差

计算各组成环公差平均公差，有

$$T_M = \frac{T_0}{n-1} = \frac{0.01\ \text{mm}}{2} = 0.005\ \text{mm}$$

确定各组成环公差值，取

$$T_1 = T_2 = 0.005\ \text{mm}$$

（5）确定组成环（除协调环外）公差带位置

组成环 A_1 为内尺寸，按基孔制确定公差带位置，有

$$A_1 = \phi 30\,^{+0.005}_{0}\ \text{mm}$$

（6）确定协调环 A_2 偏差

$$ES_0 = ES_1 - EI_2$$

则

$$EI_2 = ES_1 - ES_0 = (0.005 - 0.015)\ \text{mm} = -0.010\ \text{mm}$$

$$ES_2 = EI_2 + T_2 = (-0.01 + 0.005)\ \text{mm} = -0.005\ \text{mm}$$

协调环 A_2 尺寸为

$$A_2 = \phi 30\,^{-0.005}_{-0.010}\ \text{mm}$$

2. 采用分组装配法的装配尺寸链计算

（1）计算各组成环的公差和偏差值

先按完全互换装配法解出各组成环的公差和偏差值。

（2）放大公差

将孔和轴的公差同时放大若干倍（放大的倍数根据经济精度和生产条件确定，此处放大 4 倍），孔和轴的公差放大方向必须相同，如图 8—22 所示。公差放大后孔的尺寸 $D = \phi30\,^{+0.02}_{0}$ mm，轴的尺寸 $d = \phi(30 \pm 0.01)$ mm。

（3）测量分组

将孔和轴公差放大后，再按尺寸要求加工，用精密量具逐一测量其实际尺寸，将孔、轴零件按实际尺寸从大到小分成 4 组（公差放大几倍，分组时相应分成几组），并按组号分别涂上不同颜色的标记，见表 8—2。

（4）分组装配

装配时，将同一组内具有相同颜色的轴、孔零件相配，即小轴配小孔，大轴配大孔，使之达到设计给定的装配精度要求。

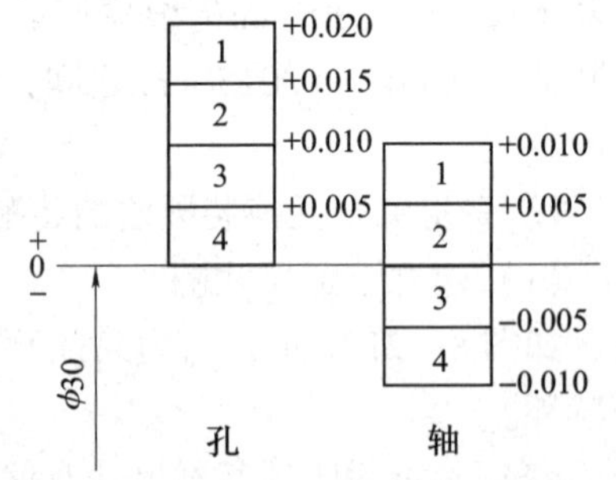

图 8—22　孔与轴的装配关系

表 8—2　　孔与轴的分组尺寸　　mm

组别	标志颜色	孔直径 $D=\phi 30^{+0.02}_{0}$	轴直径 $d=\phi 30\pm 0.01$	配合情况	
				最小间隙值	最大间隙值
1	红	$D_1=\phi 30^{+0.020}_{+0.015}$	$d_1=\phi 30^{+0.010}_{+0.005}$	0.005	0.015
2	白	$D_2=\phi 30^{+0.015}_{+0.010}$	$d_2=\phi 30^{+0.005}_{0}$		
3	黄	$D_3=\phi 30^{+0.010}_{+0.005}$	$d_3=\phi 30^{0}_{-0.005}$		
4	绿	$D_4=\phi 30^{+0.005}_{0}$	$d_4=\phi 30^{-0.005}_{-0.010}$		

3. 装配方案的分析比较

分析比较采用两种不同方案的孔与轴的装配零件加工精度，如图 8—23 所示。

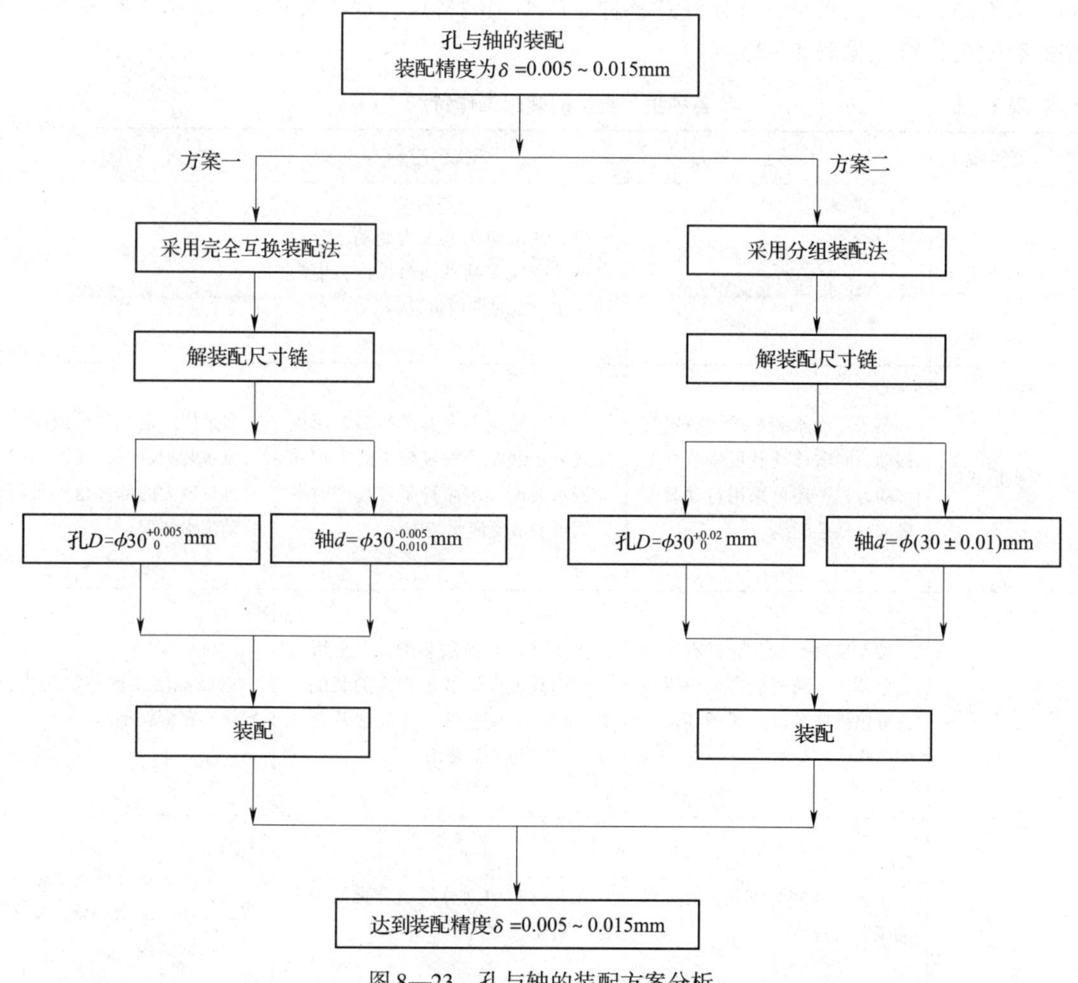

图 8—23　孔与轴的装配方案分析

通过以上分析可知，采用完全互换装配法装配时，孔和轴的加工精度要求高；采用分组装配法装配时，孔和轴的加工精度要求低，但装配后均可达到相同的装配精度。

第四节 装配工艺规程的制定

装配工艺规程是用文件形式规定下来的装配工艺过程，它是指导装配工作的技术文件，是制订装配生产计划、进行技术准备的主要依据，也是设计或改建装配车间的基本文件之一。

一、装配的生产类型和组织形式

1. 装配的生产类型及特点

机械装配的生产类型按生产批量可分为大量生产、成批生产以及单件生产三种。生产类型支配装配工作，使其各具特点，例如在组织形式、装配方法、工艺装备等方面都有所不同。为提高装配工艺水平，必须注意各种生产类型的特点、现状及其本质联系。各种生产类型的装配工作特点见表8—3。

表8—3 各种生产类型的装配工作特点

生产类型	大量生产	成批生产	单件生产
基本特征	产品固定，生产活动长期重复，生产周期一般较短	产品在系列化范围内变动，分批交替投产或多品种同时投产，生产活动在一定时期内重复	产品经常变换，不定期重复，生产周期一般较长
组织形式	多采用流水装配线，有连续移动、间歇移动及可变节奏等移动方式，还可采用自动装配机或自动装配线	笨重、批量不大的产品多采用固定式流水装配，批量较大时采用移动流水装配，多品种平行投产时多采用可变节奏流水装配	多采用固定式装配或固定式流水装配进行总装，同时对批量较大的部件也可采用移动流水装配
装配工艺方法	按互换法装配，允许有少量简单调整；精密偶件成对供应或分组供应装配，无须任何修配工作	主要采用互换法装配，但也可灵活运用其他保证装配精度的装配工艺方法，如调整法、修配法及合并法，以节约加工费用	以修配法及调整法为主，互换件比例较小
工艺过程	工艺过程划分细致，有详细的工艺规程	工艺过程的划分须适合批量的大小，有工艺规程	一般不制定详细的工艺规程，工序可适当调整，工艺也可灵活掌握

续表

生产类型	大量生产	成批生产	单件生产
设备及工艺装备	专业化程度高，广泛使用专用高效工艺装备	通用设备较多，使用一定数量的专用工具、夹具、量具	一般为通用设备及通用工具、夹具、量具
手工操作要求	手工操作比例小，技术水平要求不高	手工操作比例较大，技术水平要求较高	手工操作比例大，要求工人有较高的技术水平和多方面的工艺知识
应用实例	汽车、拖拉机、内燃机、滚动轴承、电气开关等	机床，机车车辆，中、小型锅炉，矿山采掘机械等	重型机床、重型机器、汽轮机、大型内燃机、大型锅炉及新产品试制等

2. 装配的组织形式

装配工作组织的状态对装配效率的高低和装配周期的长短均有较大的影响。根据产品结构的特点和批量大小的不同，装配工作应采取不同的组织形式。装配的组织形式一般可分为固定式装配和移动式装配两大类。

(1) 固定式装配

固定式装配是将产品或部件的全部装配工作安排在某一固定的工作地点进行，装配过程中产品位置不变，装配所需要的零部件都集中在工作地点附近。当批量很小或单件生产时（如新产品试制），产品的全部装配工作可集中在同一工作地点由同一组工人去完成，这样就需要较大的生产面积和技术水平较高的工人，整个产品的装配周期也比较长。当产品的批量较大时，为提高装配效率，可将产品的装配分成部装和总装，分别由几组工人在不同的工作地点同时进行。

在单件生产和中、小批生产中，特别是那些因质量较重和尺寸较大，装配时不便移动的重型机械，或因机体刚度较差，装配时移动会影响装配精度的产品，都宜采用固定式装配的组织形式。

(2) 移动式装配

移动式装配是将产品或部件置于装配线上，通过连续或间歇的移动使其顺次经过各装配工作地点，以完成全部装配工作。采用移动式装配时，装配过程分得较细，每个工作地点重复完成固定的工序，广泛采用专用设备及工具，生产率很高，多用于大批、大量生产，批量很大的定型产品还可采用自动装配线进行装配。

二、装配工艺规程的制定

1. 制定装配工艺规程应遵循的原则

(1) 保证并力求提高产品装配质量，以延长产品的使用寿命。

(2) 合理安排装配工序，尽量减少钳工装配的工作量，提高装配效率，以缩短装配周期。

(3) 尽可能减小车间的生产面积，以提高单位面积的生产率。

2. 制定装配工艺规程所需的原始资料

(1) 产品的总装配图和部件装配图以及主要零件的工作图

产品的装配图应清楚地表示出所有零件的相互连接情况、重要零部件的联系尺寸、配合零件间的配合性质及精度、装配的技术要求、零部件明细表等。

(2) 产品验收的技术条件

产品验收的技术条件是产品总装后验收产品的一种重要技术文件。它主要规定了产品主要技术性能的检验和试验的内容及方法，是制定装配工艺规程的主要依据之一。

(3) 产品的生产纲领

产品的生产纲领是指产品的生产批量，如单件、成批、大量等。生产纲领决定了产品的生产类型。生产类型不同，装配的组织形式和工艺方法均不同。

大批、大量生产的产品一般采用专用的装配设备及工具，如机器人组成的流水自动装配线。单件、小批量生产多采用固定装配方式。

(4) 现有生产条件

现有生产条件是指现有的装配设备及工艺装备、车间面积、工人的技术水平和时间定额标准等。

3. 装配工艺规程的内容

(1) 产品及其部件的装配顺序。

(2) 装配方法。

(3) 装配的技术要求及检验方法。

(4) 装配所需的设备和工具。

(5) 必需的工人技术等级及装配的时间定额等。

4. 制定装配工艺规程的步骤

(1) 研究产品装配图和验收技术条件

制定装配工艺时，首先要仔细研究产品的装配图及验收技术条件。通过对上述技术文件的研究，深入了解产品及其各部分的具体结构，产品及各部件的装配技术要求，设计人员所确定的保证产品装配精度的方法，以及产品的试验内容和方法等。研究产品装配图时，如果发现图样在完整性、技术要求和结构工艺性方面有缺点或错误，应及时提出，由设计人员研究后予以修改。

(2) 确定装配的组织形式

产品装配工艺方案的制定与装配的组织形式有关。例如，总装、部装的具体划分，装配工序划分时的集中、分散程度，产品装配的运输方式，工作地点的组织等都与装配的组织形式有关。装配的组织形式主要取决于产品结构特点和生产批量。

(3) 划分装配单元，确定装配顺序

装配单元包括零件和部件。装配单元的划分，就是从工艺角度出发，将产品分解成独立装配的组件及各级分组件，是装配工艺制定中极为重要的一项工作。

零件是组成产品的最基本单元。部件是由许多零件组成的产品的一部分，是一个通称，其划分是多层次的。如图 8—24 所示为用图解法表示的产品装配单元（即可以单独进行装配的部件）的划分。

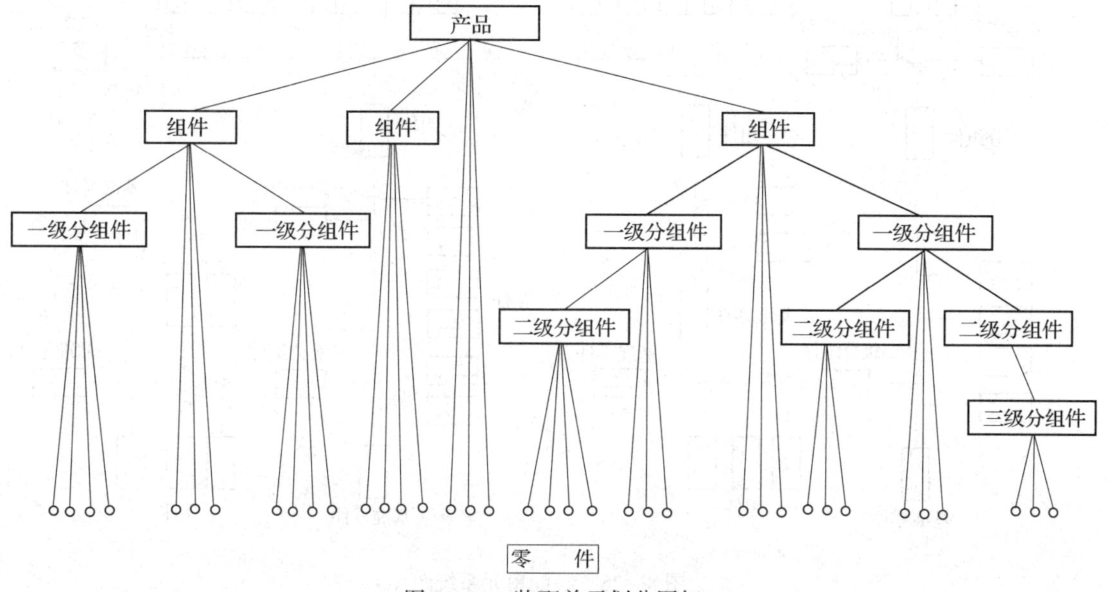

图 8—24　装配单元划分图解

装配单元划分后，可确定各级分组件、组件和产品的装配顺序。在确定产品各级装配单元的装配顺序时，首先要选择装配基准件，基准件可以选一个零件，也可以选低一级的装配单元。然后根据装配结构的具体情况，按照先下后上、先内后外、先难后易、先精密后一般、先重大后轻小的一般规律确定其他零件或装配单元的装配顺序。合理的装配顺序是在不断实践中逐步形成的。

如图 8—25 所示，产品装配单元的划分及其装配顺序可以通过装配单元系统图直观地表示出来。图中每一零件、分组件或组件都用长方格表示，长方格的上方注明装配单元的名称，左下方填写装配单元的编号，右下方填写装配单元的数量。装配单元的编号必须与装配图及零件明细表中的编号一致。

绘制装配单元系统图时，先画出一条横线，在横线的左端画出代表基准件的长方格，在横线的右端画出代表产品的长方格。然后按装配顺序从左向右，将代表直接装到产品上的零件或组件的长方格从水平线引出，零件画在横线上面，组件画在横线下面。同样可把每一个组件及分组件的系统图展开，如图 8—26 所示。

当产品构造较复杂时，按上述方法绘制的装配单元系统图将过于复杂，故常分别绘制产品总装及各部装的装配单元系统图，如图 8—26 所示。其中，图 8—26a 为产品总装的装配单元系统图，图 8—26b、c、d 为图 8—25 中基准零件及其各级分组件的装配单元系统图。组件结构不太复杂时，不必逐级绘制分图。

在装配单元系统图上，加注必要的工艺说明（如焊接、配钻、铰孔及检验等），则成为装配工艺系统图，如图 8—27 所示。此图较全面地反映了装配单元的划分、装配顺序及方法，它是装配工艺规程中的主要文件之一。

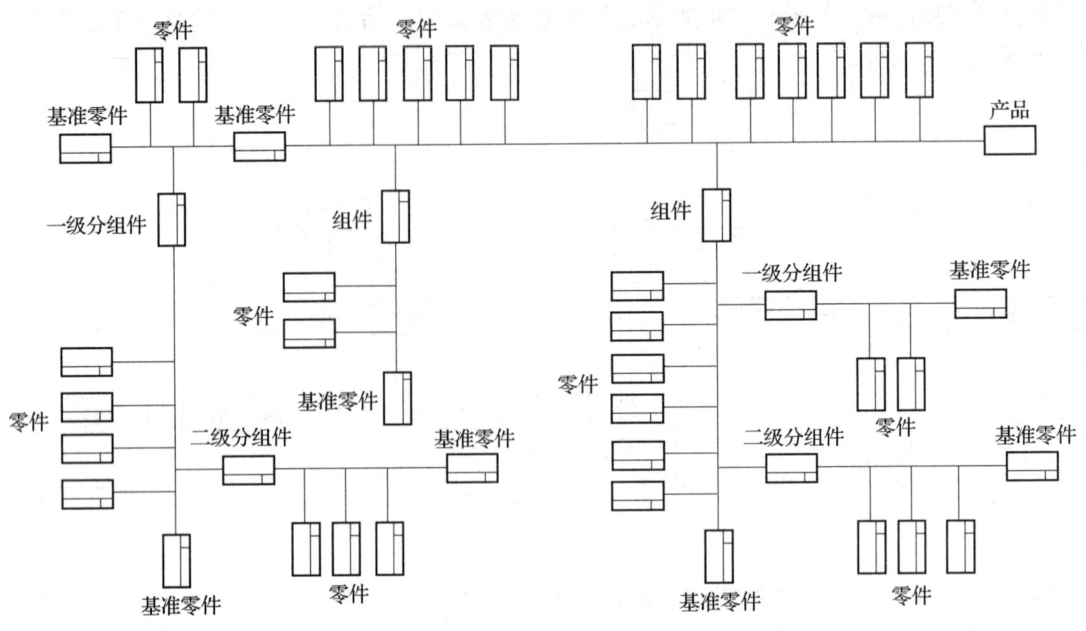

图 8—25　装配单元系统图

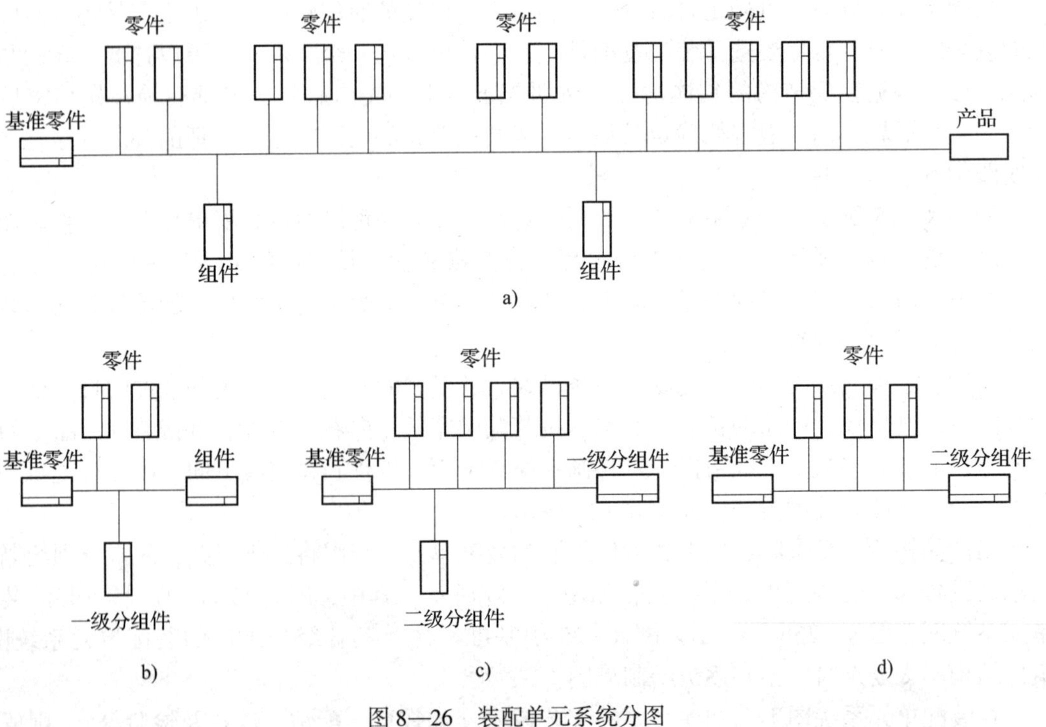

图 8—26　装配单元系统分图

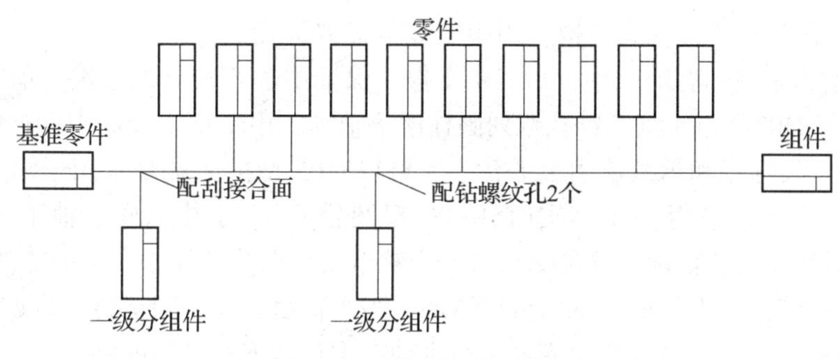

图 8—27　装配工艺系统图

（4）划分装配工序

装配顺序确定后，还要将装配工艺过程划分为若干工序，并确定各个工序的工作内容，所需的设备和工具、夹具，以及工时定额等。装配工序应包括检查和试验工序。

（5）编制装配工艺卡

在单件、小批量生产时，通常不编制装配工艺卡，工人按装配图和装配工艺系统图进行装配。成批生产时，应根据装配工艺系统图分别编制总装和部装的装配工艺卡。工艺卡中应简要说明工序的工作内容，所需设备和工具、夹具的名称及编号，工人技术等级和时间定额等。大批、大量生产时，应为每一工序单独编制工序卡，详细说明该工序的工艺内容。

三、生产实例分析

如图 8—28 所示为 CA6140 型车床主轴部件，该主轴装配的生产方式为单件、小批量生产。

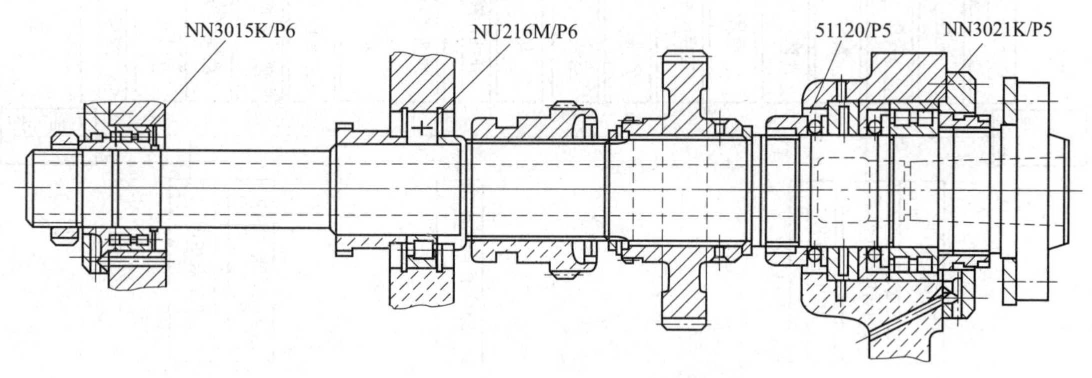

图 8—28　CA6140 型车床主轴部件

主轴及其轴承是主轴箱最重要的部分。主轴的旋转精度、刚度和抗振性等对工件的加工精度和表面粗糙度有直接影响，因此，掌握主轴部件的装配和调整工艺相当重要。

1. 主轴部件的结构

主轴是车床的关键部件之一，在工作时承受很大的切削力，故要求具有足够的刚度和较高的精度。主轴是一个空心的阶梯轴，前端的锥孔为莫氏 6 号圆锥，用于安装前顶尖和心轴。前端采用短锥法兰式结构，用于安装卡盘或拨盘。

CA6140 型车床主轴有前、中、后三个支撑，保证主轴有较高的刚度。前支撑由两种滚动轴承组成：NN3021K/P5 型圆锥孔双列圆柱滚子轴承，用于承受径向力，这种轴承具有刚度高、精度高、尺寸小和承载能力大等优点；51120/P5 型推力球轴承用于承受正反两个方向的轴向力。后支撑采用一个 NN3015K/P6 型圆锥孔双列圆柱滚子轴承。中间支撑是 NU216M/P6 型圆柱滚子轴承。这种结构将推力轴承安装在前支撑中，离加工部位距离较近，中、后支撑只承受径向力，而在轴向可以游动。当主轴由于长时间运转发热膨胀时，可以允许向后微量伸长，以减小主轴弯曲变形，使主轴在重负荷下有足够的刚度。

2. 主轴部件的装配技术要求

主轴轴承对主轴的旋转精度及刚度影响很大，轴承的间隙直接影响机床的加工精度。主轴轴承应在无间隙（或少许过盈量）的条件下运转，因此，主轴轴承的间隙应定期进行调整。该主轴的精度要求为径向圆跳动误差和轴向窜动均不超过 0. 01 mm，通常为 1 ~ 3 μm。

3. 主轴部件的装配工艺过程

（1）装配顺序

主轴部件的装配基准件是主轴，主轴上各直径向右成阶梯状，这就决定了装配的顺序应当是主轴自右向左装入箱体，右边的零件先装到主轴上，左边的零件后装到主轴上。

（2）装配单元系统图

主轴部件的装配可用图 8—29 所示的装配单元系统图来表达。

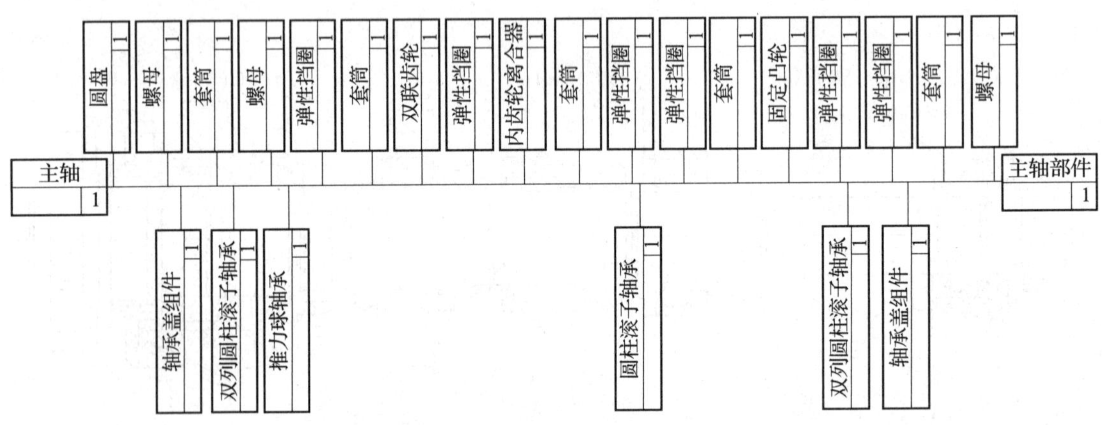

图 8—29　主轴部件装配单元系统图

（3）主轴部件的精度检验

1）主轴径向圆跳动的检验。如图 8—30 所示，在主轴锥孔中紧密地插入一根圆锥柄检验棒，将百分表固定在机床上，使百分表测头顶在检验棒表面上。旋转主轴，分别在靠近主轴端部 a 处和距 a 点 300 mm 的 b 处检验。a、b 的误差分别计算。主轴每转一转，百分表读数的最大差值就是主轴锥孔中心线的径向圆跳动误差。

为了避免圆锥柄检验棒配合不良的影响，拔出检验棒，相对主轴旋转 90°，重新插入主轴锥孔中，再重复检验 3 次，4 次测量的平均值为主轴径向圆跳动误差。

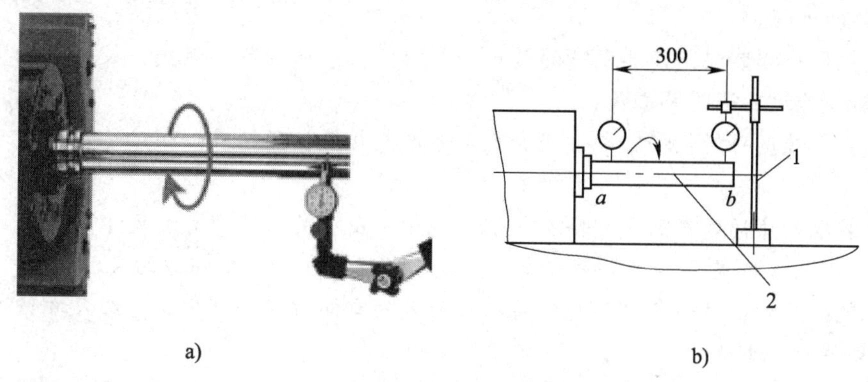

图 8—30 主轴径向圆跳动的检验

a）径向圆跳动检验 b）示意图

1—百分表 2—检验棒

2）主轴轴向窜动的检验。如图 8—31 所示，在主轴锥孔中紧密地插入一根圆锥柄短检验棒，中心孔中装入钢球（钢球用润滑脂粘上）。百分表固定在床身上，使百分表测头顶在钢球上，旋转主轴检查，百分表读数的最大差值即主轴轴向窜动误差。

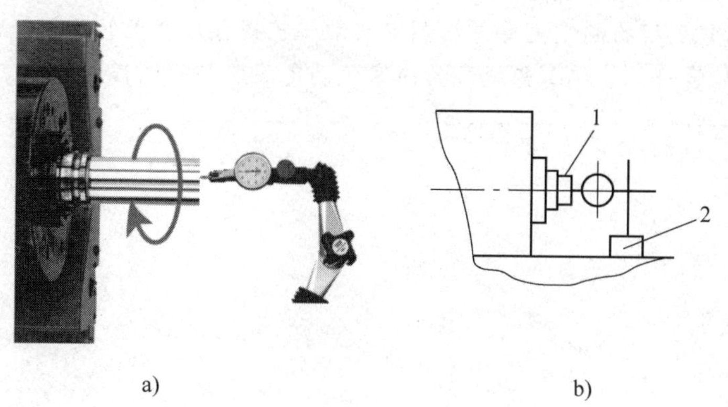

图 8—31 主轴轴向窜动的检验

a）轴向窜动检验 b）示意图

1—检验棒 2—百分表

（4）主轴部件的调整

主轴轴承的间隙应定期调整，具体方法是松开主轴前端双列圆柱滚子轴承右侧的螺母，拧紧主轴前端推力球轴承左侧的圆螺母。因双列圆柱滚子轴承内圈是锥度为 1∶12 的薄壁锥孔，推力球轴承左侧的圆螺母的推力使双列圆柱滚子轴承内圈右移胀大，减小径向间隙，同时也控制了主轴的轴向窜动。这种结构一般只调整前轴承，当只调整前轴承达不到要求时，可以对后轴承进行同样的调整，中间轴承间隙不调整。

〔本章小结〕

◇ 装配是指根据规定的技术要求，将若干零件组装成部件或将若干零件和部件组装成产品的过程。

◇ 机械产品装配是产品制造的最后一个阶段，包括准备、连接、校正、调整、配作、平衡、验收及试验等工作。

◇ 装配精度一般包括零部件间的距离精度、相互位置精度、相对运动精度和接触精度。

◇ 装配尺寸链是产品或部件在装配过程中，由相关零件的有关尺寸（表面或轴线间距离）或相互位置关系（如平行度、垂直度或同轴度等）所组成的尺寸链。

◇ 装配尺寸链按照各环的几何特征和所处的空间位置，可分为直线尺寸链、角度尺寸链和平面尺寸链。

◇ 装配尺寸链建立在产品或部件装配图上，步骤为：确定封闭环—查找组成环—画出尺寸链图，判断增环、减环。

◇ 装配生产中保证产品精度的常用方法有完全互换装配法、分组装配法、修配装配法和调整装配法四大类。

◇ 机械装配的生产类型按生产批量可分为大量生产、成批生产以及单件生产三种。

◇ 装配的组织形式一般可分为固定式装配和移动式装配两大类。

◇ 装配工艺规程的制定主要包括制定装配工艺规程应遵循的原则、制定装配工艺规程所需的原始资料、装配工艺规程的内容、制定装配工艺规程的步骤。

第九章　现代制造工艺技术

第一节　特种加工

特种加工是指利用电能、热能、光能、电化学能、化学能、声能及特殊机械能等能量去除或增加材料的加工方法。特种加工不同于使用刀具、磨具等直接利用机械能切除多余材料的传统加工方法，是近十几年来发展起来的新工艺。

一、电解加工

电解加工又称电化学加工，是利用金属工件在电解液中发生电化学阳极溶解的原理去除材料，将工件加工成形的一种方法。

1. 电解加工原理

图9—1给出了电解加工原理示意图。加工时工件接直流电源阳极，工具接电源的阴极，两极之间保持一定的间隙（0.1～1 mm），具有一定压力（0.5～2.5 MPa）的氯化钠电解液从两极间的间隙中高速流过，在电场作用下，阳极工件表面金属产生阳极溶解，溶解产物被电解液带走。

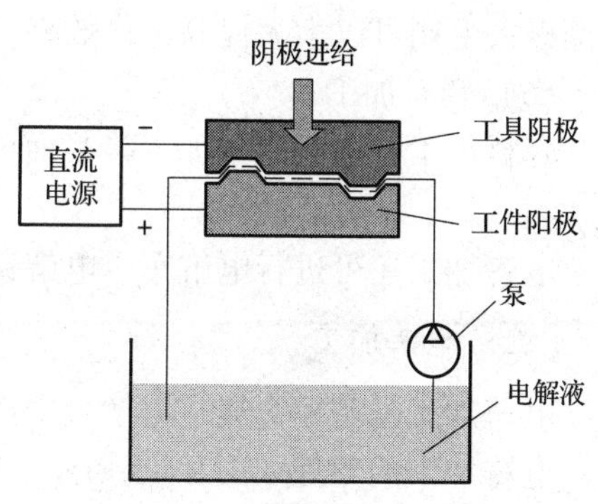

图9—1　电解加工原理示意图

2. 电解加工的特点

（1）加工范围广，可以加工硬质合金、淬火钢、不锈钢、耐热合金等高硬度及韧性金属材料，并可加工叶片、锻模等各种复杂型面。

（2）生产效率高，为电火花加工的5～10倍。

（3）加工中无切削力和切削热，适用于易变形或薄壁零件的加工。

（4）工具无损耗。电解加工工具阴极不与工件接触，正常加工条件下工具阴极不损耗。

（5）能获得较高的加工精度和表面质量，表面粗糙度值可达 $Ra1.25$～0.2 μm，工件的尺寸误差可控制在±0.1 mm范围内。

（6）设备占地面积大，加工批量小时单件成本高。

（7）需要处理“废液、废气、废渣”，防止污染环境。

（8）加工精度和加工稳定性高。

3. 电解加工的应用范围

电解加工的应用主要有以下几个方面：

（1）型腔加工

对模具消耗较大、精度要求不太高的矿山机械、拖拉机等所需的锻模，已逐步采用电解加工。

（2）型面加工

涡轮发动机、增压器、汽轮机等的叶片，叶身型面比较复杂、要求精度高，加工批量大，采用机械加工难度大，生产率低，加工周期长，而采用电解加工则不受叶片结构的限制，在一次行程中就可加工出复杂的叶身型面，生产率高，表面粗糙度值小。

（3）深孔扩孔加工

可用于深径比大于 5 的深孔加工，因为用传统切削加工方法加工时刀具磨损严重，表面质量差，加工效率低。

（4）型孔加工

对一些形状复杂、尺寸较小的四方、六方、椭圆、半圆等形状的通孔、不通孔，用常规机械加工很困难，可采用电解加工。

（5）电解倒棱去毛刺

机械加工中去毛刺的工作量很大，尤其是去除硬而韧的金属毛刺，需要很多的人力，电解倒棱去毛刺可以大大提高工作效率。

（6）套料加工

套料加工方法可用于加工等截面的大面积异形孔或等截面薄型零件的下料，如图 9—2 所示。

电解加工还可进行电解车、电解铣、电解线切割等加工。

二、电铸加工

电铸加工是利用金属在电解液中产生阴极沉积的原理来获得制件的特种加工方法。

电铸加工的原理如图 9—3 所示。用可导电的原模为阴极，用于电铸的金属作阳极，金属盐溶液作电铸液，金属盐溶液中金属离子的种类要与阳极金属材料相同。在直流电源的作用下，电铸溶液中金属离子在阴极被还原成金属，沉积于原模表面，而阳极金属则源源不断地变成离子溶解到电铸液中进行补充，使溶液中金属离子的浓度保持不变。当阴极原模电铸层逐渐加厚达到要求的厚度时，与原模分离，即获得与原模相反的电铸件。

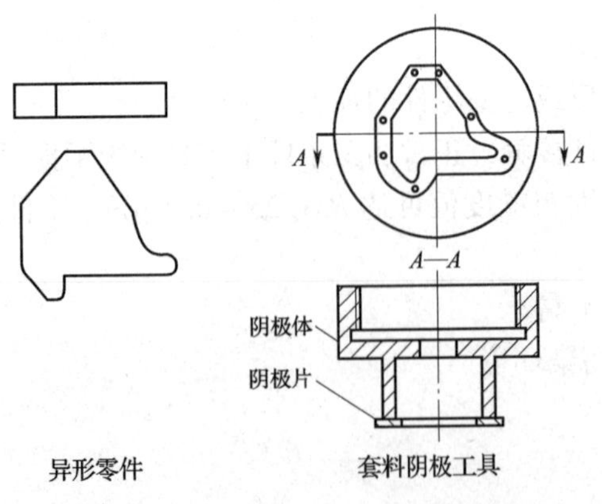

图 9—2　电解套料加工异形零件

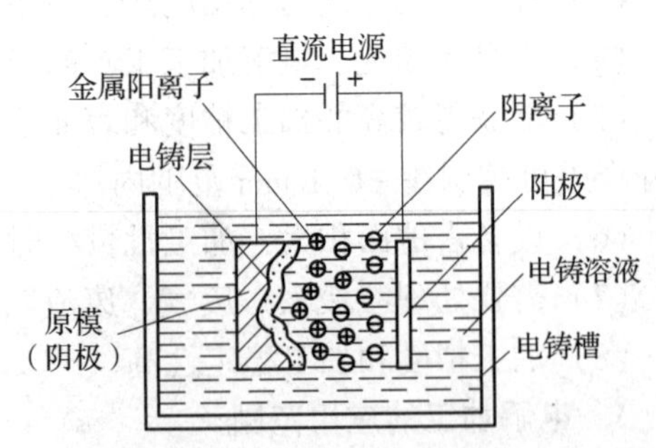

图 9—3　电铸加工原理示意图

三、超声波加工

超声波加工是利用工具作超声频振动，通过工件与工具之间的磨料悬浮液而进行加工，其加工原理如图 9—4 所示。加工时，液体（通常为水或煤油）和微细磨料混合的悬浮液被送入工件与工具之间。超声波发生器将工频交流电转变为具有一定功率输出的超声频电振荡能源，再由换能器转换成超声纵向机械振动，然后由变幅杆把振幅放大到 0.05 ~ 0.1 mm，驱动工具端面作超声振动迫使悬浮液中的磨料以很大的速度撞击被加工表面，将加工区域的材料撞击成很细的微粒，并被悬浮液带走；随着工具的不断进给，工具的形状便被复印在工件上。

四、激光加工

激光加工是把具有足够能量的激光束聚焦后照射到所加工材料的适当部位，在极短的时间内，光能转变为热能，被照部位迅速升温，材料发生熔化、汽化、金相组织变化，从而实现对工件材料的去除、连接、改性或分离等加工。

1. 激光加工工作原理

激光加工设备由电源、激光发生器、光学系统和机械系统等组成，其结构原理如图 9—5 所示，激光发生器将电能转化为光能，产生激光束，经光学系统聚焦后照射在工件表面上进行加工。工件固定在可移动的工作台上，工作台由数控系统控制和驱动。

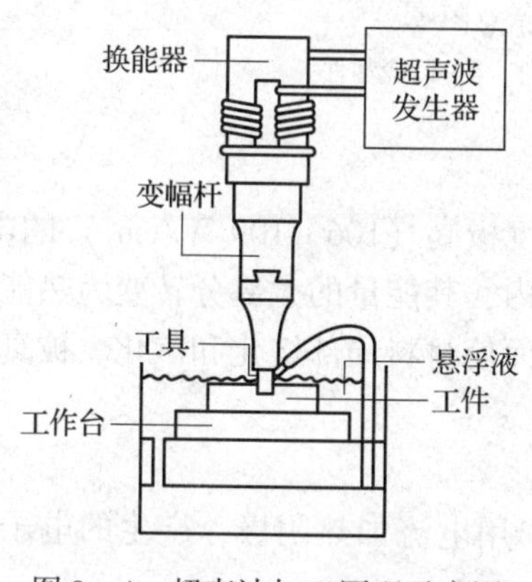

图 9—4　超声波加工原理示意图

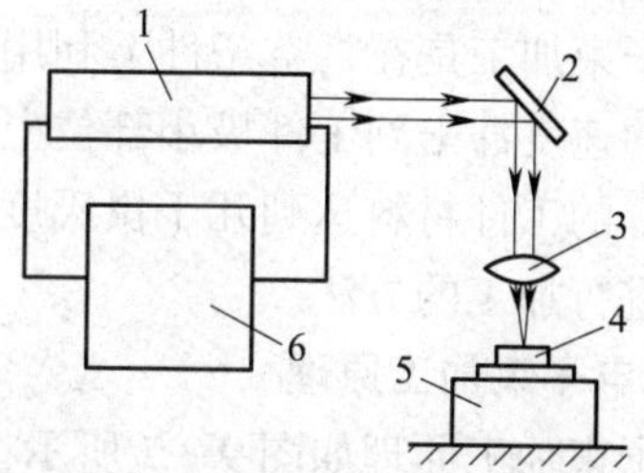

图 9—5　激光加工原理示意图

1—激光器　2—反射镜　3—聚焦镜

4—工件　5—工作台　6—电源

2. 激光加工的应用范围

（1）激光打孔

激光打孔的应用范围广泛，尤其一些微型小孔的加工，如钟表及仪表中的宝石轴承打孔、火箭发动机和柴油机的燃料喷嘴加工、化学纤维喷丝板打孔等。激光打孔的直径可以小到 0.01 mm 以下，深径比 L/D 可达 50∶1。

（2）激光切割

激光切割既可切割金属材料，也可切割非金属材料；既可切割无机物，也可切割皮革之类的有机物；既可代替锯切割木材，代替剪刀切割布料、纸张，也能完成无法进行机械接触的工作，如从电子管外部切断内部的灯丝。

（3）激光打标

激光打标是指利用高能量的激光束照射在工件表面，光能瞬时变成热能，使工件表面迅速产生蒸发，从而在工件表面刻出任意所需要的文字和图形，以作为永久防伪标志。

（4）激光热处理

激光热处理是利用高功率密度的激光束对金属进行表面处理的方法。经激光处理后，铸铁表面硬度可以达到 60 HRC 以上。中碳及高碳的碳钢，表面硬度可达 70 HRC 以上，从而提高了材料的抗磨性、抗疲劳、抗氧化、耐腐蚀等性能，延长其使用寿命。

（5）激光焊接

激光焊接一般无须焊料和焊剂，只要将工件的加工区域“热熔”在一起即可，如图 9—6 所示。其特点是焊接速度快、热影响区小、焊接质量高，既可焊接同种材料，也可焊接异种材料，还可焊接玻璃。

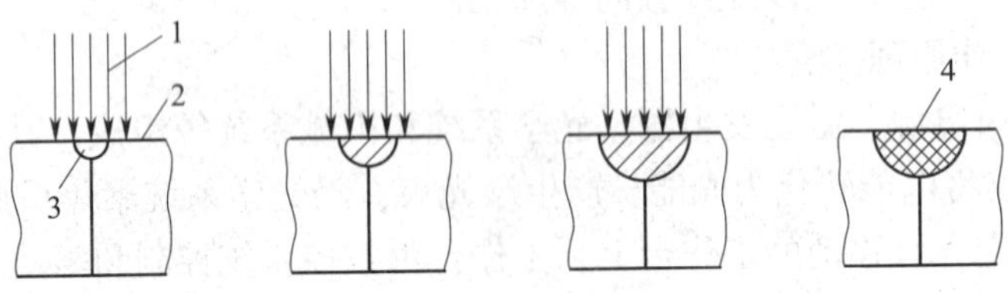

图 9—6　激光焊接过程示意图

1—激光　2—被焊接件　3—被熔化件　4—已冷却件

五、电子束加工

电子束加工是在真空条件下利用聚焦后能量密集度极高（106～109 W/cm^2）的电子束，以极高的速度冲击到工件极小部位上，在极短的时间内，其能量的大部分转变为热能，使被冲击部分的工件材料达到几千摄氏度以上的高温，从而使材料局部熔化和汽化，被真空系统抽走而进行加工的方法。

1. 电子束加工原理

电子束加工原理如图 9—7 所示。在真空条件下，用电流加热阴极，产生的电子在高能电场的作用下加速，并经电磁透镜聚焦成高能量、高速度的电子束流，冲击工件表面极小的面积，冲击过程中其动能转换成热能加热工件，在冲击处形成局部高温，使材料熔化甚至汽化，实现加工。

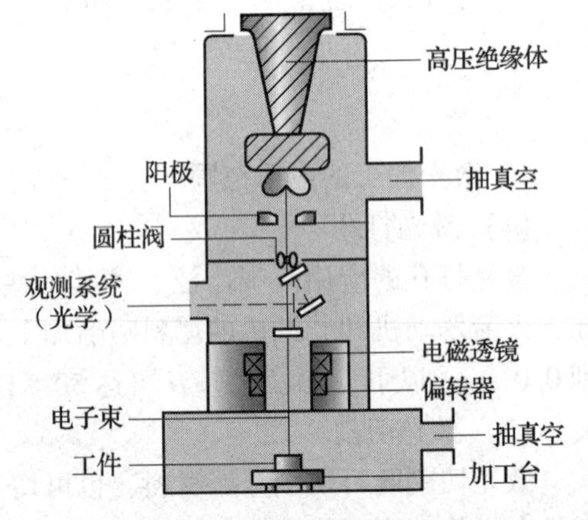

图 9—7　电子束加工原理图

2. 电子束加工的应用范围

电子束加工适应范围广，各种金属和非金属都可以采用此方法进行加工，它既是一种精密加工方法，又是一种重要的微细加工方法。

（1）电子束打孔

电子束加工不受材料硬度限制，不需用加工

工具。无论工件是金属、陶瓷、金刚石，还是塑料、半导体材料，都可以用电子束加工工艺加工出小孔和窄缝。

电子束打孔在航空工业、电子工业、化纤工业及制革工业中得到广泛的应用。

(2）加工型孔及特殊表面

为了使人造纤维具有光泽、松软有弹性、透气性好，喷丝头的异形孔都具有特殊形状。电子束可用于加工喷丝头异形孔，如图 9—8 所示。

a）

0.03~0.07mm

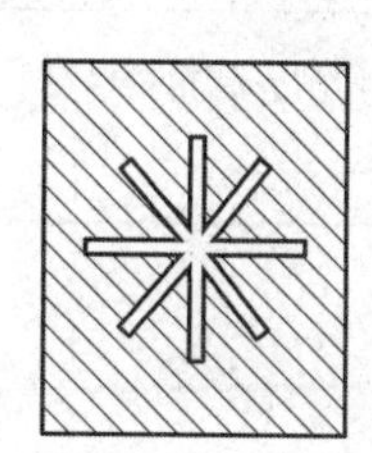
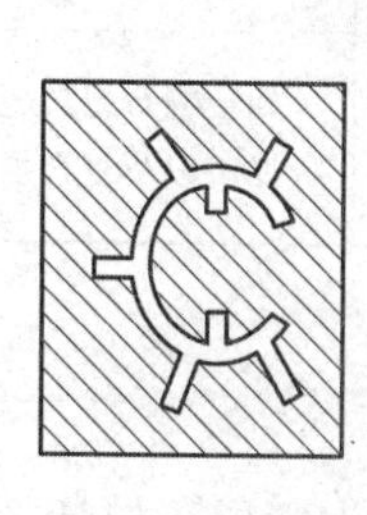

b）

图 9—8　电子束加工喷丝头异形孔

a）喷丝头零件　b）喷丝头异形孔

此外电子束还可以加工曲面和弯曲孔，如图 9—9 所示，不同曲面及弯曲孔的加工是通过改变磁场极性实现的。

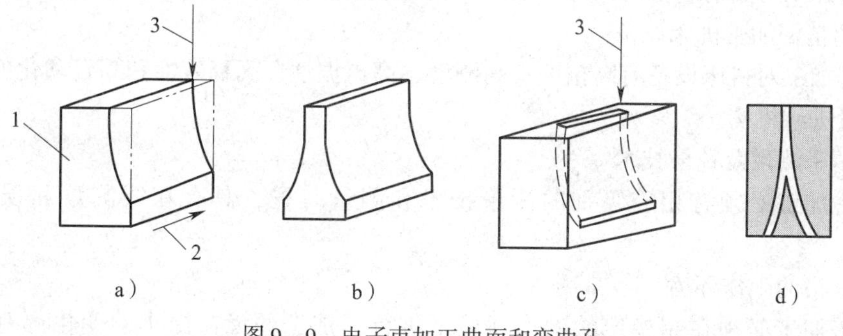

图 9—9　电子束加工曲面和弯曲孔

1—工件　2—工件运动方向　3—电子束

第二节 超精密加工技术

一、概述

1. 超精密加工的内涵

超精密加工是一个十分广泛的领域，它包括所有能使零件的形状、位置和尺寸精度达到微米和亚微米范围的机械加工方法。精密和超精密加工只是一个相对的概念，其界限随时间的推移而不断变化。

在当今技术条件下，普通加工、精密加工、超精密加工所能达到的加工精度见表9—1。

表 9—1 普通加工、精密加工、超精密加工的加工精度

名称	加工精度（μm）	表面粗糙度值 Ra（μm）	举例
普通加工	>1 μm	>0.1 μm	一般加工都能达到
精密加工	0.1～1 μm	0.01～0.1 μm	如金刚车、精镗、精磨、研磨、珩磨等加工
超精密加工	<0.1 μm	<0.01 μm	如金刚石刀具超精密切削、超精密磨削、超精密特种加工以及复合加工等

2. 超精密加工所涉及的技术范围

（1）超精密加工机理

超精密加工是从被加工表面去除一层微量的表面层，包括超精密切削、超精密磨削和超精密特种加工等。超精密加工服从一般加工方法的普遍规律，但也有不少其自身的特殊性，如刀具的磨损、积屑瘤生成的规律、磨削机理、加工参数对表面质量的影响等，需要用分子动力学、量子力学、原子物理等理论研究超精密加工的物理现象。

（2）超精密加工刀具、磨具及其制备技术

超精密加工刀具的制备与刃磨、超硬砂轮的修整等是超精密加工的重要关键技术。

（3）超精密加工机床设备

超精密加工对机床设备有高精度、高刚度、高抗振性、高稳定性和高自动化的要求，且应具有微量进给机构。

（4）精密测量及补偿技术

超精密加工必须有相应级别的测量技术和测量装置，具有在线测量和误差补偿功能。

（5）严格的工作环境

超精密加工必须在超稳定的工作环境下进行，加工环境极微小的变化都有可能影响加工精度。因而，超精密加工必须具备恒定的工作环境，如恒温、净化、防振和隔振等。

二、超精密切削加工

超精密切削加工主要是指采用金刚石刀具对铜、铝等非铁金属及其合金以及光学玻璃、大理石和碳素纤维等非金属材料的精密切削加工。

目前，超精密切削刀具用的金刚石材料为大颗粒（0.5～1.5 克拉，1 克拉 = 200 mg）、无杂质、无缺陷、浅色透明的优质天然单晶金刚石，其性能如下：

（1）具有极高的硬度，硬度达到 6 000～10 000 HV，而 TiC 仅为 3 200 HV，WC 为 2 400 HV。

（2）能磨出极其锋利的刃口，且切削刃没有缺口、崩刃等现象。普通切削刀具的刃口半径只能磨到 5～30 μm，而天然单晶金刚石刃口圆弧半径可小到数纳米，没有其他任何材料可以磨到如此锋利的程度。

（3）热化学性能优越、导热性好，与有色金属间的摩擦因数低、化学亲和力小。

（4）耐磨性好，切削刃强度高。刀具磨损极慢，刀具使用寿命极高。

因此，天然单晶金刚石虽然价格昂贵，但一致公认是理想的、不能替代的超精密切削刀具材料。

三、超精密磨削加工

超精密磨削加工的加工精度达到或高于 0.1 μm，表面粗糙度值小于 *Ra*0.025 μm，是一种亚微米级的加工方法，并正在向纳米级发展。超精密磨削的关键在于砂轮的选择、砂轮的修整和高精度的磨削机床。

1. 超精密磨削砂轮

在超精密磨削加工中，所使用的砂轮材料多为金刚石和立方氮化硼（CBN）磨料。金刚石砂轮有较强的磨削能力和较高的磨削效率，在磨削硬质合金、非金属硬脆材料、有色金属及其合金等方面有较大的优势。由于金刚石易与铁族元素产生化学反应和亲和作用，故对于硬而韧、高温硬度高、热导率低的钢铁材料，则用 CBN 砂轮磨削效果较好。CBN 比金刚石磨料的热稳定性好、化学惰性强，其热稳定性可达 1 250～1 350℃，而金刚石磨料只有 700～800℃。

2. 超精密磨削砂轮的修整

砂轮修整通常包括修形和修锐两个过程。修形是使砂轮达到一定精度要求的几何形状，而修锐是去除磨粒间的结合剂，使磨粒凸出结合剂一定的高度，形成足够的切削刃和容屑空间。普通砂轮的修形与修锐一般是同步进行的，而超硬磨料砂轮的修形和修锐一般是分两步进行。修形时要求砂轮有精确的几何形状，而修锐时则要求砂轮有好的磨削性能。无论是金刚石砂轮还是 CBN 超硬磨料砂轮，都比较坚硬，很难用其他磨料来磨削以形成新的切削刃。因此，超硬磨料砂轮一般是通过去除磨粒间结合剂的方法使磨粒凸出结合剂一定高度，以形成新的磨粒。

3. 磨削速度和切削液

金刚石砂轮的磨削速度一般为 12～30 m/s。磨削速度太低，单颗磨粒的切屑厚度过大，不仅使工件表面粗糙度值增加，也使金刚石砂轮磨损加剧；磨削速度提高，可使工件表面粗糙度值降低，且磨削温度将随之上升，导致金刚石砂轮的磨损逐渐加大，因为金刚石砂轮的热稳定性仅为700～800℃。

CBN砂轮的磨削速度比金刚石砂轮高得多，达80～100 m/s，这主要是因为CBN磨料的热稳定性好。

超硬磨粒砂轮磨削时，切削液的使用与否对砂轮的寿命影响很大。例如，树脂结合剂超硬磨料砂轮，湿磨比干磨可提高砂轮寿命40%左右。切削液除了具有润滑、冷却、清洗功能之外，还具有渗透性、防锈、提高切削加工性等功能。

切削液的使用应视具体情况合理选择。金刚石砂轮磨削硬质合金时，普遍采用煤油，而不宜采用乳化液；树脂结合剂砂轮不宜使用苏打水。CBN砂轮磨削时宜采用油性液，一般不用水溶性切削液，因为在高温状态下，CBN砂轮与水起水解作用，会加剧砂轮磨损。若不得不使用水溶性切削液时，可加入极压添加剂以减弱水解作用。

四、超精密加工机床与设备

超精密加工机床是实现超精密加工的首要基础条件。超精密加工机床的精度主要取决于机床的主轴部件、床身和导轨以及进给装置等关键部件。

1. 精密主轴部件

精密主轴部件是超精密加工机床的圆度基准，也是保证机床加工精度的核心。主轴要求达到极高的回转精度，其关键在于所用的精密轴承。目前，超精密机床主轴广泛采用的是液体静压轴承和空气静压轴承。

2. 床身和精密导轨

目前，超精密加工机床床身多采用人造花岗岩材料。人造花岗岩是由花岗岩碎粒与树脂黏结而成，可铸造成型，它不仅具有花岗岩材料热膨胀系数低、硬度高、耐磨且不生锈的特点，还克服了天然花岗岩材料尺寸稳定性不足的缺点，并强化了床身抗振、衰减能力。

超精密加工机床的导轨部件要求有极高的直线运动精度，不能有爬行，导轨耦合面不能有磨损。液体静压导轨、气浮导轨和空气静压导轨均具有运动平稳、无爬行、摩擦因数接近于零的特点，在超精密加工机床中得到广泛的使用。

图9—10所示为某超精密加工机床所采用的空气静压导轨，整个导轨在上下、左右静压空气的约束下悬浮起来，基本没有摩擦力，具有较好的刚度和运动精度。

3. 微量进给装置

高精度微量进给装置是超精密加工机床的一个关键部件，它对实现超薄切削、高精度尺寸加工和实现在线误差补偿有着十分重要的作用。目前，高精度微量进给装置的分辨率已达到0.001～0.01 μm。微量进给装置有机械式、液压传动式、弹性变形式、压电陶瓷等多种结构形式。图9—11所示为一种压电陶瓷微量进给装置。压电陶瓷器件3在预压应力状态下与弹性载体刀夹1和后垫块4黏结安装，在压电作用下陶瓷伸长，实现刀夹微量进给。

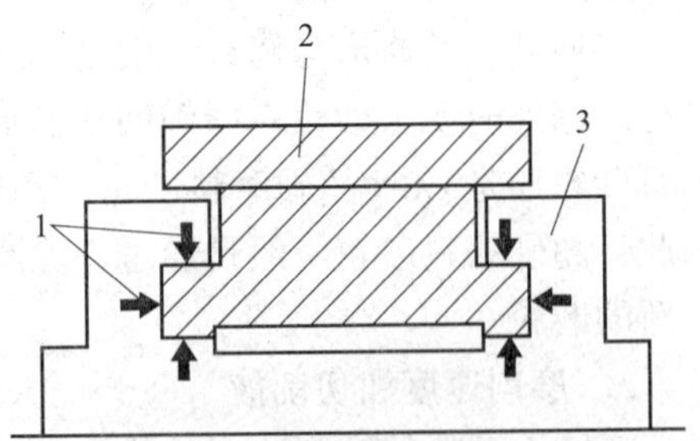

图9—10　平面型空气静压导轨

1—静压空气　2—移动工作台　3—底座

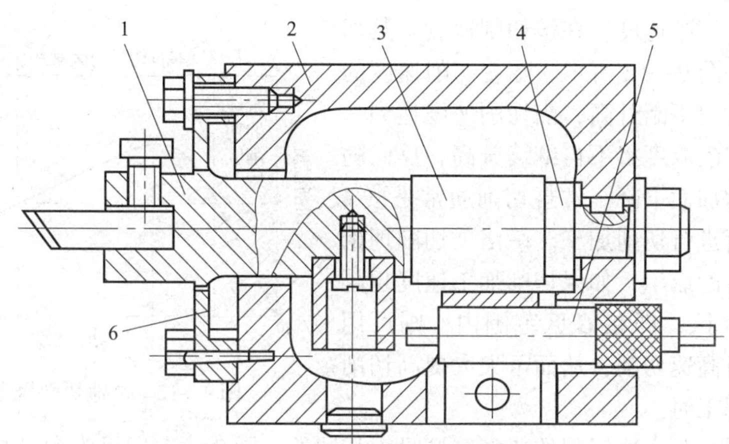

图 9—11　压电陶瓷微量进给装置

1—弹性载体刀夹　2—机座　3—压电陶瓷器件　4—后垫块　5—电感测头　6—弹性支撑

五、超精密加工支持环境

为适应精密和超精密加工要求，达到微米甚至纳米级的加工精度，必须对支持环境加以严格控制，包括空气环境、热环境、振动环境等。

1. 净化的空气环境

对普通精度的加工，空气中尘埃和微粒不会有什么不良影响，但对精密和超精密加工将会引起加工精度的下降，因为空气中尘埃和微粒的尺寸大小与加工精度要求相比，已经成为不可忽视的数值了。例如，精密加工计算机硬盘表面时，1 μm 直径的尘埃将会拉伤加工表面使其不能正确记录信息。

为保证精密和超精密加工产品的质量，必须对周围空气环境进行净化处理，减少空气中的尘埃含量，提高空气的洁净度。

2. 恒定的温度环境

精密加工和超精密加工所处的温度环境与加工精度有着密切关系，当环境温度发生变化时会影响机床的几何精度和工件的加工精度。因此，严格控制的恒温环境是精密和超精密加工的重要条件之一。加工精度要求越高，对温度波动范围的要求越严格。

3. 较好的抗振动干扰环境

超精密加工对振动环境的要求很高，这是因为工艺系统内部和外部的振动干扰会使加工和被加工物体之间产生多余的相对运动而无法达到需要的加工精度和表面质量。例如，在精密磨削时，只有将磨削振幅控制在 1 ~2 μm，才能获得 *Ra*0. 01 μm 以下的表面粗糙度值。

第三节　高速加工技术

一、高速加工的概念

1931 年，德国萨洛蒙（Salomon）博士提出的著名高速切削理论认为：一定的工件材料对应有一个临界切削速度，在该切削速度下其切削温度最高。如图 9—12 所示，随着切削速度的增加，切削温度也不断升高，当切削速度达到临界速度之后，切削温度将不再继续升高，反而随着切削速度的增加而下降。常规切削通常是按 *A* 区内的各种速度进行切削加工。萨洛蒙切削理论给人们一个重要的启示，如果切削加工速度超越切削“死谷” *B* 区，即在 *C* 区范围内，则可用现有的刀具进行高速切削，从而可大大提高切削效率，缩短切削工时。

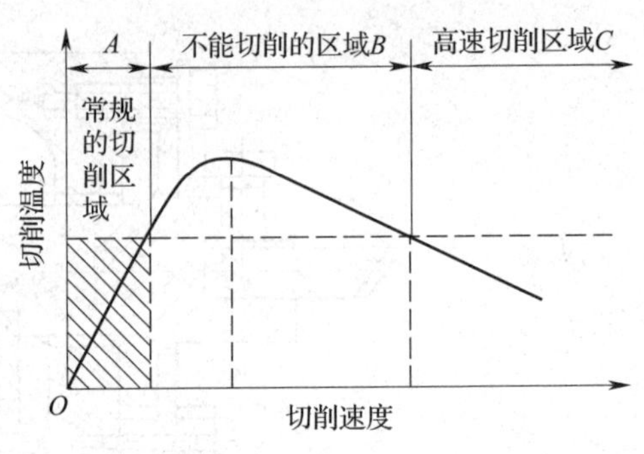

图 9—12　高速切削概念示意图

不同的材料，其高速切削的速度区域是不相同的。图 9—13 所示为常见材料的高速切削速度区域，铝合金为 1 000 ~ 7 000 m/min，铜合金为 900 ~ 5 000 m/min，钢为 500 ~ 2 000 m/min，铸铁为 800 ~ 3 000 m/min，钛合金为 200 ~ 1 000 m/min。

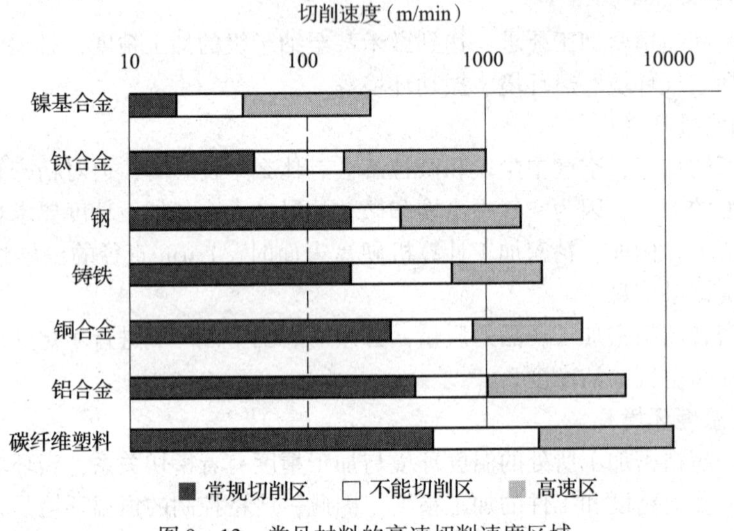

图 9—13　常见材料的高速切削速度区域

与常规切削加工相比较，高速加工的切削速度几乎高出一个数量级，其切削机理也有所改变，切削特征如下：

1. 切削力低

由于高速切削速度高，材料切削变形区内的剪切角增大，切屑流出速度加快，致使切削变形减小，其切削力比常规切削降低 30% ~90%，特别适合于薄壁类刚度较差的零件加工。

2. 热变形小

切削时 90% 以上的切削热来不及传给工件就被高速流出的切屑带走，工件温度上升一般不超过 3℃，特别适于细长易热变形零件及薄壁零件的加工。

3. 材料切除率高

高速切削单位时间内的材料切除率可提高 3 ~5 倍，特别适用于材料切除率要求较大的场合，如汽车、模具和航空航天等制造领域。

4. 加工质量提高

由于机床、工件、刀具组成的工艺系统在高转速和高进给率条件下工件加工激振频率远高于工艺系统的固有频率，使加工过程平稳，切削振动小，可实现高精度、低表面粗糙度值的高质量加工。

5. 工艺流程简化

高速切削可直接加工淬硬材料，在很多情况下可完全省去电火花加工和人工打磨等耗时的光整加工工序，简化了工艺流程。

二、高速切削加工的关键技术

高速切削加工所涉及的技术内容较多，这里仅简要介绍高速主轴单元、快速进给系统、先进的机床结构、高速切削刀具以及高性能 CNC 控制系统等高速切削的关键技术。

1. 高速主轴单元

高速切削机床主轴通常是在高于 10 000 r/min 的条件下高速运转，为此要求机床主轴具有先进的主轴结构，低摩擦、长寿命主轴轴承，良好的润滑和散热条件。高速加工机床主轴的理想结构是采用“电主轴”单元结构，它具有质量轻、振动小、噪声低、结构紧凑的特点。

2. 快速进给系统

实现高速切削加工不仅要求有很高的主轴转速和功率，同时要求机床工作台有高的进给速度和运动速度。目前，直线电动机（见图 9—14）直接驱动进给系统已得到普遍应用。直线电动机直接驱动进给系统没有机械传动环节，没有机械刚性摩擦，提供了更高的进给速度和更好的加减速特性，其进给速度可达到 160 m/min，定位精度达到 0.5 ~ 0.05 μm。

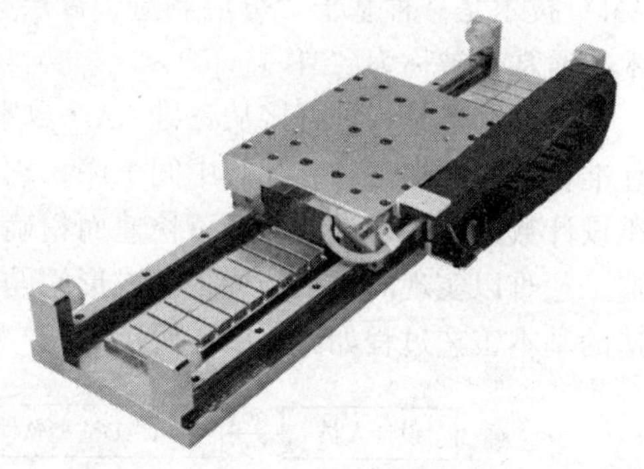

图 9—14　直线电动机

3. 先进的机床结构

高速切削机床的基础结构件必须具有足够的刚度和强度，以及高的阻尼特性和热稳定性。目前，高速切削机床多采用龙门式立柱型对称结构及箱中箱结构，这种结构可提高机床的刚度和承载能力，增强机床的抗冲击性，具有自动热变形补偿能力。

此外，不少高速切削机床床身采用聚合物混凝土等高阻尼特殊材料。有些高速机床通过传感控制使主轴温度与机床床身的温度保持一致，以协调主轴与床身的热变形。在高速切削机床安全性方面，其观察窗一般用防弹玻璃制成，采用自动在线监控系统对刀具和主轴的运转状况进行在线识别与控制，以确保人身与设备的安全。

4. 高速切削刀具

高速切削通常采用的刀具有硬质合金涂层刀具、陶瓷刀具、聚晶金刚石刀具、立方氮化硼刀具。

在高速切削条件下，由于惯性力的作用将使主轴锥孔扩张，导致刀柄与主轴的连接刚度明显降低，径向跳动精度急剧下降。为了保证高速旋转刀柄的接触刚度，一种新型双定位刀柄已在高速切削机床上得到应用。这种刀柄的锥部和端面同时与主轴保持面接触，在整个高转速范围内，能够保持较高的静态和动态刚度，定位精度显著提高。

5. 高性能 CNC 控制系统

用于高速加工的 CNC 控制系统必须具有高的运算速度和控制精度，以满足复杂曲面型面的高速加工要求。目前，高速切削机床的 CNC 控制系统多采用 64 位 CPU 系统，配置功能强大的计算机处理软件，具有加速预插补、前馈控制、精确适量补偿和最佳拐角减速控制等功能，有极高的运动轨迹控制精度，以及优异的动力学特征，保证了高切削速度、高进给速度的切削加工要求。

第四节 增材制造技术

一、增材制造技术的基本原理

相对于传统材料去除成形（切削加工）工艺而言，增材制造（Additive Manufacturing，AM）技术是一种基于“分层制造、逐层叠加”的离散分层制造原理发展而来的先进制造技术，通常也被称为“3D 打印”。

增材制造是一种直接从三维 CAD 数字化模型制造出产品实体的技术，减少或省略了毛坯准备、零件加工和装配等中间工序。它无须昂贵的刀具、夹具和模具等辅助工具，利用三维设计数据在一台设备上即可快速而精确地制造出任意复杂形状的零件，解决了许多传统制造工艺难以实现的复杂结构零件成形问题，大大减少了加工工序，缩短了加工周期。增材制造的基本工艺过程如图 9—15 所示。

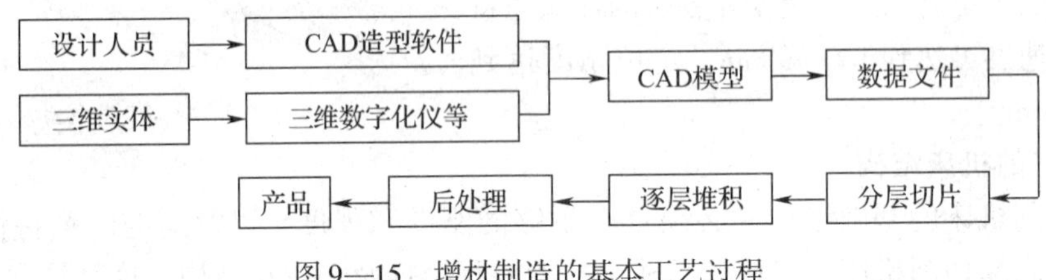

图 9—15 增材制造的基本工艺过程

1. 建立三维实体模型

设计人员可以应用各种三维 CAD 软件（如 Solidworks、UG、Pro/E、3D MAX 等），将设计对象构建成三维实体数据模型，或通过三坐标测量仪、激光扫描仪、三维实体影像等手段对三维实体进行反求，获取实体的三维数据，以此建立实体的 CAD 模型。

2. 生成数据转换文件

将所建立的 CAD 三维实体数据模型转换为能够被增材制造系统所接受的数据格式文件，如 STL、IGES 等。由于 STL 文件易于进行分层切片处理，目前几乎所有增材制造系统均采用 STL 三角化文件格式。

3. 分层切片

分层切片处理是将 CAD 三维实体模型沿给定的方向切成一个个二维薄片，薄片厚度可

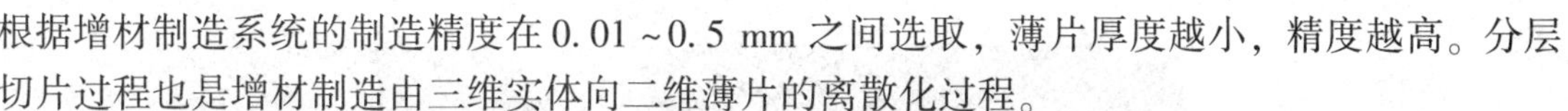

根据增材制造系统的制造精度在 0.01 ~0.5 mm 之间选取，薄片厚度越小，精度越高。分层切片过程也是增材制造由三维实体向二维薄片的离散化过程。

4. 逐层堆积成形

增材制造系统根据切片的轮廓和厚度要求，用粉材、丝材、片材等完成每一切片成形，通过一片片堆积，最终完成三维实体的成形制造。

5. 成形实体的后处理

实体成形后，需去除一些不必要的支撑结构或粉末材料，再根据要求进行固化、修补、打磨、表面强化以及涂覆等后处理工序。

二、增材制造技术的应用

增材制造技术已被应用于多个行业领域，并且发挥着越来越重要的作用。

1. 在航空航天领域的应用

目前，增材制造（3D 打印）技术已成为提高航天器设计和制造能力的一项关键技术，其在航空航天领域的应用范围不断扩展。利用 3D 打印不仅打印出了飞机、导弹、卫星、载人飞船的零部件，还打印出了发动机、无人机、微卫星整机。图 9—16 所示为 3D 打印的以液态甲烷为燃料的火箭发动机涡轮泵。

2. 在汽车零件制造领域的应用

汽车零件具有形状复杂、加工制造难度大的特点，3D 打印技术同样也能应用于其中。图 9—17 所示为 3D 打印的汽车。

图 9—16　3D 打印的火箭发动机涡轮泵

图 9—17　3D 打印的汽车

3. 在生物医学领域的应用

目前，3D 打印技术已经在牙齿矫正、脚踝矫正、医学模型快速制造、组织器官替代、脸部修饰和美容等方面得到应用与发展。图 9—18 所示为 3D 打印的牙齿。

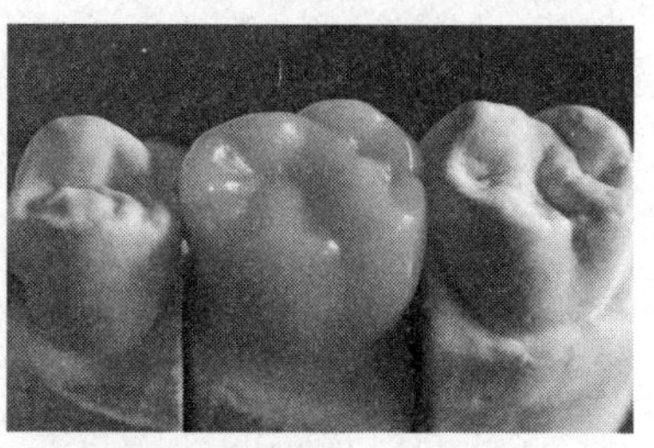

图 9—18　3D 打印的牙齿

4. 在建筑领域的应用

建筑设计师受传统建造技术的束缚无法将具有创意性和更具艺术效果的作品变为现实，而 3D 打印技术却能让建筑设计师的创意得以实现。图 9—19 所示为 3D 打印的房子。

图 9—19　3D 打印的房子

5．在军事领域里的应用

现代化军事特点不仅仅是机械化、信息化，还要有快速的机械装备修复能力，如战场机械装备的修复以及辅助工具的帮助，而这些零件和工具在机动性强、变化迅速的战场会变成负担，并且损坏零件的不确定性和辅助工具的不通用性，都会制约战场的作战效率。而 3D 打印技术可以有效地解决这些问题，只要有零件的模型数字数据加上合适的材料，就能打印出所需要的零件和工具，完成机器的修复。

〔本章小结〕

◇ 特种加工包括电解加工、电铸加工、超声波加工、激光加工和电子束加工等工艺技术。

◇ 超精密加工不是指某一特定的加工方法，而是指精度和表面质量达到极高程度的精密加工工艺，它包括超精密切削、超精密磨削和超精密特种加工等。

◇ 高速加工是采用超硬材料刀具、磨具和高速运动的制造设备，加工制造零件的现代制造加工技术，在汽车制造、航空航天领域、模具制造、微型零件等方面得到广泛应用。

◇ 增材制造技术是一种基于“分层制造、逐层叠加”的离散分层制造原理发展的先进制造技术，通常也被称为“3D 打印”。

附　录

附表 1　　粗车及精车外圆的加工余量及公差　　mm

零件基本尺寸	直径余量				直径公差	
	粗车		精车		荒车	粗车
	长度					
	≤200	>200~400	≤200	>200~400		
≤10	1.5	1.7	0.8	1.0	IT14	IT13~IT12
>10~18	1.5	1.7	1.0	1.3		
>18~30	2.0	2.2	1.3	1.3		
>30~50	2.0	2.2	1.4	1.5		
>50~80	2.3	2.5	1.5	1.8		
>80~120	2.5	2.8	1.5	1.8		
>120~180	2.5	2.8	1.8	2.0		
>180~250	2.8	3.0	2.0	2.3		
>250~315	3.0	3.3	2.0	2.3		

附表 2　　半精车后磨外圆的加工余量及公差　　mm

零件基本尺寸	直径余量		直径公差	
	粗磨	半精磨	半精车	粗磨
≤10	0.2	0.1	IT11	IT9
>10~18	0.2	0.1		
>18~30	0.2	0.1		
>30~50	0.25	0.15		
>50~80	0.3	0.2		
>80~120	0.3	0.2		
>120~180	0.5	0.3		
>180~250	0.5	0.3		
>250~315	0.5	0.3		

附表 3　　钻孔后镗削内孔的加工余量及公差　　mm

零件基本尺寸	直径余量		直径公差	
	粗镗	半精镗	钻孔	粗镗
≤18	0. 8	0. 5	IT13 ~ IT12	IT12 ~ IT11
>18 ~30	1. 2	0. 8		
>30 ~50	1. 5	1. 0		
>50 ~80	2. 0	1. 0		
>80 ~120	2. 0	1. 3		
>120 ~180	2. 0	1. 5		

附表 4　　拉内孔的加工余量及公差　　mm

零件基本尺寸	直径余量			前道工序公差
	拉孔长度			
	≤25	>25 ~45	>45 ~120	
≤18	0. 5	0. 5	0. 5	IT11
>18 ~30	0. 5	0. 5	0. 7	
>30 ~40	0. 5	0. 7	0. 7	
>40 ~50	0. 7	0. 7	1. 0	
>50 ~60	0. 7	1. 0	1. 0	

附表 5　　半精镗后磨削内孔的加工余量及公差　　mm

零件基本尺寸	直径余量		直径公差	
	粗磨	半精磨	半精镗	粗磨
>10 ~18	0. 2	0. 1	IT10	IT8
>18 ~30	0. 2	0. 1		
>30 ~50	0. 2	0. 1		
>50 ~80	0. 3	0. 1		
>80 ~120	0. 3	0. 2		
>120 ~180	0. 3	0. 2		

附表 6　　半精车轴端面的加工余量及公差　　mm

工件长度	端面半精车余量				粗车端面后的尺寸公差
	端面最大直径				
	≤30	>30~120	>120~260	>260~500	
≤10	0.5	0.6	1.0	1.2	IT13~IT12
>10~18	0.5	0.7	1.0	1.2	
>18~30	0.6	1.0	1.2	1.3	
>30~50	0.6	1.0	1.2	1.3	
>50~80	0.7	1.0	1.3	1.5	
>80~120	1.0	1.0	1.3	1.5	
>120~180	1.0	1.3	1.5	1.7	
>180~250	1.0	1.3	1.5	1.7	

附表 7　　磨削轴端面的加工余量及公差　　mm

工件长度	端面磨削余量				半精车端面后的尺寸公差
	端面最大直径				
	≤30	>30~120	>120~260	>260~500	
≤10	0.2	0.2	0.3	0.4	IT11
>10~18	0.2	0.3	0.3	0.4	
>18~30	0.2	0.3	0.3	0.4	
>30~50	0.2	0.3	0.3	0.4	
>50~80	0.3	0.3	0.4	0.5	
>80~120	0.3	0.3	0.5	0.5	
>120~180	0.3	0.4	0.5	0.6	
>180~250	0.3	0.4	0.5	0.6	

附表 8　　铣平面的加工余量及公差　　mm

工件厚度	荒铣后粗铣						粗铣后精铣						厚度公差	
	宽度≤200			宽度>200~400			宽度≤200			宽度>200~400				
	平面长度													
	≤100	>100~250	>250~400	≤100	>100~250	>250~400	≤100	>100~250	>250~400	≤100	>100~250	>250~400	荒铣	粗铣
>6~30	1.0	1.2	1.5	1.2	1.5	1.7	0.7	1.0	1.0	1.0	1.0	1.0	IT14	IT13~IT12
>30~50	1.0	1.5	1.7	1.5	1.7	2.0	1.0	1.0	1.2	1.0	1.2	1.2		
>50	1.5	1.7	2.0	1.7	2.0	2.5	1.0	1.3	1.5	1.3	1.5	1.5		

附表 9　　半精铣后磨平面的加工余量及公差　　mm

<table>
<tr><th rowspan="4">工件厚度</th><th colspan="6">粗　磨</th><th colspan="6">半　精　磨</th><th colspan="2" rowspan="3">厚度公差</th></tr>
<tr><th colspan="3">宽度≤200</th><th colspan="3">宽度>200～400</th><th colspan="3">宽度≤200</th><th colspan="3">宽度>200～400</th></tr>
<tr><th colspan="12">平面长度</th></tr>
<tr><th>≤100</th><th>>100～250</th><th>>250～400</th><th>≤100</th><th>>100～250</th><th>>250～400</th><th>≤100</th><th>>100～250</th><th>>250～400</th><th>≤100</th><th>>100～250</th><th>>250～400</th><th>半精铣</th><th>粗磨</th></tr>
<tr><td>>6～30</td><td>0.2</td><td>0.2</td><td>0.3</td><td>0.2</td><td>0.3</td><td>0.3</td><td>0.1</td><td>0.1</td><td>0.2</td><td>0.1</td><td>0.2</td><td>0.2</td><td rowspan="3">IT11</td><td rowspan="3">IT9～IT8</td></tr>
<tr><td>>30～50</td><td>0.3</td><td>0.3</td><td>0.3</td><td>0.3</td><td>0.3</td><td>0.3</td><td>0.2</td><td>0.2</td><td>0.2</td><td>0.2</td><td>0.2</td><td>0.2</td></tr>
<tr><td>>50</td><td>0.3</td><td>0.3</td><td>0.3</td><td>0.3</td><td>0.3</td><td>0.3</td><td>0.2</td><td>0.2</td><td>0.2</td><td>0.2</td><td>0.2</td><td>0.2</td></tr>
</table>